Edizioni PensareDiverso
Cenacolo Jung Pauli

CENACOLO
JUNG PAULI

Bruno Del Medico
Kirjan on kuvittanut Elisabetta Del Medico

Kaikki quantum entanglement värit

Platonin myytistä luolasta David Bohmin holografiseen universumiin. Outoja yhteensattumia, synkronismia, kvantti-ei-lokaliteettia.

Syntyy uusi tiede, joka kumoaa materialismin ja paljastaa maailmankaikkeuden henkisen osan..

edizioni@delmedico.it

Yhteenveto teoksesta.

Esittely.

Kirja on jaettu kolmeen osaan. Ensimmäisessä osassa (Intuitio) kirjoittaja käsittelee olennaisimpia hypoteeseja havaittavan maailman väärästä todellisuudesta. Suuret ajattelijat ovat suunnitelleet aineen ylittävän tietoisuuden tason olemassaolon. Löydämme tämän idean Platonin "Myth of the Cave", Berkeleyn "Non-materialistinen teoria" ja myös "Form Psychology" (Gestaltpsychologie). Arvovaltaisin lähde on teoksissa "kollektiivinen alitajunta" ja Carl Jungin "synkronisuuden teoria".

Toisessa osassa (Vahvistukset) kirjailija kuvaa elementaarisesti, mutta yksityiskohtaisesti kvanttifysiikan polun Thomas Youngin kokeesta kahden halkion kanssa tehdystä esteestä tilojen päällekkäisyyden ja kvanttikorrelaation ilmiöihin. Näiden etuoikeutettujen avainten avulla on mahdollista ymmärtää kvanttipitoisuus. Kolmannessa osassa (näkökulmat) kirjoittaja kuvaa David Bohmin kehittämiä teorioita "kvanttipotentiaalista" "implikoituun universumiin ja eksplikoituun universumiin" ja kosmoksen holografiseen visioon. Kaikki selitetään täysin yksinkertaisella tavalla ilman matemaattisten kaavojen käyttöä ja monien kuvien avulla.

Alun perin ihmiskunta on halunnut tutkia asioiden alkuperää ja koostumusta, löytää niiden toiminnan ja läheisen tarkoituksen.

Yleisesti käytetty menetelmä on hajottaa esineet pienempiin osiin ja analysoida ne sitten kaikilla mahdollisilla tekniikoilla visuaalisesta tutkimuksesta kemiallisiin reaktioihin. Näin tapahtuu edelleen tänään. Esimerkiksi, jos tutkija haluaa löytää graniittikuutioiden kemiallisen ja fysikaalisen rakenteen, hän jakaa sen pienempiin paloihin, kunnes se on jaettu yksittäisiin atomeihin.

Kuitenkin, jos tutkija haluaa itse tutkia atomin muodostavia yksittäisiä hiukkasia, hän saa uskomattoman yllätyksen. Graniittikuutio käyttäytyy kuten jääkuutio. Tutkija näkee aineen, josta tulee sumu, haihtuu, katoaa sormiensa väliin. Kiinteästä aineesta tulee energiaa, joka värisee.

Yksittäiset hiukkaset muuttuvat vaihteleviksi aaltoiksi ilman kiinteää ruumiillisuutta.

Subatomisella tasolla aine ei ole enää kiinteää ainetta, vaan siitä tulee jotain erilaista.

Alkeishiukkaset pettävät meitä. Ne näyttävät kiinteiltä täpliltä, jos joku tarkkailee niitä, mutta käyttäytyvät kuin värisevät aallot, kun niitä ei havaita.

Atomit sisältävät käytännössä vain tyhjiötä.

Pinnalla uskomme, että voimme koskettaa, punnita, manipuloida ja mitata ainetta. Mutta intiimimmässä koostumuksessaan aineesta tulee tyhjyyden, energian, tiedon, aallon tai tärinän aaltoilu. Se, mikä näyttää meille kiinteältä materiaalilta, ei ole intiimimmässä muodossaan enää kiinteää materiaalia.

Tässä vaiheessa on selvää, että emme voi enää puhua yhdestä todellisuudesta. Tarkkailutasosta riippuen äärimmäisen pienestä äärettömän suureksi todellisuutta on monia, kaikki erilaisia, mutta kaikki totta.

Tai ehkä on monia näkökohtia korkeammasta todellisuudesta, jota ei vielä tunneta. Kaikissa filosofioissa ja uskonnoissa on aina oletettu "henkivyöhyke", joka ylittää aineen; kukaan ei kuitenkaan ole koskaan pystynyt esittämään todisteita sen olemassaolosta. Nykyään kvanttifysiikka avaa valtavan ikkunan horisonttiin, jota emme olisi voineet kuvitella viime vuosisadalle asti. Vahvistukset ovat peräisin onnistuneesti tehdyistä kokeista, etenkin kvanttisitoutumisilmiöön liittyvistä.

Tänään tiedämme, että on olemassa todellisuuden taso, joka ei enää ole Newtonin fysiikan rajoitusten alainen. Aineen fysiikka ei enää riitä kuvaamaan maailmankaikkeutta.

Kvanttifysiikka osoittaa tason olemassaolon, jolla energia ja tieto hallitsevat ainetta. Tämä on niin kutsuttu "ei-paikallinen" taso. Voisimme määritellä sen psyykkisen tai henkisen tason. Tällä tasolla universaali älykkyys on vuorovaikutuksessa ihmiskunnan kanssa. Kommunikointireitit älykkään maailmankaikkeuden kanssa kulkevat kollektiivisen tajuttomuuden läpi, jonka teorian esitti Carl Jung.

Jungilaiset tahdistukset ohjaavat meitä kulttuuriseen evoluutioprojektiin. Se on projekti, josta olemme alkaneet tulla tietoisiksi.

Ensimmäinen osa. Kaiken alku.

Selittämätön ilmiö.

Secondo alcuni testi rinomati di tecnica aeronautica, il calabrone non può volare a causa della forma e del peso del proprio corpo in rapporto alla superficie delle sue ali. Ma il calabrone non lo sa, e perciò continua a volare. (Igor Ivanovich Sikorsky, pioniere russo dell'aviazione)

Guinnessin ennätyskirja sisältää monia omituisuuksia. Näiden epätavallisten uutisten joukossa on yksi todella erityinen. Tämä on ennätys kaksosista, jotka ovat syntyneet eri aikoina. Guiness listaa joitain kaksosepareja, jotka ovat syntyneet pisimmällä aikavälillä.

Toisin kuin voisi kuvitella, tämä väli ei koostu tunneista tai päivistä, vaan kuukausista. Esimerkiksi vuonna 2000 Skotlannin läntisestä Lothianista Sandra Beveridge synnytti kaksoset 28 päivän välein. Peggy Lynn, nainen Pennsylvaniasta, meni vielä paremmin. Vuonna 1995 Peggy synnytti kaksoset, jotka syntyivät 84 päivän välein. Nykyinen ennätys kuuluu kuitenkin Maria Jones-Elliotille, joka synnytti Amyn Irlannissa vuonna 2013 ja synnytti kaksosensa Katien 87 päivän jälkeen.

Lääkärit tarkentavat, että nämä ovat hyvin harvinaisia tapauksia. Näitä tapauksia esiintyy vain, kun kaksoset kasvavat kahteen erilliseen istukkasäkkiin.

Kaksoset yhdistyivät "kvanttitilassa".

On mielenkiintoinen näkökohta, joka sai minut vakuuttamaan maininnan viivästyneistä kaksosynnytyksistä. Tosiasia, että kirja "Guinness Book of Recods" syntyi kahden kirjoittajan kynästä. Heidät nimettiin kahdeksi kaksosveljeksi Ross ja Norris McWhirter. Nämä kaksi kaksoset olivat kirjan kirjoittajien lisäksi päähenkilöitä tapahtumalle, joka oli varmasti "mahdotonta".

Guinness on tällä hetkellä kolmanneksi myydyin kirja maailmassa Raamatun ja Koraanin jälkeen. Tämä kirja edustaa täysin rento tavalla syntyneen idean käytännön kehitystä 4. toukokuuta 1951 tapahtuneen metsästysmatkan aikana.

Yksi metsästyksen osallistujista oli Dublinin Guinnessin panimoiden toimitusjohtaja Sir Hugh Beaver, joka ei löytänyt joitain Pluvialis apricaria-suvun lintuja. Linnut olivat nopeammin kuin Sir Beaverin kivääri ja pakenivat suurella nopeudella heti aistittuaan metsästäjän läsnäolon.

Tämä haitat herättivät keskustelun Sir Beaverin ja muiden metsästäjien välillä selvittääkseen, mikä lintu oli nopein.

Seuraavina päivinä Sir Beaver, joka ei ilmeisesti ollut kovin kiireinen järjestelmänvalvojan roolissa, jatkoi ongelman pohtimista. Lopulta hän päätyi siihen johtopäätökseen, että monet muut ihmiset olisivat kiinnostuneita tietämään paitsi nopein lintu myös kaikenlaisen huippuosaamisen eri esityksissä. Siksi hän päätti luoda kirjan, jossa jokainen voisi käyttää tällaista tietoa.

Kirjan sisällön piti olla kokoelma kädellisiä eri toiminnoissa. Siksi Sir Beaver pyysi apua kahdelta yleisurheilualan asiantuntijalta, veljiltä Rossilta ja Norris McWhirteriltä, ja käski heitä kirjoittamaan kirjan.

Kirja ilmestyi ensimmäisen kerran 27. elokuuta 1955 kahden veljen allekirjoituksella. Otsikko oli "Guinnessin Recods-kirja". Kirjalla oli heti se mahtava menestys, joka jatkuu tänään. (Kuva 1). Kirjoittajat ovat tietysti tulleet hyvin tunnetuiksi, joten heidän elämänsä tapahtumat on dokumentoitu ja todistettu hyvin.

Kuva 1 - Kaksoset Norris (vasemmalla) ja Ross McWhirter (oikealla) "Guinness Recods Bookin" ensimmäisen painoksen kirjoittajat. Nämä kaksi olivat päähenkilöitä uskomattomalle sensorisen viestinnän tapaukselle.

Kaksoset Ross ja Norris McWhirter.

Ross ja Norris syntyivät 12. elokuuta 1925 Sunda Pictorialin toimittaja William McWhirteriltä ja Margaret Williamsonilta.

Vuonna 1950 heistä molemmista tuli urheilun toimittajia. Heidän ystävänsä, juoksija Christopher Chataway, työskenteli Guinnessin panimossa. Kun Christopher sai tietää, että järjestelmänvalvoja Hugh Beaver etsii päteviä ihmisiä tekemään kirja kädellisistä, hän suositteli kaksosia. Näille kahdelle annettiin heti tehtävä kirjoittaa kirja.

1960-luvulla Rossista tuli konservatiivipuolueen poliittinen aktivisti. Vaikeista ajoista huolimatta hän tuki monia rajoittavia lakeja, jotka Iso-Britannia antoi Irlannin väestöä vastaan. Ross ehdotti jopa 50000 puntaa palkkion kaikille, jotka toimittivat hyödyllisiä tietoja IRA: n (Irlannin tasavallan armeijan) solun pidättämiseen. Tuolloin IRA teki useita hyökkäyksiä Lontoossa. IRA piti Ross McWhirteriä suorana vihollisena.

27. marraskuuta 1975 kaksi IRA: n jäsentä tappoi toimittaja Rossin. Kaksi odotti häntä palatessaan kotiin. Kun hän saapui, tappajat ampuivat häntä kaksi laukausta. Se oli 6.45 iltapäivällä.

Samanaikaisesti, kun Ross tapettiin, hänen kaksoisveljensä Norris oli noin 45 kilometrin päässä puhuessaan joidenkin ihmisten kanssa. Yhtäkkiä Norris hyppäsi voimakkaasti. Hän sulki päänsä käsiin, ikään kuin pää olisi murtunut. Läsnäolijoiden hämmästykseksi hän melkein pyörtyi. Se oli 6.45 iltapäivällä.

Läsnä olevat ihmiset todistivat siitä. Tutkija Guy Lyon Playfair dokumentoi todistuksen kirjassaan "Twin Telepathy":

> ”27. marraskuuta 1975 alkuillalla kaksi aseenmiehiä ampui kaksi laukausta kirjailijaa ja TV-persoonaa Ross McWhirteriä vastaan. Väkivalta tapahtui, kun uhri seisoi pohjoisen Lontoon talonsa kynnyksellä. Hänet vietiin sairaalaan, mutta hänet julistettiin kuolleeksi pian saapumisen jälkeen. Eräs silminnäkijä, joka oli kaksoisveljensä Norris McWhirterin luona, antoi minulle tämän todistuksen: "Samanaikaisesti, kun Ross ammuttiin, Norris reagoi dramaattisesti, melkein kuin häntä olisi lyönyt näkymätön luodin."

Tämä ei ole ainoa tapaus kaksosesta, joka on kaukana ollessaan reagoimassa tapahtumiin, joihin osallistuu toinen kaksos.

Viscountess Thelma Furness.

Thelma Morgan, syntynyt Sveitsissä 23. elokuuta 1904, oli amerikkalaisen diplomaatin Harry Hays Morganin tytär, joka toimi Yhdysvaltain konsulina Buenos Airesissa ja Brysselissä. Thelma ja kaksoissisko Gloria syntyivät Laura Delphine Kilpatrickille. (Kuva 2).

Laura Delphine oli unionin kenraalin tyttärentytär ja äidin isoäitinsä välityksellä Espanjan Navarran kuninkaallisen talon jälkeläinen.

Siksi kaksoissisaroilla oli kaikki edellytykset osallistua ajan parhaaseen yhteiskuntaan. Thelmasta tuli Walesin prinssin, tulevan kuningas Edward VIII: n rakastajatar.

Thelma edeltää Wallis Simpsonia edwardin sydämessä. Myöhemmin kuitenkin Wallisin rakkauden vuoksi Edward luopui valtaistuimesta ja hänestä tuli Windsorin herttua.

Suhteessaan prinssi Edwardiin vuonna 1929 Thelma meni naimisiin aatelismiehen, vikontti Marmaduke Furnessin kanssa. Avioliitto ei kestänyt kauan, mutta antoi hänen kantaa viscountess Furness -tittelin koko elämänsä ajan. Lyhyen avioliiton aikana Thelma synnytti William Anthony.

Thelman kaksoset Gloria meni naimisiin Reginald Claypoole Vanderbiltin kanssa. Monipuolisesta ja tapahtumarikkaasta elämästään huolimatta sisaret säilyttivät vahvan psyykkisen siteen.

Tämä side ilmeni voimakkaasti, kun William Anthonysta raskaana ollut Thelma synnytti lapsensa ennenaikaisesti. Hän oli tuolloin Melton Mowbrayssa, Iso-Britanniassa.

Tuolloin hänen sisarensa Gloria oli toisella puolella merta, New Yorkissa, joten hän ei ollut täysin tietoinen ennenaikaisesta syntymästä.

Samalla kun kaksoissiskolleen tapahtui, Gloria koki kuitenkin myös voimakkaita vatsakipuja, aivan kuin hänen täytyisi itse synnyttää lapsi.

Gloriaa autettiin nopeasti, mutta hänen kipunsa syytä ei pystytty selvittämään.

Vasta myöhemmin Glorian kivut oli mahdollista yhdistää Anthonyn ennenaikaiseen syntymään, joka tapahtui samanaikaisesti.

Gloria jakoi salaperäisesti Thelman ongelmat ikään kuin hän olisi yksi sisarensa kanssa. Liitto ei ollut vain psyykkinen vaan myös fyysinen.

Mainitsemani kaksi tapausta ovat hyvin tunnettuja. Näistä tapauksista on runsaasti ja luotettavaa näyttöä. Nämä tapaukset vahvistavat, että jotkut kaksoseparit, yhteisen syntymän myötä syntyvän salaperäisen siteen ansiosta, voivat jakaa fyysisiä tuntemuksia tavalla, joka on ristiriidassa kaikkien fysiikan peruslakien kanssa. Tämä on selvempää, kun otamme huomioon kaksosien välisen etäisyyden, kun tosiasiat tapahtuvat.

Näiden tapausten tunnettuus ja todistukset vaikeuttavat väittämistä, että nämä ovat kuvitteellisia tarinoita. Nämä jaksot on dokumentoitu niin hyvin, että ne mainitaan myös CICAP-verkkosivustolla ("Italian Committee for the Control of Claims on Pseudo-sciences").

Tämä yhdistys on suorittanut tehtävänsä kyseenalaistaa ja hylätä kaikki ekstrasensorisiin ilmiöihin liittyvät väitteet. CICAP kuitenkin luetteloi tapaukset, jotka on kuvattu "aistinvaraisiksi sattumiksi", ja määrittelee ne "selvästi sensationneiksi tapauksiksi”.

Itse asiassa näiden kaksosten tarinat osoittavat suurta vastaavuutta joidenkin tyypillisten subatomisten hiukkasten näkökohtien kanssa. Kvanttifysiikka on osoittanut, että kaksi korreloivaa partikkelia, toisin sanoen tietyt olosuhteet yhdistävät (tyypillisesti ne ovat syntyneet yhteisestä tapahtumasta), kykenevät pysymään "tietoisesti" yhteydessä millä tahansa etäisyydellä ikään kuin ne olisivat yksittäisiä hiukkasia. Puhumme tästä kirjan toisessa osassa..

Kuva 2 - Thelma Morgan, Viscountess Furness (oikealla) kaksosensa Glorian kanssa. Kun Yhdistyneessä kuningaskunnassa Thelma oli ennenaikaisen synnytyksen kurissa, hänen sisarensa Gloria, New Yorkissa, koki samat kivut.

Aine, ainoa asia, ehdottoman ainoa asia.

"Materialisteilla ja hulluilla ei ole koskaan epäilyksiä."
(Gilbert Keith Chesterton)

Nykyisen tieteen mukaan on asioita, jotka "voivat olla", ja toiset, jotka "eivät voi olla".

Ensimmäiset ovat kaikki ne asiat, jotka voidaan punnita, mitata ja toistaa laboratoriossa. Näiden asioiden joukossa ymmärrämme myös niihin liittyviä vaikutuksia, kuten magneettisuuden ja painovoiman.

Kaikki muut tapaukset, alkaen ekstrasensorisista ilmiöistä, ovat tulosta illuusiosta tai taikausosta. Näiden ilmiöiden puolustajat ovat joko huijareita tai parhaimmillaan kärsivät mielenterveyshäiriöistä, ja heitä tulisi hoitaa. Tämän väitteen tueksi etsitään absurdeja selityksiä, jotka rajoittavat naurettavaa. Joka tapauksessa näiden ilmiöiden olemassaolo kielletään etukäteen.

On sanottava, että nykyinen tiede tukee tätä asennetta näennäisesti vankalla pohjalla eli tunnetuilla fyysisillä laeilla. Nämä lait on vahvistettu ja vakiinnutettu jo vuosisatojen ajan. Nämä ovat ne lait, jotka voimme itse tarkistaa, jos tarkkailemme ympäröivää maailmaa petollisilla aisteillamme. Yritän tiivistää lyhyesti materialistiset teoriat.

Monismi ja materialistinen redukcionismi.

Monismin käsite on hyvin vanha, se juontaa juurensa 5. vuosisadalta eKr., Erityisesti Parmenidesin filosofiaan. Termiä "monismi" käytti saksalainen filosofi Christian Wolff vuonna 1734. Tutkija määrittelee teoksessaan "Rationaalinen psykologia" "monistin" sellaiseksi, joka "myöntää yhdenlaisen aineen".

Monismi erotetaan dualismista tai moniarvoisuudesta, jonka mukaan kokonaisuus johtuu kahdesta tai useammasta aineesta. Joitakin tyypillisiä dualismeja ovat:

- psyyke / aine
- mieli / ruumis.

Materialistinen tiede supistaa kaiken todellisuuden yhdentyyppiseksi "aineeksi", kiinteäksi aineeksi. Samalla materialismi sulkee pois kaiken psyykkisen tai hengellisen läsnäolon. Vain kaikki fyysinen on todellista. Mieli, ajatus, tietoisuus ovat vain jäännöksiä kemiallisista prosesseista, jotka tapahtuvat aivoissa.

Muuten täsmennämme, että ei ole vain materialistista monismia; esimerkiksi on myös monismi, jota kutsutaan "idealistiksi". Tämä on "mentalismi", ja se toteaa päinvastoin: vain mentaalinen puoli on todellinen.

Molemmat näistä kannoista ovat virheellisiä viimeaikaisten kvanttifysiikan löytöjen valossa, kuten näemme myöhemmin kirjassa. Itse asiassa molemmat kieltävät, että voi olla universumi, jossa aine ja psyyke (tai henki) työskentelevät harmonisesti yhdessä upeassa luovassa projektissa.

Determinismi ja syy-yhteys.

Näiden periaatteiden mukaan maailmankaikkeus on kone, joka toimii kuin kello. Kaikki on vakiintunut, kaikki on määritetty. Jokainen kohteen tapahtuma, jokainen kohteen muutos on toiminnallinen sen sijainnin, alkunopeuden ja sen ympärillä olevien aineellisten voimien suhteen.

Siemenet imevät ravinteita maaperästä ja tuottavat ituja. Siemenet työntävät versoa ylöspäin tietyllä voimalla. Jos vahvuus on riittävä, siemen verso rikkoo maaperän kuoren ja tulee esiin, muuten se kuolee maan alle.

Kun siemenen itu tulee esiin maasta, juurien vahvuus työntää sitä ylöspäin. Siinä vaiheessa hän voi kilpailla ympäröivien kasvien kanssa absorboimalla auringonvaloa ja sateita. Kaikki toimii kuin kello, kasvi kasvaa joukolla mekanismeja, joista kasvi ei ole täysin tietoinen.

Jos heitän kiven, se seuraa polkua, jonka määrää sen paino ja voima, jolla heitin sen. Jos kivi osuu esineeseen, se antaa osuman kohteelle työntövoiman, joka on verrannollinen hallittuun energiaan. Ei koskaan tapahdu, että kivi liikkuu itsenäisesti itsestään. Mikään esine ei liiku, ellei sitä stimuloi toinen esine.

Siksi jokainen toiminta johtuu toisesta toiminnasta. Jokainen toiminta perii voiman toiminnasta, joka aiheutti sen, ja jakaa voimaa seuraaviin toimiin.

Tämä on erittäin hyödyllistä nykytieteelle, koska sen avulla voit määrittää kunkin kohteen sijainnin maailmankaikkeudessa milloin tahansa ja ennustaa koneiden ja teollisuuslaitteiden käyttäytymisen. Koneet, jos ne saavat oikean energian, voivat suorittaa tarkat toiminnot aina millimetrin tuhannesosaan saakka halutut tulokset.

René Descartes jakoi todellisuuden mieli-aine dualismiin ennakoiden siten determinismin käsitteen, joka sulkee pois mielen tarpeen. Myöhemmin Isaac Newton kehitti mielen poissulkemisen käsitteen aineen ainutlaatuisuuden hyväksi. Pierre Laplace ottaa tämän käsityksen myös taivaanmekaniikkaa käsittelevässä kirjassaan. (Mécanique céleste, 1805).

Tämä oli ensimmäinen kirja, josta ei puhuta Jumalaa luomisen syynä. Keisari Napoleon itse hämmästyi ja kysyi Laplaceelta: "Miksi et maininnut Jumalaa työssäsi?".

Laplace vastasi "Se on hypoteesi, jota en tarvinnut".

Syy-yhteys kieltää ehdottomasti mahdollisuuden, että on olemassa luova projekti, johon ihminen osallistuu. Ihmisen älykkyys on aineen hyödytön sivutuote. Kaikki toimii hyvin ilman minkäänlaista älykkyyttä..

Ajan jatkuvuus ja suunta.

Nykyinen tiede on vakuuttunut siitä, että jokainen tapahtuma johtuu toisesta tapahtumasta. Jokainen tapahtuma puolestaan aiheuttaa muita. Tämä tarkoittaa käsitystä, että kaikki muutokset ja maailmankaikkeuden kaikki dynamiikat tapahtuvat jatkuvasti, ilman taukoja, karusellissa, joka alkoi Suurella Bangilla ja ei koskaan lopu. Lisäksi kaikki tämä jatkuva evoluutio tapahtuu vain yhdessä suunnassa ajansuunnan mukaan, joka etenee vain eteenpäin.

"Ajan suunta" on ilmiö, jonka mukaan fyysinen järjestelmä voi kehittyä alkutilasta seuraavaan tilaan tiettynä aikana. Tämä järjestelmä ei kuitenkaan voi koskaan palata alkuperäiseen tilaansa.

Todellisuutta, jota havaitsemme, kutsutaan makroskooppisen tason todellisuudeksi. Tällä tasolla olemme entropian lain alaisia. Tämä laki sanoo, että sotku voi vain lisääntyä ajan myötä. Joten jos rikkot lasin, pystyt varmasti rikkomaan jokaisen kappaleen edelleen. Älä kuitenkaan usko, että eri palat muodostavat yhteyden uudelleen muodostaen terveellisen lasin uudelleen.

Kiinnostavasti voimme nähdä, että tämä on totta vain makroskooppisella tasolla. Sitä vastoin mikroskooppisella tasolla lähes kaikki fyysiset prosessit ovat symmetrisiä. Toisin sanoen niitä kuvaavat yhtälöt osoittavat, että ne toimisivat hyvin sekä eteenpäin että taaksepäin ajassa.

Oudolla tavalla syy-seurausperiaatteen mukaan tiede pystyy ennustamaan tarkalleen ympäröivän maailmankaikkeuden käyttäytymisen. Samalla tiede kuitenkin kieltää, että voimme tietää etukäteen, mitä seuraavaksi tapahtuu henkilökohtaisessa elämässämme. Siksi tiede hylkää henkilökohtaisen tulevaisuuden tuntemuksen olemassaolon. Toisin sanoen tiede väittää voivansa ennustaa maailmankaikkeuden tulevaisuuden, mutta kieltää mahdollisuuden ennustaa tulevaisuuden yksittäiselle yksilölle.

Kvantti "ei-paikallisuuden" käsite.

Kaikki ilmiöt ja niiden vaikutukset ovat "paikallisia", ts. Ne esiintyvät mitattavissa olevassa osassa tilaa. Lisäksi kaikki ilmiöt etenevät mitattavalla nopeudella ja ajalla.

Kahden kohteen välinen etätoiminta on mahdotonta ilman "fyysisen voiman" välittämistä. "Jotain" on välttämätöntä yhdistää nämä kaksi kohdetta ylittämällä niitä erottava tila. Tämä voima pienenee, kun etäisyys kasvaa.

Aineellisten esineiden nopeusrajoitus on noin 300 000 kilometriä sekunnissa. Mikään ei voi ylittää tätä nopeutta. Tämä määrittää esimerkiksi, että avaruussatelliittien ja planeetan pinnan välinen viestintä voi viivästyä jopa paljon.

Jos auringonpinnalla tapahtuu purkaus, voimme nähdä sen vasta kahdeksan minuutin kuluttua. Tämä on aika, jonka kuluttua räjähdyksen valo kulkee maahan. Joten, jos satut katsomaan aurinkoa, tiedä, että se on aurinko kahdeksan minuuttia sitten. Samaan aikaan aurinko on saattanut räjähtää ja tuhota, mutta tiedämme vasta kahdeksan minuutin kuluttua.

Tämä ominaisuus estää tietyn yhdessä paikassa tehdyn toiminnan saamasta välittömiä samanaikaisia vaikutuksia toisessa paikassa.

Joten ottaaksemme paikkatieteellisen esimerkin, voimme olettaa, että jos hullu asteroidi pakenee Oortin pilvestä ja suuntaa suoraan kohti maapalloa, meillä on monta vuotta kehittää puolustusstrategioita.

Tässä mielessä tiede on innokkaasti hyväksynyt Einsteinin vahvistuksen, jonka mukaan paikkakunnan käsite pysyy voimassa myös suhteellisuusteorian yhteydessä.

Onneksi 300 000 km / s: n raja estää asteroidia aiheuttamasta välittömästi iskuja planeetallemme.

Makroskooppisella tasolla, toisin sanoen maailmankaikkeuden ulottuvuuksissa, tunnetut fyysiset lait estävät tämän tapahtumasta. Jokapäiväinen elämämme tapahtuu myös makroskooppisella tasolla. "Paikallinen laki" takaa meille, että jos vaimo heittää perhetilanteen yhteydessä meille kukkaruukun, meillä on aikaa liikkua välttääkseen esine.

Kuten näemme, subatomisella tasolla sovelletaan kuitenkin "ei-paikallisuuden" kvanttilakia. Tällä tasolla kukkaruukku iski meitä samalla hetkellä, kun se heitetään suuntaan, riippumatta etäisyydestämme.

"Objektiivinen" todellisuus.

Aineellinen maailma on täysin riippumaton ihmisen ajattelusta, toisin sanoen tietoisuudestamme. Tietoisuudella ei ole painoa tai massaa, joten se ei voi saada esinettä liikkumaan etäisyydellä, kuten biljardipallo. Mikään tietoisuuden käsittely ei voi muuttaa ainetta tai vaikuttaa siihen.

Subatomisella tasolla on kuitenkin tilanteita, joissa tarkkailija määrittää tahtonsa ja siten omantuntonsa avulla todellisuuden. Tarkkailumenetelmällään tarkkailija voi selvittää subatomisen objektin luonteen, toisin sanoen hän voi selvittää, onko esine aalto vai hiukkanen. Paitsi, että tarkkailija voi määrittää kohteen käyttäytymisen. Siksi subatomisella tasolla on erilainen objektiivinen todellisuus. Tarkistamme tämän näkökohdan kaksoisrakokokeelle omistetussa luvussa.

Näennäiset oireet.

Lisäksi materialismin kannattajien mukaan kaikki mikä ei ole materiaalia, on fyysisen aineen ei-toivottu tuote.

Omatunto, ajatus, tunteet, rakkaus tai sääli ovat aineen "turhia" ilmentymiä. Näiden ilmiöiden läsnäolo tai puuttuminen ei vaikuta todellisten ilmiöiden selitykseen. Ilmiöitä voi esiintyä vain, jos ne liittyvät fyysisesti itse aineeseen. Hengellisyys ja kaikenlainen henkinen käsittely ovat aivoaineessa tapahtuvien kemiallisten prosessien jätteitä.

Kyllä, kuitenkin, Gödelin epätäydellisyyslause...

Tiede itse kyseenalaistaa tämän tieteellisen turvallisuuden. Kurt Friedrich Gödel oli itävaltalainen naturalisoitu amerikkalainen matemaatikko, logistiikka ja filosofi, joka tunnetaan parhaiten matemaattisten teorioiden puutteita koskevasta työstään.

Godelin lauseessa todetaan olennaisesti seuraava periaate. Jokainen matemaattisen periaatteen testaamiseen käytetty algoritmijärjestelmä osoittautuu puutteelliseksi tai ristiriitaiseksi, koska se sisältää väistämättä osan, jota ei voida todistaa.

Tämä tapahtuu, kun algoritmi on riittävän monimutkainen.

Fyysiset lait ovat myös matemaattisia. Siksi ne perustuvat matemaattisiin algoritmeihin, jotka väistämättä sisältävät osan, jota ei voida loogisesti osoittaa. Tämä osa kuitenkin toimii.

Tämä tarkoittaa sitä, että kun matemaatikko laatii algoritmin, hän poistuu loogisesta järjestelmästä kaapatakseen matemaattisen totuuden, joka ylittää kontekstin, jossa looginen menettely ja todiste ovat voimassa.

Tämä totuus on jo olemassa, mutta sitä ei voida "vangita" kaavaan.

Todellisuus havaitaan ja sitä käytetään vaistomaisesti, mutta sitä ei voida tehdä "systemaattiseksi".

Siksi, jos fysiikan lait ohjaavat aineen käyttäytymistä, on tunnustettava, että ne sisältävät a priori olemassa olevia elementtejä, jotka ylittävät aineellisen maailman.

Tätä ajatusta kutsutaan "matemaattiseksi platonismiksi", koska Platon oli jo ymmärtänyt, että aineellisen maailman käyttäytyminen on matemaattisten symbolien alainen, jotka eivät kuulu loogiseen menettelyyn vaan arkkityyppiseen maailmaan.

Mieli ja aivot.

Eikö maailmankaikkeus ole muuta kuin kasa ainetta vai onko sillä oma tietoisuutensa, kuten vanhimmat kulttuurit ovat aina todenneet?

Onko tietoisuutemme aivokemian sivutuote vai onko se peräisin universaalista tajunnasta?

Useimpien kulttuurien teoria on, että "universaali tietoisuus" on lähde, josta koko luomakunta virtaa. Kaikki on elossa ja kaikki on yksi.

Viime vuosikymmenien tiedekulttuuri on kiistänyt ja hylännyt tämän käsityksen, jonka voimme määritellä mystiseksi. Se on kulttuuri, joka kehittyi jaloin valaistumisen aikana, mutta sitten turmeltui materialismissa.

Tällä hetkellä suurin osa tiedepiireistä uskoo, että mieli on vain aivojen luomus. Ihminen olisi vain kone, joka toissijaisena vaikutuksena on saanut kyvyn käsitellä ajatuksia ja tunteita. Jos meillä olisi koneita, jotka pystyvät analysoimaan aivoja perusteellisesti, voisimme varmuudella selvittää, mikä kemiallinen reaktio tuottaa meissä tunteen sielusta, rakkaudesta äitimme tai uskoa iankaikkisen elämän olemassaoloon.

Materialismin toivo on, että jonain päivänä voimme kehittää "aivojen pesuainetta", joka estää näiden ärsyttävien kemiallisten reaktioiden muodostumisen vapauttaen ihmiskunnan näistä taikauskoista!

Siksi tiede pitää elämän ilmiötä lähtökohtana eli aineesta ensisijaisena perustana. Aine aggregoituu molekyyleiksi ja soluiksi, jotka kehittyvät ja nousevat evoluutiotikkaille spontaanisti sattumalta syntyneen DNA: n johdolla.

Satunnainen DNA tuottaa puolestaan satunnaisesti aivot. Aivoissa sähkökemialliset ärsykkeet tuottavat järjestelyt, jotka saavat kehon koneet toimimaan. Sivutuotteena aivot synnyttävät myös unelmia, tunteita, tunteita, luovuutta ja kaikkea mitä kutsumme mielen toiminnaksi.

Päinvastoin, kaikki suuret hengelliset perinteet käsittelevät elämän ilmiötä ylhäältä, ei alhaalta. Ensinnäkin on universaali tietoisuus, josta kaikki tulee, ensinnäkin elämä.

Kaikissa elämänmuodoissa universaali tietoisuus on edelleen läsnä, ja jokaisella elämänmuodolla on oma yksilöllinen tietoisuutensa. Yksilöllinen tietoisuus on fragmentti universaalista tajunnasta. Universaalista tajunnasta tulee koko luomakunta, mukaan lukien aine. Aineelliset esineet ovat myös läpäisseet universaalin tietoisuuden. Tämän ansiosta fyysinen aine voi organisoitua harmoniassa projektin mukaan, joka ei sisälly "fyysiseen aineeseen".

Luolan myytti.

Voimme antaa lapselle anteeksi, kun hän pelkää pimeyttä. Todellinen elämän tragedia on, kun aikuinen ihminen pelkää valoa.
(Platon)

Kuinka tuoli valmistetaan?

Aina on ollut kulttuurivirta, joka ylittämällä eri ajattelutavat filosofiasta henkisyydestä moderniin tieteeseen on tukenut illuusiota todellisuudesta, jossa elämme. Erilaisimpien tyylilajien teorioita on luotu. Runossa "Luonnosta" Parmenides väittää, että fyysisen maailman moninaisuus ja muutokset ovat harhakuvia. Kuten näemme, Platon "Platonin tasavallassa" ehdottaa kuuluisaa myyttiä luolasta. Myöhemmin George Berkeley väittää, että mielestämme asiat todella ovat olemassa, mutta todellisuudessa asiat ovat vain abstrakteja. Berkeleyn mukaan aineellisia esineitä ei ole, on vain ideokokoelmia.

Vielä muutama vuosikymmen sitten niitä pidettiin "uteliaisina teorioina tai mielikuvituksina". Nykyään kvanttifysiikka on osoittanut, että nämä ovat totta ja tieteellisesti arvokkaita ajatuksia.

Itse asiassa tutkimme "asioita" makroskooppisella tasolla ja pidämme niitä kiinteinä ja konkreettisina. Kuitenkin, jos tarkastelemme "asioita" äärettömän pieninä, "asiat" näyttävät aivan erilaisilta.

Tuoli näyttää epäilemättä olevan vankka esine. Itse tuolista, joka tutkitaan sitä muodostavien atomien ja subatomisten hiukkasten tasolla, tulee joukko tärinöitä, jotka ovat hajallaan valtavassa tyhjyydessä.

Kaikilla aineilla, joita tutkitaan sen subatomisessa koostumuksessa, on nämä ominaisuudet. Kaikki, mikä vaikuttaa konkreettiselta, punnittavalta ja mitattavalta meille, on vain funktio siitä, mitä aistimme havaitsevat. Siksi aistit osoittavat meille harhaisen ja kuvitteellisen kosmoksen. Aistit toimivat tällä tavalla, jotta voimme elää ja olla vuorovaikutuksessa ympäröivän ympäristön kanssa.

Kuva 3 - Platon (Ateena, 428/427 eKr. - Ateena, 348/347 eKr.), Oli antiikin Kreikan filosofi. "Timaeuksessa" hän keskustelee luonnon ja ideoiden maailman suhteesta.

Valitettavasti kaikki asiat ovat jättimäinen illuusio, joka on rakennettu fyysisyytemme mittaan. Pohjimmiltaan asumme nukketalossa, jossa kaikki huonekalut ja kalusteet on rakennettu tarpeidesi ja tarpeidemme mukaan.

Talon ulkopuolella kaikki on hyvin erilaista. Kuten kuuluisan Shakespearen tragedian päähenkilö sanoo: "Taivaassa ja maan päällä on enemmän asioita, Horace, kuin mitä filosofiasi kuvittelee." (Hamlet, I näytelmä, kohtaus V).

Joidenkin yllättävien kokeiden mukaan kaikki, mitä koemme "todellisuudeksi", myös oma ruumiimme, voi olla seurausta vuorovaikutuksesta, joka tapahtuu tietoisuutemme ja kaikenlaisten aistien havaitsemien ärsykkeiden välillä.

Käytännössä tietoisuus muokkaa meitä ympäröivän todellisuuden näkemystä kokonaan uudelleen. Tiedämme hyvin vähän tästä todellisuudesta, siitä, miten se todella on.

Joten mikä todellisuus todella on? Jos viitataan siihen, mitä voimme koskettaa, haistaa, maistaa tai nähdä, olemme väärällä tiellä. Kaikki nämä "aistit" ovat vain kemiallisia, sähköisiä tai muita signaaleja. Aistimme havaitsevat nämä signaalit ja lähettävät ne aivoihin. Aivot sitten rakentavat kuvan vähän tunnettujen menettelyjen mukaisesti.

Jos katsomme puuta edessämme, näky havaitsee sen muodon ja lähettää sen aivoihin. Puun kuva on rakennettu aivoihin. Aivot määrittävät värit, tuoksut, tekstuurin ja muut ominaisuudet puun muotoon. Aivojen tuottaman prosessoinnin lisäksi emme tiedä, miten puu tehdään, eivätkä sen värit, emmekä tiedä, onko se todellisuudessa värillinen.

Platon ja tiedon etsiminen.

Platon oli antiikin Kreikan filosofi. Yhdessä opettajansa Sokratesen ja oppilaansa Aristoteleen kanssa hän loi perustan länsimaiselle filosofiselle ajattelulle. (Kuva 3). Hän syntyi Ateenassa aristokraattisten vanhempien luona: hänen isältään Aristonella oli esi-isiensä joukossa Ateenan viimeinen kuningas Codro, kun taas sanotaan, että hänen äitinsä, Perictione, polveutui lainsäätäjä Solonista.

Hänen isänsä antoi hänelle nimen Aristokles, joka oli sama nimi kuin hänen voimisteluopettajansa. Myöhemmin Aristokles antoi hänelle Platonin lempinimen sekä hartioidensa leveyden että välttääkseen opiskelijan olevan sama nimi kuin opettaja.

Ateenan Apollodoruksen todistuksen mukaan Platon syntyi Kreikan 88. olympialaisen alussa, toisin sanoen toukokuun lopussa 428 eKr.

Platonilla oli kaksi veljeä, Adimanto ja Glaucone, jotka mainitaan teoksessa "Republic". Hänellä oli myös vanhempi sisar, nimeltään Potone.

Platon osallistui kolmeen sotaretkelle Peloponnesoksen sodan aikana Tanagraan, Korinttiin ja Delioon.

Tapattuaan Sokratesen Platon tuhosi kaikki runolliset sävellyksensä ja omistautui täysin filosofiaan.

Kokous Sokratesen kanssa oli Platonin persoonallisuuden kannalta perustavanlaatuista. Platon kärsi, koska Ateenan demokraattinen hallitus syytti Sokratesia jumalanpilkasta ja nuorten korruptiosta.

Sokrates tuomittiin kuolemaan vuonna 399 eKr.

Sokratesin katoamisen jälkeen hänen opetuslapsensa, mukaan lukien Platon, lähtivät Ateenasta turvautumaan Megaraan.

Vuodesta 395 Platon alkoi kirjoittaa ensimmäisiä "dialogeja". Näissä kirjoituksissa hän käsittelee Sokrates-hahmon edustaman kulttuuriongelman ja hänen epäoikeudenmukaisen tuomionsa. Platon kritisoi ankarasti sofistien toimintaa. Sofistit olivat "hyveiden mestareita", joille maksettiin palkkioita opetusten antamisesta, minkä vuoksi heitä kutsuttiin "kulttuurien prostituoituiksi".

Vuonna 387 Platon palasi Ateenaan; ja osti Academolle omistetun puiston. Tähän puistoon hän perusti koulun, jota hän kutsui "Akatemiaksi".

Akatemia otti käyttöön erityisen opetusmenetelmän, jota kutsutaan dialektiksi. Opetus käytiin keskusteluissa, joihin opiskelijat itse osallistuivat, Platonin tai vanhempien opiskelijoiden ohjaamana. Joskus Akatemia piti Ateenan läpi kulkevien maineikkaiden ihmisten luentoja. Platon kuoli 347 eaa.

Platoninen filosofia.

Platonin mukaan ihminen koostuu kahdesta osasta. Ensimmäinen osa koostuu rungosta. Ruumis on erottamattomasti sidoksissa aineesta tehtyjen asioiden maailmaan. Siksi ihmisen ruumis seuraa samaa kohtaloa kuin kaikki tähän maailmaan kuuluvat, kuten kasvit ja eläimet.

Ihmisen toinen osa on sielu, joka koostuu omantunnosta ja järjestä. Tämä osa ei ole aineesta ja siksi kuolematon, koska se ei voi loppua fyysiseen rappeutumiseen.

Platon vahvistaa psyykkisen paikan, jonka nimi on "Ideoiden maailma". Tämä maailma on olemassa samoin kuin aineellisten asioiden maailma. Ideoiden maailma on etuoikeutettu paikka sielun olemassaololle, ja ihminen voi tarkkailla sitä järjen kautta.

Sielut pysähtyvät ideoiden maailmassa odottamassa asumista ruumiissa. Tässä odotuksessa sielut kypsyttävät täydellisen idean tuntemuksen. Kun sielut laskeutuvat ruumiiseen, he kuitenkin unohtavat tämän tiedon tai pitävät siitä vain heikkoa muistoa. Siksi mikä tahansa ihmiselämässä kehittyvä oppimismuoto ei ole uusi tiedon hankinta, vaan prosessi, jolla muistetaan jo tunnetut asiat, vaikka ne unohdettaisiin.

Platonin filosofian käsitteellistä perustaa kehitetään erilaisissa dialogeissa, kuten "Meno", "Phaedo" ja "Teeteto". Näissä teoksissa hän kiistää, että tiedon tavoitteleminen on mahdotonta, kuten "Eristi" -filosofit väittivät. Näiden filosofien teesit voidaan tiivistää seuraavasti:

- Oletetaan, ettet tiedä mitä etsit. Jos löydät sen, et tunnista sitä haun kohteena.
- Jos tiedät jo etsimäsi, haullasi ei ole mitään järkeä.

Platon ratkaisee ongelman vastustamalla Ideofilosofiaansa näihin oletuksiin:

- Tutkimuksen kohde on vain osittain tuntematon, koska jokaisen ihmisen sielu pohtii alkuperäisiä ideoita ennen syntymää, mutta sitten unohtaa ne. Näin ollen ihmisen tutkimuksen tavoite on tieto, joka on jo hänessä, vaikka se unohdettaisiin.

Myytti Platonin luolasta.

Platonille ideat ovat täydellisiä ja muuttumattomia, ja ne ovat ruumiista riippumattomia, joten ne eivät voi johtua aisteista (näkö, kuulo, haju ja niin edelleen). Viisi aistia ovat epätäydellisiä kehon työkaluja. Hän käyttää luolan myyttiä selittääkseen tämän käsitteen. Luola on vankeuspaikka miehille, jotka joutuvat katsomaan petollista todellisuutta, toisin sanoen takaseinään heijastuvia varjoja. Todelliset kuvat löytyvät luolan ulkopuolella, auringon valossa, ts. Järjen ja tiedon valossa. Näitä valoja ei voida havaita viidellä aistilla; valitettavasti vangit eivät tiedä.

Platon ehdottaa tätä, mikä on tunnetuin hänen myytteistään, teoksensa "Tasavalta" VII kirjassa ja paljastaa sen Sokratesen ja opetuslapsi Glauconin välisessä vuoropuhelussa. Vuoropuhelua käydään suunnilleen näin:

"Kuvittele nyt Glaucon, että ihmisen tila muistuttaa tällaista tilannetta, jota kuvaan sinulle. Kuvittele, että jotkut miehet asuvat maanalaisessa asunnossa luolan muodossa.

Miehet ovat olleet lukittuina lapsuudesta lähtien ketjuilla jaloillaan ja niska, jotta he voivat liikkua ja voivat vain katsoa eteenpäin. Heidän takansa palavan tulen valo loistaa. "

Glaucone vastasi: "Kuinka outo tämä kuva ja mitä outoja vankeja!"

Sokrates jatkoi:

"Toki, vangit näyttävät oudolta. Luuletko, että he ovat nähneet elämässään muuta kuin luolan pohjan tulen heittämät varjot?

Jos he voisivat puhua, keskustelun aihe olisi todennäköisesti luolan alaosassa näkyvät varjot. "

"Ei epäilystäkään."

"Joten vangit uskoisivat, että näiden esineiden varjot olivat ainoa olemassa oleva todellisuus."

"Se on aivan niin."

"No, jos joku vapauttaa nuo vangit ketjuistaan, mitä voisi tapahtua? Jos vanki voisi yhtäkkiä nousta ylös ja

katsoa ympärilleen, mennä ulos katsomaan valoa, mitä tapahtuisi?
Todennäköisesti sokaisevan valon vuoksi vanki ei pysty näkemään ympäröivää maailmaa.
Etkö usko, että vanki olisi hämmentynyt? Vanki saattoi päätellä, että aiemmin näkyvät varjot olivat todellisempia ja helpompia kuin valo, joka nyt sokeuttaa häntä. Luuletko, että näin on? "

Luolan myytti edustaa täydellistä analogiaa vankien ja meidän tilamme välillä. Analysoimalla myytin symboliikkaa voimme luoda joitain rinnakkaisuuksia:

- Vangit edustavat meitä siinä mielessä, että elämme samanlaisessa tilanteessa.
- Luolan sisustus on empiirinen maailmamme, toisin sanoen kokemuksemme päivittäinen maailma.
- Ketjut, jotka vangitsevat meidät, ovat viisi aistia. Aistit ovat ehdottoman epätäydellisiä työkaluja, jotka pakottavat meidät näkemään väärän todellisuuden.
- Luolan alaosassa näkyvät varjot ovat unelmia, pelkoja, fantasioita ja illuusioita. Ne perustuvat tilanteen yleiseen virheellisyyteen.
- Vapautuminen ketjuista nähdäksesi todellisuuden ja auringon valon tarkoittaa vapauttamista aistien ehdollistumisesta.

Tämä ehdollistaminen ei ole filosofista vaan fyysistä. Voimme kuulla ja nähdä vain mahdollisten taajuuksien kapeissa rajoissa, maistaa makean ja suolaisen rajoissa. Siksi meillä voi olla vain rajallinen tieto esineistä. Voimme arvioida esineiden kiinteyttä ja lämpöä hyvin karkeasti. Samanaikaisesti emme voi ymmärtää mitään aineen muodostavien molekyylien ja atomien alkuainekoostumuksesta.

Käsityksemme maailmasta on vapautettava kahleista. Vapautuminen ei voi olla fyysistä, koska emme voi pakottaa viittä aistia toimimaan eri tavalla. Meidän on loppujen lopuksi oltava kiitollisia viidelle aistille niiden toiminnasta, koska niiden avulla voimme olla vuorovaikutuksessa makroskooppisen todellisuuden kanssa, jossa elämme.

Siksi vapautuksen on oltava älyllistä. Meidän on rakennettava itsessämme tietoisuus siitä, että todellisuus on "siellä". Aistit eivät salli meidän nähdä tätä todellisuutta. Tämä todellisuus voidaan kuitenkin kokea järjellä.

Tietoisuuden tasolla voimme tunnustaa, että kaikki aistien kieltämät totuudet, kuten henkisyys, sielu, ideoiden psyykkinen ulottuvuus ja tilaava kosmoksen älykkyys, ovat siellä ja voivat voimakkaasti ilmetä omatuntomme. Näin voi tapahtua siitä huolimatta, että jokapäiväisessä kokemuksessamme me olemme fyysisten aistien vankilan ketjuissa.

Vangit eivät ole koskaan nähneet muuta kuin varjoaan, joten heidän mielestään varjot ovat todellisuutta. Vanki kuitenkin pakenee ja katsoo ympärilleen. Hän näkee esineitä ja ymmärtää, että ne ovat todellisempia kuin varjot. Hän tulee luolasta ja aurinko häikäisee. Hän tuntee, että luolan ulkopuolella kaikki on totta. Hän ihmettelee, mistä valo tulee, ja tajuaa, että valo antaa merkityksen kokonaisuudelle. Valo edustaa tietoa ja ajatusta hyvästä ja kauneudesta.

Kuva 4 - Jotkut persoonallisuudet, jotka ovat esittäneet teorioita materialismia vastaan (valokuva verkosta).
Yläkuva: Hans Driesch ja Ernst Schumacher.
Alakuva: Gottfried W.Von Leibniz ja Henri-Louis Bergson.

Platon ei kuitenkaan anna varjoille täysin negatiivista arvoa. Luolasta johtava polku alkaa heti varjoista. Varjot liittyvät todellisiin esineisiin. Plaronen mukaan ennen kaikkea on olemassa "Ideat". "Ideoista" johdetaan järkevän maailman kohteet. "Ideat" ovat "psyykkisiä arkkityyppejä", eli "alkuperäiset primitiiviset mallit". Esineet, jotka näkyvät vangeille varjoina, on muotoiltu näillä malleilla.
Platonin koko filosofialla on monia yhtäläisyyksiä Carl Jungin vuosisatoja myöhemmin kehittämien "arkkityyppien teorian" ja "kollektiivisen alitajunnan teorian" kanssa.

Platonista "vitalismin" teoriaan.

"Vitalismin" teoria kehittyi kahdeksastoista-yhdeksästoista vuosisata välillä uusplatonisten ideoiden ja renessanssin filosofian myötä. Tämän ajatusvirran mukaan Platonin ideat ulotetaan koskemaan kaikkea luontoa, ja niistä tulee jokaisen organismin ja kaiken olemassa olevan osatekijä. Siksi koko kosmos on animoitu älykkäällä periaatteella, maailman sielulla. (latinaksi "Anima Mundi").
Tämä filosofinen termi osoittaa luonnon elinvoimaisuuden kokonaisuutena pitäen sitä samanlaisena kuin yksi suuri elävä organismi. Siksi se on kosmoksen yhdistävä periaate. Yksittäiset organismit muodostavat hänestä muodon: nämä, vaikka ne artikuloidaan ja erotellaan kukin omien yksilöllisten erityispiirteensä mukaan, on kuitenkin yhteisen universaalisen sielun yhteydessä toisiinsa.
Gottfried von Leibniz katsoi elämän ja ajattelukyvyn jopa inerttiin aineeseen.
Tämä oli tietysti jyrkässä ristiriidassa materialistisen determinismin kanssa, joka ei koskaan hyväksynyt mahdollisuutta kaiken luonnon syvään ykseyteen.

1900-luvun tärkeä vitalismin kannattaja oli ranskalainen filosofi ja Nobelin kirjallisuuspalkinto Henri-Louis Bergson (1859–1941) vuonna 1927. Kirjallisuudessaan, kiistanalaisessa materialistisen determinismin kanssa, hän vahvistaa, että biologinen elämä ei koostu satunnaisesta lisääntyvien kemiallisten yhdisteiden yhdistäminen, mutta se on monivuotinen ja lakkaamaton luomus.

Bergson väittää, että kaiken pohjalla on elintärkeä impulssi, joka työntää materiaalia kohti yhä monimutkaisempia toteutuksia. Tämä vauhti laajenee eri suuntiin ja eri voimakkuuksilla. Tällä tavoin hän selittää kasvien maailman olemassaolon erillään eläinten maailmasta. Bergsonin käsityksessä materialistisilla teeseillä mekanismista ja determinismistä ei ole enää merkitystä. Bergsonin suunnittelema evoluutio alkaa olettamuksesta, että mikään ei ole kiinteää tai määritettyä, mutta kaikki on todellisuutta liikkeessä. Evoluutio on sekä aihe että itsensä kohde, koska se seuraa prosessia, jolla on yksi lähtö. Tämä prosessi tapahtuu jatkuvana sysäyksenä kohti elämää, joten Bergsonin prosessi edustaa luovaa evoluutiota. Aine on tässä yhteydessä vain luovan impulssin tietyn polun kehityksen huipentuma. Siksi Bergsonin mukaan aine on hengen osoitus.

Bergson tuomitsee myös yritykset paljastaa elämän mysteeri analysoimalla elävän olennon yksittäisiä osia. Tässä mielessä hän on samaa mieltä Mephistophelesin kanssa Faustissa:

> ”Elävän olennon ymmärtämiseksi ja kuvaamiseksi monet aloittavat sen tappamalla ja pilkkomalla. Sitten

kädessäsi on jäljellä vain inerttejä palasia, joista valitettavasti puuttuu viittaus elämään ".

Pura lelu palasiksi.

Elämän mysteeriä ei voida koskaan ymmärtää purkamalla elävää olentoa. Itse asiassa materialistit haluavat tehdä sen jäljittelemällä lasta, joka rikkoo lelun palasiksi ymmärtääkseen, miten se toimii. Lelun avulla se voidaan tehdä, koska sen toiminnan mysteeri on jossakin mekaanisessa jousessa tai vaihde, joten mysteeri sijaitsee lelun sisällä. Elämän mysteeri ei kuitenkaan ole biologisen olennon sisäinen: se tulee ulkopuolelta, se on osa maailman sielua.

Hans Drieschistä Carl Jungiin.

Erityisen kiinnostava luku vitalismin alalla on Hans Drieschin (1867–1941) saksalainen filosofi ja biologi, alkiotutkimuksen edelläkävijä. Vuosina 1891–1900 hän tutki merisiilejä Napolin eläintieteellisellä asemalla. Aluksi hän yritti selittää mekanistisiin teorioihin perustuvan alkioiden kehityksen, mutta pian hänen oli tunnustettava näiden teorioiden riittämättömyys. Hän teki oman hypoteesin aineettomasta elämänperiaatteesta, joka on luontainen organismeille, mutta tulee niiden ulkopuolelta. Tämä periaate on yhtäpitävä luonnon tarkoituksen kanssa. Drieschin ehdottama periaate on syy elävien olentojen evoluutiokehitykseen sekä lajina että lajin yksilöinä, jokaisella on omat erityispiirteensä.

Aristoteleen tutkimusten perusteella Driesch kutsui tätä periaatetta "entelechyksi". Tämä termi ilmaisee todellisuuden, joka sisältää itsessään lopullisen tavoitteen, johon se pyrkii kehittymään. Lajiin tai jopa yksittäiseen yksilöön sovellettava entelechy edellyttää "paikan" olemassaoloa, jossa nämä tiedot asuvat.

Se on "fyysinen" ulkopuolinen paikka. Yksilöt voivat kuitenkin saada tietoja tästä "paikasta".

Drieschin teoriat olivat erityisen kiehtovia Carl Jungille. Vuonna 1952 julkaistussa teoksessaan "Synkronisuus ei-satunnaisten yhteyksien periaatteena", jonka kanssa hän ilmoitti virallisesti synkroniteettiteoriansa maailmalle, sveitsiläinen psykologi myöntää, että Drieschin kirjoitusten lukeminen on vaikuttanut häneen vuodesta 1925 lähtien.

Jungin ajatukset synkronisuudesta olivat jo alkaneet vuonna 1916, mutta teorin ensimmäiset selkeät sanamuodot ovat peräisin vuodelta 1925, samaan aikaan Drieschin teorioiden kanssa tehtyjen vertailujen kanssa.

Eri olemassaolon asteet, Ernst Schumacher.

Teoksessaan "Epokaalinen talvi. Nykyaikaisia pohdintoja" Hanspeter Padrutt ottaa esille ja kommentoi Ernst Friedrich Schumacherin viime vuosisadalla laatimaa luokittelua, joka koskee olemisen eri asteita (kuva 5).
Ernst Schumacher oli vaikutusvaltainen saksalainen filosofi ja taloustieteilijä, syntyi Bonnissa vuonna 1911 (kuva 4). hänet internoitiin syrjäiselle maatilalle Isossa-Britanniassa.

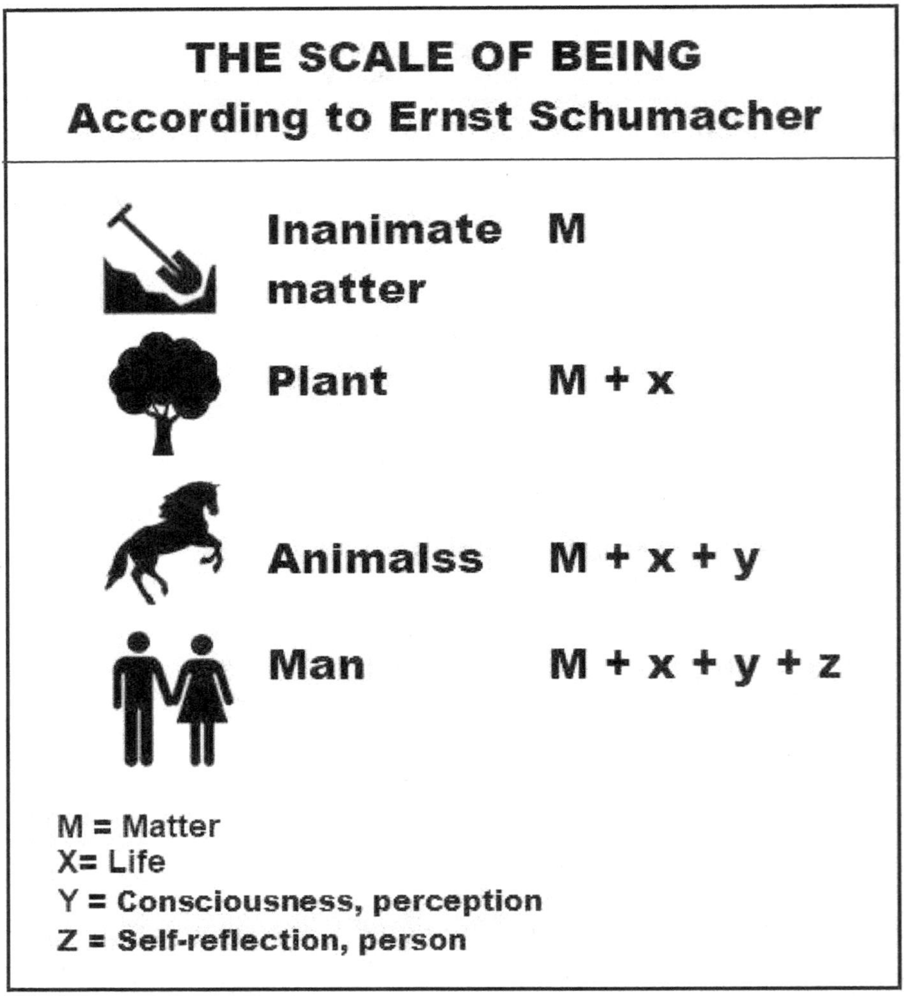
THE SCALE OF BEING
According to Ernst Schumacher
Inanimate matter
M
Plant
M + x
Animalss
M + x + y
Man
M + x + y + z
M = Matter
X= Life
Y = Consciousness, perception
Z = Self-reflection, person

"Olemassaolon tikkaat".
Ernst Schumacherin mukaan.

Kuva 5 - Ernst Schumacherin, vaikutusvaltaisen saksalaisen filosofin ja taloustieteilijän mukaan jokainen todellisuuden taso merkitsee korkeamman tason olemassaoloa.

Jokainen ylempi taso sisältää kaikki alemmat tasot. Samaan aikaan korkeampi taso lisää korkeampia ominaisuuksia alemmille tasoille.

Asteikon alimmasta päästä löydämme elottoman kiinteän aineen.

Tikkaat ylös noustessa tapaat kasveja ja eläimiä.

Schumacher asettaa ihmisen korkeimmalle tasolle.

Hän muutti Englantiin ennen toista maailmansotaa välttääkseen elämistä natsismin alaisuudessa: sodan syttyessä häntä pidettiin kuitenkin "viholaisulkolaisena" ja.

Tänä aikana hän tapasi kuuluisan taloustieteilijän John Keynesin. Keynes arvosti joitain hänen töitään ja sai julkaisunsa. Tällä tavalla Schumacher pystyi myötävaikuttamaan Ison-Britannian hallituksen taloudelliseen ja rahoitukselliseen elpymiseen. Tämän seurauksena Schumacher sai hyvän aseman Oxfordin yliopistossa.

Ernst Schumacher kiinnostui kivihiilen louhinnan ongelmista, ja hän tuli tunnetuksi läntisten talouksien kritiikistä ja ehdotuksistaan inhimillisempien teollisten teknologioiden käyttöönotosta.

Vuonna 1977 hän julkaisi "Opas hämmentyneelle". Tässä esseessä hän arvostelee tieteellistä materialismia ja syventyy olemisen tiedon luonteen ja organisoitumisen tutkimiseen. Tässä pienessä "maailmassa elämisen oppaassa" Schumacher hylkää klassisen tieteen paradigmat.

Schumacher kutsuu lukijan viittaamaan itseensä ja saamaan elämänsä ja olemassaolon tarkoituksen takaisin haltuunsa.

Taloustieteen ja filosofian lisäksi hänen suuri intohimonsa oli puutarhanhoito, jolle hän omistautui intohimoisesti. Hän kuoli vuonna 1977 matkustaessaan Sveitsissä.

Hän siirsi osan filosofisesta tutkimuksestaan selittäväksi suunnitelmaksi. Tämä osoittaa hänen koulutuksensa taloustieteilijänä. Todellakin, Schumacher ilmaisee ajatuksensa tietoisuuden ja tiedon eri tasoista epätavallisella tavalla, joka muistuttaa enemmän matemaattisia kaavoja kuin filosofisia käsitteitä. Epäilemättä tämä menetelmä selkeyttää käsitteitä.

Psykologi ja filosofi William James (Psychical Researchin seuran puheenjohtaja 1894-1895) tunnetaan lausunnostaan:

"Se mitä tiedämme, on vain pieni pisara tietämättömyyden suuressa valtameressä."

Tämä havainto on kaksi vuosisataa vanha, mutta se on edelleen totta ja ajankohtainen, varsinkin nykyään. Vuonna 1835 positivismin isänä pidetty ranskalainen filosofi Auguste Comte totesi ehdottomasti, että emme voi koskaan millään tavalla tutkia tähtien kemiallista koostumusta. Nykyään tämä tehdään normaalisti.

Tieteen alalla tänään enemmän kuin eilen, on aivan selvää, että tiedämme hyvin vähän. Vain muutama vuosikymmen sitten uskottiin, että atomit olivat aineen pienin osa ja että aine ei ole jakautuva enempää. Sen sijaan nykyään uusia hiukkasia löydetään edelleen kiihdyttimistä, ja kvanttifysiikka herättää vakavia epäilyjä hiukkasten merkityksestä, ja se menee niin pitkälle, että oletetaan, että niitä ei ole ollenkaan, vaan ne koostuvat vain värähtelevästä energiasta.

Ihmisen tiedon horisontti menee pidemmälle ja pidemmälle: suhteellisuusteoria on juuri horjuttanut varmuuttamme ajan ja tilan pysyvyydestä. Tänään tarkistamme, kuinka tuo universumi, jonka luulimme tuntevamme niin hyvin, on meille tuntematon ainakin 90 % sen koostumuksesta.

Itse asiassa 90% maailmankaikkeudesta koostuu "pimeästä aineesta". Toistaiseksi emme tiedä mitä pimeä aine on.

Joka päivä valloitamme pienen tiedon tilan ymmärtääksemme, että tuo tila on avoin ikkuna uusille valtaville ja tuntemattomille alueille. Nykyään tieteellä on satoja ellei tuhansia ikkunoita auki panoraamoihin, joiden olemassaolo on varma ja sisältö jää täysin tuntemattomaksi.

Tiedämme, että meidät on tehty aineesta. Olemme molekyylien aggregaatti, jotka puolestaan koostuvat atomiaggregaateista, jotka puolestaan koostuvat alkuainehiukkasten aggregaateista. Mutta mihin elämän kipinä kuuluu, missä se asuu? Missä näiden aineryhmien organisaatio sijaitsee? Kehomme on ajoneuvo, erittäin tehokas kone; mutta kuljettaja, missä hän on?

Oliko kaikki sattumaa? Ihmeellinen onnettomuus on satunnaisesti yhdistänyt aineen kehomme muotoon. Tapahtuiko myöhemmin toinen ihme, joka antoi tälle inertin aineen kasaumille itsetietoisuuden?

Vuonna 1981 kaksi tunnettua tähtitieteilijää, Fred Hoyle ja Chandra Wickramasinghe, halusivat laskea, kuinka todennäköistä on, että elämä syntyi juuri sellaisena, sattumalta. He päättelivät, että olisi yhtä suuri todennäköisyys kuin hurrikaanilla, joka purkamalla voimansa metallikaatopaikalle ja liikuttamalla niitä tuulten pyörteessä voisi muodostaa Jumbo Jetin lentämään. Täydellinen. Mutta vaikka tämä tapahtuisi ihmeellisesti, mistä se lentäjä, joka pystyy nousemaan lennon aikana, tulisi?

Huolimatta materialistien yrityksistä on selvää, ettei aine yksin voi ylittää tiettyä rajaa. Universumin täydellisyyden takana täytyy olla äly, ylivoimainen tietoisuus, joka ohjaa kaikkea.

Ihmiskunta odottaa, että tiede vihdoin asettaa itselleen tavoitteeksi materialismin luopumisen ja ei-aineellisen tason etsimisen. Tämä taso olisi ajasta ja tilasta riippumaton "yleinen tietoisuus", "energia- ja tietokenttä".

Tieteen tehtävänä on tunnistaa missä "Projekti", "Ohjekirja" on.

Puhumme paikasta, jossa kaikki maailmankaikkeuden viisaus asuu. Omatuntomme ammentaa tiedostamatta yleistä viisautta. Tämä tapahtuu nyt.

Yksilöllinen tietoisuutemme on osa suurempaa tietoisuutta, josta se ammentaa tietoa ja viisautta.

Sydämeni ei luultavasti tiedä, että se on osa suurempaa kokonaisuutta, eli se on osa kehoani. Samoin minäkin olen osa suurempaa kokonaisuutta tietämättäni. Kuitenkin suurempi kokonaisuus, jonka osa olen, tuntee minut ja välittää minusta.

Tässä mielessä Schumacher ehdottaa suunnitelmassaan erilaisia vaiheita, joissa osa universumista on osa suurempaa kokonaisuutta, jopa tietämättään; suurempi kokonaisuus puolestaan sisältää asteikolla alempana olevat osat ja lisää jotain (kuva 5).

Alin taso (M) on inertin aineen taso, joka voidaan punnita vaa'alla ja mitata sen mitoissa. Tämä taso on itsenäinen, mutta sisältyy korkeampaan, kasvismaailman tasoon. Kasvistaso sisältää M, mutta lisää x:n, joka tarkoittaa elämää.

Siksi, jos mineraalitaso on vain M (aine), seuraava taso, kasviperäinen, on M+x, eli aine + elämä. Mutta tämä taso on puolestaan osa korkeampaa tasoa, kolmatta tasoa.

Kolmas taso, joka liittyy eläinkuntaan, sisältää alemman (M+x), mutta lisää "y":n eli tajunnan ja havaintokyvyn. Joten kolmannesta tasosta tulee M+x+y.

Koko kolmas taso on osa neljättä tasoa, eli ihmiseen liittyvää tasoa. Neljäs taso lisää "z", eli oman "itsensä" itsetietoisuuden. Siksi "olemisen asteissa" ihminen on M+x+y+z.

Schumacher lopettaa luokittelunsa tähän. Mutta jos jokainen askel kuuluu luonnollisesti ylempään asteeseen, niin myös neljännellä tasolla, ihmisen tasolla, täytyy olla korkeampi taso.

Onko olemassa korkeampaa tasoa kuin ihminen?

Miksi ei? Miksei voi olla korkeampaa tasoa, sisältäen M, x, y, z, mutta myös "jotain enemmän"?

Luonnollisin vastaus on: kyllä, tämä taso on olemassa. On olemassa viides taso, "yleinen tietoisuus", joka lisää toisen arvon.

Koska emme tiedä kuinka määritellä tämä arvo, kutsumme sitä "äärettömäksi". Sen symboli on ∞.

Asteikon viides taso olisi M+x+y+z+∞.

Olemisen asteiden asteikko, näin täydennettynä, tekee ihmisestä osan universaalista Tietoisuutta, joka sisältää koko maailmankaikkeuden: aineen, elämän, tietoisuuden, itsetietoisuuden, äärettömän energian ja tiedon.

Tällä tavalla aineeton osa meistä, henkilökohtainen lentäjämme, yhdistyy suureen universaaliin lentäjään, jolta hän saa lentoluvan. Henkilökohtainen omatuntomme on jatkuvassa vuoropuhelussa universaalin tietoisuuden kanssa. Jos näin olisi, tietäisimme vihdoin, mistä syvät intuitiomme, ennakkotietomme, jaloimmat tunteemme ovat peräisin.

Siksi tietäisimme, mistä se osa meistä, joka on ehdottoman ulkopuolinen eläimellisyydestä, tulee. Tulemme esiin puhtaasti eläimellisestä tilasta, johon materialismi haluaa pakottaa meidät.

Totta, läpi ihmiskunnan historian ihminen on aina intuitiivisesti uskonut johonkin korkeampaan. Ihminen on kutsunut tätä korkeampaa todellisuutta käyttämällä äärettömien jumalien äärettömiä nimiä.

On varmasti olemassa kosminen älykkyys, joka ylittää ymmärryksemme. Tämä älykkyys vaikuttaa meihin jatkuvasti.

Näyttää siltä, että ihmisellä on synnynnäinen tarve uskoa johonkin suurempaan. Loppujen lopuksi jopa vakaumus siitä, ettei mitään suurempaa ole, on silti usko, uskon teko.

Unet, jotka viittaavat keksintöihin ja menestykseen.

Monet kuuluisat taiteen ja tieteen hahmot vahvistavat sen väitteen, että yksittäisten yksilöiden tai jopa ihmiskunnan kehitykselle hyödylliset viestit ovat peräisin Universaalista tietoisuudesta. Nämä hahmot väittävät saaneensa inspiraation luomuksiinsa unessa. Tarina on täynnä ongelmia, jotka ratkeavat aamulla. Esimerkiksi Friedrich Kekulé, saksalainen kemisti, jonka nimi liittyy bentseenin ja aromaattisten yhdisteiden rakenteen määrittelyyn, unelmoi käärmeestä, joka puree omaa häntäänsä ja herääessään ymmärsi, että bentseenimolekyyli oli kuusikulmainen.

Mendelejevin jaksollinen järjestelmä.

Venäläisissä tieteellisissä piireissä väitetään, että Dmitri Ivanovitš Mendelejev päätti elementtitaulukon koostumuksen unen ansiosta. Kuuluisa kemisti (1834–1907) halusi järjestellä aikansa tunnetut 65 kemiallista alkuainetta järkevällä tavalla. Hän oli ymmärtänyt, että organisaatiomallin täytyy liittyä atomipainoon, mutta hän ei voinut määrittää tarkkaa suhdetta. Venäläisen kemistin B.M. Kedrov, Mendelejev sanoi:

"Unessa näin tasaisen pinnan, jossa kaikki elementit oli järjestetty vaadittuun järjestykseen. Herättyäni piirsin sen järjestelyn heti paperille".

Näin syntyi jaksollinen järjestelmä, jonka tunnemme edelleen. Mendelejev huomasi, että unessa nähty järjestely oli niin tarkka, että se paljasti, että jotkin elementit oli aiemmin mitattu väärin.

Googlen hakukone.

Larry Page, yksi Googlen perustajista, sanoo, että ajatus Google-ominaisuuksilla varustetusta hakukoneesta tuli hänelle "eloisan" unen aikana. Keskusteltuaan siitä ystävänsä Sergey Brinin kanssa he loivat yhdessä Backrubin, nykypäivän Googlen edelläkävijän.

Paul McCartney ja "Yesterday".

Paul McCartney kertoo elämäkerralleen Barry Milesille, että eräänä aamuna vuonna 1965 hän heräsi musiikkiin päässään. Hän nousi ylös ja soitti pianolla kappaleen, josta tulisi "Yesterday". Nykyään tämä unessa syntynyt kappale on Guinnessin kirjassa tallennetuimpana kappaleena.

Signaalien välittäminen aivoissa.

1900-luvun alussa tiedemiehet uskoivat virheellisesti, että signaalin siirto aivoissa oli sähköistä. Sen sijaan Otto Loewin unelma ehdotti oikeaa teoriaa. Loewi oli luennoitsija Grazin yliopistossa Itävallassa, mutta muutti Yhdysvaltoihin natsihallinnon aikana. Täällä hän opetti New Yorkin yliopistossa, kaupungissa, jossa hän kuoli vuonna 1961. Hänen opinnot keskittyivät autonomiseen hermostoon, sekä sympaattiseen että parasympaattiseen hermostoon vaikuttavien aineiden farmakologiaan, ja havaitsi, että välittäjät vaikuttavat toiminnassa. hermot ja lihakset ovat kemiallisia eivätkä sähköisiä.

Loewi teki tämän löydön unen jälkeen. Hän heräsi ja kirjoitti muistiinpanoja paperille. Herätessään hän tajusi kirjoittaneensa lääketieteen historiaa muuttavan teorian perusteet: tieto välittyy kemiallisesti, aktiivisten kemiallisten välittäjien kautta. Tämän löydön ansiosta Otto Loewi voitti vuonna 1936 Nobelin.

Niels Bohr ja atomi

Edwina Portocarreron ja joidenkin yhteistyökumppaneidensa Massachusetts Institute of Technologyssa (MIT) kirjoittamassa artikkelissa luemme seuraavaa:

> «Niels Bohr (1885–1962) kehitti atomimallin unelmaansa. Unessa Bohr istui auringossa, kun kaikki planeetat kiertävät ympäriinsä, pitivät suhisevia ääniä ja liikkuivat kuin naruilla."

Itse asiassa nykyinen atomimalli koostuu keskusytimestä ja sarjasta elektroneja, jotka pyörivät sen ympärillä.

Portocarreron artikkeli oli omistettu nimenomaan unille ja sen otsikkona oli "Oppitunnit tyynyllä: epäjatkuva käyttöliittymä unelmien palauttamiseen ja toistamiseen".

Mary Shelley ja Frankenstein

Toukokuussa 1816 ryhmä kirjailijoita yöpyi hotellissa Genevessä. Näiden kirjoittajien joukossa olivat Lord Byron, hänen rakastajatar Claire Clairmont sisarensa Mary Shelleyn kanssa ja muita kirjallisuuden ystäviä. Päivä oli sateinen, ja he päättivät voittaa tylsyyden lukemalla aavetarinoita. Sitten Byron ehdottaa, että he säveltäisivät itse haamutarinan: kaikki hyväksyivät. Mary Shelleyllä ei ollut aavistustakaan mistä aloittaa, mutta yöllä hän näki unessa hetken, jolloin hullu tiedemies loi Frankensteinin. Seuraavana aamuna hän ryhtyi töihin jäähdyttävän jatko-osan kirjoittamiseen, ja kirja oli niin menestynyt kuin tiedämme. Mitä olisi kauhukirjallisuus nykyään ilman Frankensteinia?

Elias Howen ompelukone

Ompelukoneen keksintö johtuu Elias Howesta (1819–1867), jonka ansiona oli parantaa huomattavasti olemassa olevia malleja ja patentoida paranneltu versio. Howe oli pitkään jumissa projektissaan: itse asiassa Howe ei tiennyt, minne neulansilmä asettaisi.

Tämän ongelman vuoksi työ keskeytettiin ja hän oli melkein joutumassa köyhyyteen. Hänen alkuperäinen ideansa oli noudattaa perinnettä ja asettaa neulansilmä neulan yläpäähän. Näin tehdessään lanka kuitenkin aina sotkeutui. Hän ei ollut koskaan ajatellut asettaa neulansilmää lähelle neulan kärkeä.

Vuonna 1845 Howe näki kummallisen unen. Jotkut kannibaalit olivat saaneet hänet kiinni ja lävistivät häntä keihäillään. Hänen harjoitettu silmänsä huomasi, että keihäissä oli reikä lähellä niiden terävää päätä. Tämän sanottuaan hän sovelsi tätä ideaa keksintöönsä ja ompelukone syntyi.

Wolfgang Paulin unelmat

Nobel-palkittu fyysikko Wolfgang Pauli väitti toistuvasti saaneensa inspiraatiota unista, jotka olivat hyödyllisiä hänen tieteellisten teorioidensa muotoilussa.

Yksi unista, jotka Pauli muisti koko loppuelämänsä, oli se, mitä hän kutsui "Maailmakelloksi". Unessa Pauli näki kaksi samankeskistä pyörää, jotka pyörivät epäharmoniseen suuntaan. Valitettavasti pyörät yhdistettiin mahdottomalla keskiakselilla. Sinä aikana, kun Pauli näki unen, hän oli psykologisessa analyysissä Jungin studiossa, ja hän ymmärsi, että kuva sisälsi viestin, joka oli siirrettävä hänen tieteelliseen tutkimukseensa. Paulille kaksi pyörää edusti psyykettä ja ainetta, jotka piti yhdistää tieteellisessä teoriassa. Valitettavasti Pauli ei onnistunut löytämään tapaa sovittaa yhteen tieteellinen materialismi ja henkisyys, vaikka tavoitteli tätä tavoitetta elinikäisenä tehtävänä. Todellakin, moderni tiede hylkää kaikki viittaukset psyykeen tai henkeen ikään kuin se olisi spitaalista.

Platonista Berkeleyyn.

Luola-myytissä Platon ehdottaa, että kaikki asiat sellaisina kuin me ne näemme, eivät ole mitään muuta kuin jättimäistä illuusiota, mutta ei mene niin pitkälle, että se julistaisi selvästi, ettei asioita ole olemassa. Tämä käsite on kuitenkin todettu useaan otteeseen ihmisen ajattelussa, ja siitä tulee George Berkeleyn filosofian selkäranka (kuva 6). Berkeley oli irlantilainen teologi ja anglikaaninen piispa. John Locken ja David Humen kanssa Berkeley oli yksi kolmesta suuresta brittiläisestä empirististä. Berkeleyn mukaan ainoat ihmisen tiedon kohteet ovat ideat.

Se, mitä määrittelemme esineeksi, on vain joukko ideoita. Esimerkiksi omena ei ole muuta kuin tietyn värin, tietyn maun, tietyn tuoksun, tietyn muodon, tietyn koostumuksen yhdistelmä.

Kaikkia esineitä, joiden uskomme olevan olemassa (koska aistit saavat meidät uskomaan niiden olemassaoloon), ei itse asiassa ole olemassa ollenkaan: niillä ei ole johdonmukaisuutta, niillä ei ole kehoa, ne ovat vain ideoita, jotka aistien välittämänä aivoille, me konfiguroida antamalla heille väärän kuvan olennaisuudesta.

Emme tunne esineitä ollenkaan: tiedämme vain esineideat, jotka aistit välittävät aivoihimme. Elämme kuin unessa, kuten platonisen luolan vangit, jotka tarkkailevat varjoja uskoen niiden olevan todellisia. Meillä on aika-avaruuskäsityksiä, jotka liittyvät oletettuihin esineisiin, joita ei ole olemassa.

Berkeley ja kaatunut puu.

On hyödyllistä esittää uudelleen ikivanha kysymys: jos puu kaatuu metsään eikä ympärillä ole ketään, pitääkö siitä ääntä? Tämän kysymyksen esitti George Berkeley.

Berkeley syntyi Kilkennyssä Irlannissa 12. maaliskuuta 1685 ja kuoli Oxfordissa 14. tammikuuta 1753. Hän valmistui vuonna 1707 suoritettuaan matematiikan, logiikan, klassisen kirjallisuuden, teologian ja filosofian yliopistoopinnot Dublinin Trinity Collegessa. Hän syvensi välittömästi tietojaan aikansa suurista ajattelijoista lukemalla Locken, Gassendin, Newtonin, Descartesin, Hobbesin ja muiden teoksia, antaen siten muodon ja suunnan hänen ajattelunsa kehitykselle, jotta hän voisi ilmaista kardinaalin. Hänen filosofiansa periaate: immaterialismi.

Vuonna 1709 hän julkaisi kirjan "Essee uudesta näköteoriasta" ja seuraavana vuonna kirjan "Treatise on the Principles of Human Information". Vuonna 1713 hän kirjoitti myös "Dialogues Between Hylas and Philonous".

Vuonna 1728 hän meni naimisiin Anne Forsterin kanssa, Irlannin alahuoneen puhemiehen John Forsterin vanhimman tyttären kanssa. Saatuaan huomattavan perinnön hänen kiihkeä uskonnollinen henkensä sai hänet halumaan lähteä vaimonsa kanssa Amerikan uusiin maihin, joissa hän aikoi suorittaa lähetystyötä perustamalla uskonnollisen korkeakoulun Bermudasaarille.

Odottaessaan luvattujen varojen saamista Berkeley muutti Amerikkaan ja asettui Rhode Islandille, missä hänen ensimmäinen lapsensa Henry syntyi. Valitettavasti sitten filosofi joutui luopumaan aloitteesta. Valitettavasti kuningatar ei pitänyt alkuperäistä lupaustaan rahoituksesta. Palattuaan Irlantiin hänet nimitettiin Cloynen piispaksi (Irlannin kirkolle).

Berkleyn filosofinen ajattelu keskittyy idealismiin, jota hän vastustaa voimakkaasti 1600-luvun lopun ja 1800-luvun alun välisenä aikana kurkistavaa "valaistumista". Berkeley torjuu materialismin, joka rappeutuu skeptisyyteen ja ateismiin. Tästä aiheesta hän sävelsi "Alcifronen", poleemisen dialogin aikansa vapaa-ajattelijoita vastaan.

Kuva 6 - George Berkeley oli irlantilainen filosofi, teologi ja anglikaaninen piispa. Hän väittää, että ainoat ihmisen tiedon kohteet ovat ideat; asioita itsessään ei ole olemassa, ne ovat vain joukko ideoita.

Berkeley väitti, että esineet ovat olemassa vain sellaisina kuin ne havaitaan. Siksi, jos puu kaatuu metsässä, jossa kukaan ei näe kaatumista, se ei aiheuta ääntäTerveen järkemme kannalta voisi vastustaa sitä, että kaatuva puu varmasti tuottaa melua, koska puukuitujen katkeaminen ja törmäys muiden puiden oksiin aiheuttavat ääniaalloille tyypillisiä ilman liikkeitä.

Ilmeisesti kuitenkin tiede itse puuttui asiaan ilmaisemalla myönteisen mielipiteen Berkeleylle. Itse asiassa yksi vanhimmista ja arvostetuimmista populaaritieteellisistä aikakauslehdistä, "Scientific American", jonka Rufus Porter perusti vuonna 1845, otti aiheen kenttään vuonna 1884. Hyvin dokumentoidulla artikkelilla hän osoitti rationaalisesti, että kaatuva puu ei tee mitään. melua, jos ei ole ketään, joka kuulee putoamisen äänen.

Käytännössä lehti väittää, pitää paikkansa, että puun kaatuminen aiheuttaa ilmassa värähtelyjä, mutta ne voidaan havaita vain kuulojärjestelmällä, joka voi korvan sisäosien kautta muuttaa ne ääniksi. Siksi, jos kuulojärjestelmää ei pysty havaitsemaan melua, sitä ei ole olemassa. Moitteeton selitys.

Tällä tavalla ratkaisemme kysymyksen, joka joskus virheellisesti liitetään zen-filosofiaksi: jos puu kaatuu, kun kukaan ei ole paikalla kuulemassa sitä, se ei aiheuta ääntä.

Palattuaan Berkeleyyn vahvistaakseen väitöskirjaansa hän loi sanonnan "Esse est percipi" (Olla tarkoittaa tulla havaittavaksi). Kohteen koko oleminen koostuu sen havaitsemisesta, ei mistään muusta. Se on tiivistelmä hänen aineettomasta teoriastaan, jonka mukaan asiat eivät ole muuta kuin sarja ideoita, ja ne syntyvät vasta, kun ne havaitaan.

Tämä ei ole erityisen yllättävä paljastus kvanttifysiikolle. Kuten tulemme näkemään, alkuainehiukkasten tasolla nämä muuttavat käyttäytymistään riippumatta siitä, onko joku, joka tarkkailee niitä tai ei: lisäksi ne voivat muuttaa muotoaan, jossa ne esiintyvät, riippuen siitä, kuinka niitä tarkkaillaan.

Vuosisatoja kestäneen ironisen nauramisen jälkeen Berkeleyn teoriat alkavat saada vankkaa johdonmukaisuutta todellisuuden kanssa.

Samanlainen kuin kaatuva puu on teknologisempi dilemma: jos sytytetään hehkulamppu tyhjään huoneeseen, jossa kukaan ei voi tarkkailla sitä, säteileekö se valoa? Normaalisti vastataan kyllä; paitsi että valo ei ole muuta kuin hermoston havainto, joten jos huoneessa ei ole valoa havaitsevaa järjestelmää, eli silmää, valoa ei ole. Valo alkaa olla olemassa, kun joku näkee sen: sillä ei ole omaa olemassaoloaan, se on vain visuaalisen järjestelmän jalostus. Itse asiassa, kun kytkin suljetaan, eräs energiamuoto virtaa ja muuttuu toiseksi energiamuodoksi, jota emme kuitenkaan tiedä. Se saa valon vaikutelman vain, kun joku tarkkailee sitä.

Samoin sanoisimme: miltä maistuu se houkutteleva ruokalaji, joka sinulle tarjoiltiin? Ei kukaan. Ruoka alkaa maistua, kun annat sen makuusi. Maku itsessään on ominaisuus, joka ei liity täysin syömääsi ruokaan.

Tässä vaiheessa näyttää järkevältä kysyä itseltämme, olemmeko me niitä, jotka sopeutuvat todellisuuteen, vai sopeutuuko se pikemminkin todellisuus meihin.

Universumi on olemassa, koska katsomme sitä.

Palataanpa valoteemaan. Jos on totta, että lamppu suljetussa tilassa ei säteile valoa, koska kukaan ei näe sitä, samalla tavalla voimme sanoa, että jos emme olisi paikalla katsomassa universumia, universumi olisi pimeä. Tähdet eivät loistaisi, aurinko ei säteisi valoa, jos niitä ei olisi ketään katsomassa.

Jotta maailmankaikkeus olisi sitä, miltä se näyttää, jonkun on oltava paikalla nähdäkseen sen. Ilman silmiä, jotka pystyvät muuttamaan tähtien lähettämät fotonit valoksi, universumi olisi pimeä.

Raamatun toisessa jakeessa (1. Moos. 1, 2) kirjoittaja aloittaa luomiskertomuksen näillä sanoilla:

> "Ja Jumala sanoi: "Tulkoon valo", ja valo tuli. Ja Jumala näki, että valo oli hyvä, ja hän erotti valon pimeydestä..."

Jumala näki, että valo oli hyvä. Sen luotuaan ja nähtyään hän myönsi, että se oli hyvä asia. Valosta tulee hyvä asia, kun Jumala näkee sen. Ei vain sitä, että kun Jumala luo ihmisen, hän luo hänet "Jumalan kuvaksi ja kaltaiseksi". Tällä tavalla myös ihminen voi nähdä valon niin, että luominen pysyy "hyvänä asiana", koska se on jotain ihailtua olemukseltaan.

Suurin vastaväite tälle pitäisi tulla evoluutioteoriasta, jonka mukaan kaikki elävät olennot ovat peräisin yhdestä esi-isien organismista, josta kaikki nykyinen biologinen monimuotoisuus kehittyy. Jokaiselle elävälle olennolle olisi kehittynyt sopivimmat elimet takaamaan sen selviytymisen. Kaikki elimet (kädet, jalat, häntä, höyhenet, korvat, iho ja niin edelleen) olisivat seurausta jo olemassa olevien elinten asteittaisesta parantamisesta tai joka tapauksessa esi-isän kehittämiä.

Siksi evä voi muuttua jalaksi, joka seuraa kalojen kulkeutumista maaeläimille: toisin sanoen elin, joka on kehitetty tietyssä tilassa selviytymiselle hyödylliseksi kyseisessä tilassa, voi kehittyä eri elimeksi, joka on hyödyllinen eri tilassa. Tämä teoria on uskottava melkein kaikille elimille, mutta ei silmälle.

Silmän evolutionaariset ristiriidat.

Jos darwinisteja kummittelee jokin ongelma, se on nimenomaan silmän evoluutio. Darwin itse väittää teoksessaan "Lajien alkuperä":

> "Olettaa, että silmä kaikkine jäljittelemättömineen mekanismeineen olisi voitu muodostaa luonnonvalinnan avulla, näyttää aivan absurdilta."

Ensimmäinen näennäisesti tehokas yritys selittää silmän asteittaista kehitystä on peräisin vuodelta 1994: se on kuuluisa Nilssonin ja Pelgerin teos "Pessimistinen arvio silmän kehittymiseen tarvittavasta ajasta". Näiden tutkijoiden mukaan silmä olisi kehittynyt valoherkkien solujen alkuperäisestä kerroksesta, jonka ansiosta alkuorganismi olisi voinut suunnata itsensä valonlähdettä kohti. Tämä vahvistaa joka tapauksessa, että tarve nähdä oli jo luontainen ensimmäiselle organismille.

Myöhemmin evoluutioprosessit olisivat saaneet aikaan näiden valoherkkien solujen pussituksen eräänlaiseen puolipallon muotoiseen kaivoon; kun ohjaamo tuli tarpeeksi syväksi, reunoihin ilmestyi kutistuva kalvo. Lopuksi läpinäkyvällä aineella täytettyyn onteloon olisi muodostunut tiheämpi alue, joka voisi toimia linssinä.

Valitettavasti näissä kohdissa kuvattu evoluutioketju ei suinkaan ole asteittaista ja jatkuvaa evoluutiota, eikä se vastaa saman ominaisuuden peräkkäisiä minimaalisia modifikaatioita, koska se sisältää muiden täysin itsenäisten orgaanisten rakenteiden lisäämisen. "Primitiivisen silmän protolinssi" ja "primitiivisen silmän protolinssi" vaaditaan.

Itse asiassa silmä ei edusta yhden alkuperäisen organismin kehitystä, vaan vaatii erilaisten ja hienostuneiden osien, kuten linssin, säätelylihasten, aistisolujen ja hermotusten, lisäämistä. Linssi ilman verkkokalvoa, samoin kuin verkkokalvo ilman linssiä, ei toimi. Silti verkkokalvo ja linssi eivät ole osa samaa evoluutioprosessia, koska niillä on erilaiset kudosominaisuudet, jotka viittaavat eri alkuperään sekä alkion kehityksessä että evoluutiossa.

Tämä epäilemättä vahvistaa sen, että silmä on eri osien evoluution konvergenssin tulos yhdessä integroidussa funktiossa: siksi, jos haluamme puhua satunnaisuudesta, se olisi satunnaisuus korotettuna n:nnelle potenssille.

Yhteenvetona voidaan todeta, että on mahdotonta kuvitella, että niinkin erikoistunut laite kuin silmä voisi syntyä satunnaisesta kehityksestä, kaikki alun perin ilman erityisiä evoluutioetuja, jotka sitten ihmeellisesti integroituivat visuaaliseen toimintoon.

Voimme kuvitella verkkokalvottoman ja kiteisen alkuperäisen silmän kehittymisen vain, jos ymmärrämme sen pakollisena askeleena kohti tulevaa toimintaa: eli osana projektia, joka ennakoi jo sen käytön myöhemmillä aikakausilla. Ei todellakaan sokea evoluutio, vaan hanke, jota ohjaa ja avustaa universaali äly.

Kun asiat eivät ole sitä miltä ne näyttävät.

Ihminen on osa kokonaisuutta, jota kutsumme "universumiksi", ajallisesti ja tilassa rajoitettu osa. Hän kokee itsensä, ajatuksensa ja tuntemuksensa muusta erillisenä, eräänlaisena tietoisuuden optisena illuusiona. Tämä illuusio on eräänlainen vankila, joka rajoittaa meidät henkilökohtaisiin toiveihimme ja kiintymyksiimme muutamaa lähimmäistä kohtaan. Tehtävämme on vapautua tästä vankilasta laajentamalla myötätuntoamme samankeskisissä keskuksissa syleilemään kaikki elävät olennot ja koko luonto sen kauneudessa.
(Albert Einstein, fyysikko, Nobel-palkinto)

Kahden presidentin kummallinen tapaus.

Viime aikoina juorulehdistöstä on erittäin muodikasta etsiä julkkiksia yhdistäviä outoja yhteensattumia. Erityisesti Kate Middletoniin ja Charleneen Monacoon liittyvien tosiasioiden, tapahtumien ja olosuhteiden etsintä on menossa hulluksi.

Sattumia on monia, mutta ne eivät vaikuta erityisen merkittäviltä. Esimerkiksi on paljon korostettu, että Katella ja Charlenella ei ole sinistä verta. Molemmat naiset syntyivät tammikuussa, Kate 9. ja Charlene 25. Silti, mitä tulee treffeille, Kate ja Charlene menivät molemmat naimisiin vuonna 2011.

Henkilökohtaisemmasta näkökulmasta katsottuna kaksi aatelisnaista ovat molemmat urheilijoita ja rakastavat osallistua kaikenlaisiin kilpailuihin ja kokeilla eri lajeja. Lisäksi he molemmat joutuvat tekemisiin kahden melko "hankalan" anopin kanssa, Lady Dianan Kate ja Grace Kellyn Charlenen kanssa.

Kertomus sattumuksista, jotka yhdistävät kaksi Yhdysvaltojen tunnetuinta presidenttiä, on varmasti kiehtovampi. Puhutaanpa John Fitgerald Kennedystä (kuva 7) ja Abraham Lincolnista (kuva 8). Merkittävimmät yhteensattumat liittyvät heidän kuolemansa tapaan. Itse asiassa molemmat presidentit tapettiin hyvin samanlaisissa olosuhteissa, Lincoln 14. huhtikuuta 1865 ja Kennedy 22. marraskuuta 1963. Tässä on joitain tunnetuimpia heidän murhiinsa liittyviä yhteensattumia:

- Molemmat tapettiin perjantaina ampumalla päähän.

- Molemmilla oli vaimo vieressään, joka ei osunut.
- Kennedy kuoli ollessaan Ford Lincoln Continental -limusiinissa; Lincoln osallistuu "Our American Cousins" -elokuvaan Ford-teatterissa Washingtonissa.
– Hyökkäyksen aikaan sekä Lincolnilla että Kennedyllä oli mukana pariskunta: molemmissa tapauksissa presidentin vieressä ollut mies loukkaantui.
- Molemmilla salamurhaajilla (John Wilkes Booth Lincolnilla ja Lee Harvey Oswald Kennedyllä) oli kolme nimeä yhteensä viidellätoista kirjaimella.
- Molemmat murhaajat kuolivat epäselvissä olosuhteissa ennen oikeudenkäyntiä. Heidän kuolemansa tapahtui suunnilleen "samaan aikaan päivästä", kun heidän uhrinsa olivat kuolleet. Molemmat kuolivat ampumavammoihin..

Sitten on sattumia, jotka koskevat yksityiselämää tai poliittista uraa.

- Molemmilla oli seitsemästä kirjaimesta koostuva sukunimi, ja heidät oli kastettu samalla nimellä kuin isovanhemmat. Lisäksi molemmat olivat toisia lapsia omissa perheissään.
- Molemmat olivat taistelleet sodassa; Lincoln Black Hawk Warissa ja Kennedy toisessa maailmansodassa.
– Molemmat menettivät pojan presidenttikautensa aikana. Lincoln menetti William Wallacen ja Kennedy Patrick Buovierin.
- Molemmilla oli kuollessaan neljä lasta.

Kuva 7 - Uskomaton yhteensattumien sarja yhdistää kaksi Yhdysvaltojen tunnetuinta presidenttiä, Abraham Lincolnin ja John Fitgerald Kennedyn, jotka molemmat ovat hyökkäysten uhreja.

- Molemmat valittiin kongressiin ensimmäisen kerran vuonna 1946; samoin vuonna 1956 he olivat ehdokkaita varapuheenjohtajaksi, mutta eivät tulleet valituiksi, koska heidän puolueensa hävisi vaalit.
- Molemmat osallistuivat mustan väestön oikeuksien puolustamiseen, Lincoln orjuuden poistamiseen ja Kennedy kansalaisoikeuksien edistämiseen.
- Molempia seurasi varapresidentti nimeltä Johnson: Andrew Johnson Lincolnille ja Lyndon Johnson Kennedylle.

Jos tämä ei olisi tarpeeksi, kuka tahansa voi löytää satoja muita yhteensattumia, jotka yhdistävät kahden presidentin elämän, tutustumalla sivustoon (englanniksi): https://www.near-death.com/.

Skeptikoiden selitykset.

Puolet maailmasta pyrkii tutkimaan tällaisia tapauksia lisätäkseen yhteensattumia luetteloon, kun taas toinen puoli yrittää osoittaa, että jotkut esitetyistä sattumuksista ovat vääriä. Monet käyttävät epätarkkoja argumentteja kiistääkseen koko asian.

Sitten on joitain yleisiä vastalauseita, jotka sopivat kaikkiin tilaisuuksiin, kuten se, että kahden satunnaisesti valitun tosiasian välillä ei ole niin vaikeaa löytää yhteensopivuuksia, jos mennään tarkastelemaan kaikkia yksityiskohtia.

Kuva 8 - Abraham Lincoln, salamurhayrityksen uhri 14. huhtikuuta 1865. Monet hänen elämänsä ja kuolemansa olosuhteet osuvat uskomattoman samankaltaisiin presidentti John Kennedyyn liittyvien olosuhteiden kanssa.

Suurten lukujen lain mukaan, jos kahden kuuluisan ihmisen elämää ja työtä arvioidaan yksityiskohtaisesti, ei ole vaikeaa laatia luetteloa sattumuksista. Jos viitattaisiin esimerkiksi Masanielloon ja kenraali Lamarmoraan, olisi todennäköistä, että molemmat pitivät napolilaisesta pizzasta ja molemmat käyttivät kokoa 44 jalkaa, mutta en tiedä mitä muita todella merkittäviä yhteensattumia löytyisi.

Kun viisi aistia pettää.

Mutta miksi tiede vastustaa niin suurta vastustusta paranormaalia vastaan? Itse asiassa länsimainen tiede on käyttänyt useita vuosisatoja elämästään uskomatta sitä. Nykyään tähän graniittivarmuuteen alkaa ilmaantua halkeamia, ja monet tiedemiehet antavat opportunismin viedä itsensä pois. Todellakin, on vaikea luopua mukavuudesta, vakiintuneesta asemasta, materialismin vahvistumiselle rakentuvasta urasta.

Lisäksi me itse, jotka olemme vesi, jolla tieteen laiva liukuu, olemme niin riippuvaisia näistä asennoista, että pidämme niitä itsestäänselvyytenä huolimatta siitä, että joka päivä joudumme käsittelemään paranormaaleja tai yliaistien havaintoja. Olemme nyt tottuneet uskomaan vain siihen, mitä voidaan koskea, punnita ja mitata, joten edes todisteet eivät voi poistaa materialismin dogmeja mentaliteetistamme.

Ahdistus saa meidät antamaan painoarvoa vain konkreettiselle. Unohdamme, että useimmissa tapauksissa tärkeimpiä asioita ei voida pitää kädessä ja muuttaa niitä rahaksi.

Hyvinvointimme päälähde ovat ajatukset, positiiviset mielialat, tunteet ja kaikki henkeen tai psyykeen liittyvät toiminnot, jotka onnistuvat antamaan olemassaolollemme syviä merkityksiä ja motiiveja tai päinvastoin saamaan sen näyttämään turhalta ja ilman. tulevaisuutta.

Ympärillämme tapahtuvat tosiasiat muovautuvat tapamme tulkita niitä, optimismimimme tai pessimismimimme, toivomme tai epätoivomme. Ympärillämme ei ole objektiivista todellisuutta, asiat eivät ole liikkumattomia, vaan muuttuvat tulkintaavaimememme mukaan, siis omantuntomme ja järkemme suodattimen läpi.

Tässä mielessä se, mitä havaitsemme viidellä aistilla, eli aistillinen todellisuus, on aina seurausta aistin ulkopuolisesta käsittelystä.

Koemme kuitenkin jatkuvasti ekstrasensorisia kykyjä, joita ei voi mitata ja punnita, mutta niitä varmasti on, kuten rohkeus, optimistinen tulevaisuudennäkemys, tietoisuus siitä, että elämä koostuu ylä- ja alamäistä. Jokaisen matalan jälkeen tulee aina luonnollisesti korkea. Luottamus itseemme ja lähimmäiseen, sääli ja ystävällisyys, kyky auttaa ja tulla autetuksi – kaikki tämä vahvistaa vakaumuksemme. Mikä tahansa tuuli voi puhaltaa niin lujasti kuin haluaa, ilman, että se voi koskaan kitkeä näitä uskomuksia juuriltaan.

Se, mitä havaitsemme viidellä aistillamme myrskyisinä ja tyyninä aikoina, on aina välitetty totuus. Tämä ei päde vain psykologisella tasolla, vaan myös käytännön tasolla. Aistimme, jotka näyttävät meistä niin täydellisiltä, on suunniteltu maksimaalista säästöä varten. Ne palvelevat vain antamaan meille sitä apua, joka on tarpeen liikkuaksemme ja toimiaksemme ympäristössä ilman vahinkoa.

Esimerkiksi kuulomme pystyy poimimaan erittäin matalat äänet (taajuudella noin 30 hertsiä) aina erittäin korkeisiin, noin 10-15 000 hertsin taajuuksiin. Tämän alueen ulkopuolella on kuitenkin ääretön valikoima ääniä. Valitettavasti korvamme eivät pysty havaitsemaan näitä ääniä. Esimerkiksi ultraääni, jota monet lemmikkimme kuulevat. Miksi kuulemme vain taajuuksia 30 - 15 000 hertsiä, emme korkeampia tai matalampia? Yksinkertaisia, koska niistä ei olisi hyötyä selviytymisellemme.

Matalammat äänitaajuudet voivat merkitä lähestyvän lumivyöryn jylinää ja korkeammat äänitaajuudet voivat signaalia käärmeen suhinasta. Emme tarvitse mitään muuta selviytyäksemme.

Kuulon rajojen rajoittamana asetamme kaiken taiteen, kuten musiikin, jumalallisuuden tälle taajuusalueelle, emmekä edes kuvittele, mitä sinfoniaa voisimme kuulla, jos alue olisi laajempi. Meille kaikki musiikki rajoittuu korvamme havaitsemaan surkeaan kapeaan taajuuteen 30 - 15 000 hertsiin. Emme edes kuvittele uskomattoman hienostuneempien ja mukaansatempaavampien harmonioiden olemassaolosta. Meille ei voi olla muuta musiikkia kuin mitä korvamme kuulevat.

Emme tunne kasvavan puun konserttia, kukkivan kukan menuettia tai kiven synkkää sinfoniaa, joka huokaa vuosia, kun se on irtautumassa vuorenrinteestä.

Korjaamme nämä puutteet kiinnittämällä kuvattuihin dokumentteihin vääriä ääniraitoja, jotka sopivat kuuloalueellemme. Ne eivät tietenkään ole oikeita ääniä.

Sitten kun he kertovat meille velhoista ja shamaaneista, jotka onnistuvat matkustamaan näissä maailmoissa ja kuuntelemaan näitä ääniä, näitä luonnon piilotettuja ääniä, emme usko niitä, jotka kertovat meille ja pidämme heidät hulluina.

Aistejamme ei ole tehty tuomaan meitä lähemmäksi maailmankaikkeutta, vaan, paljon proosallisemmin, estämään meitä hakkaamasta varpaitamme johonkin nurkkaan kävellessämme. Ne ovat hyödyllisiä estämään meitä laittamasta liian kuumaa ruokaa suuhumme syödessämme. Aistit ja intuitio auttavat myös välttämään liian värikkään tai liian piikkisten piikien peittämän pienen olennon myrkkyä.

Aistimme ovat edelleen neandertalilaisen ihmisen aistit, vaikka olemme nyt kehittyneet paljon "Sapiens sapiens" -vaiheen yli, olemme nyt "Homo ciberneticus". Meidän on kehitettävä uusia aisteja, jotka on mukautettu uuteen evoluutiovaiheeseemme.

Objektiivisuus ja subjektiivisuus.

Se, mihin uskomme, määrittää elämämme laadun.

Voimme valita objektiivisuuden ja subjektiivisuuden välillä.

Objektiivisuus merkitsee välttämättä kyvyttömyyttämme puuttua meitä ympäröiviin asioihin. Asiat ovat näin, halusimme tai et. Objektiivisesta näkökulmasta katsottuna kaikki muotoutuu ja tapahtuu itsemme ulkopuolella eikä tarjoa meille mitään mahdollisuutta paeta. Olemme mekaanisia leluja. Toistamme ohjelmoitua tehtävää marssimalla ja lyömällä tamburiinia kuin lelu sotilaita sekä auringossa että sateessa, kun väistämättä aurinko haalistaa värejämme ja sade ruostaa varusteemme.

Päinvastoin, subjektiivisuus tekee meistä kykeneviä ymmärtämään ja hyväksymään asioita välittämällä niitä.

Subjektiivisuus on verkko, jonka kudomme ja jonka läpi suodatamme todellisuutta. Subjektiivisuus tarjoaa tehokkaita ja tehokkaita työkaluja vastustaa tai tukea sitä, mitä elämä tarjoaa.

Elämän kohtaaminen subjektiivisesta näkökulmasta tarkoittaa vapautumista massoivan kohtalon asetuksista ja henkilökohtaisen, välitetyn kohtalon rakentamista, joka on väritetty kullekin erilaisilla mahdollisuuksilla.

Subjektiivisesti eletty elämä ei ole enää laboratoriossa mitattavissa ja punnittavissa, koska standardimitat eivät ole enää voimassa; jokainen asettaa omat arvonsa, jotka siksi välttyvät ulkopuolisten tarkkailijoiden todentamisesta. Ne eivät ole enää todennettavissa laboratoriossa, mutta ne ovat todellisia jokaiselle sydämessään, veressään, vatsassaan, ihossaan ja ennen kaikkea sielussaan.

Rakkaus, uskollisuus, anteliaisuus, ystävyys, luottamus itseensä ja toisiin ovat kaikki ei-objektiivisia realiteetteja, joiden pohjalta rakennamme elämämme.

Siksi on olemassa todellisuus, joka ylittää paljon viisi aistia ja sallii meidän jättää koneiden mitat tullaksemme ihmisiksi, joita me olemme.

Subjektiivisuuden voitto edustaa materialismin tappiota ja viiden aistin pienenemistä, jotka eivät enää ole absoluuttisen totuuden osoittimia, vaan yksinkertaisia apuvälineitä, jotka ovat hyödyllisiä asettaessamme olemassaolomme järkevään universumiin. Tässä Newtonin fysiikan universumissa, joka perustuu kolmeen klassiseen ulottuvuuteen plus aikaan, viisi aistia auttavat meitä todella esimerkillisesti. Kuitenkin, kun ajattelemme aineesta vapaiden psyykkisten universumien olemassaoloa, joissa vallitsevat erilaiset ajatteluun ja sieluun liittyvät käsitykset, ymmärrämme, että viisi aistia eivät enää auta meitä, päinvastoin, ne usein pettävät meitä.

Viime vuosisatoina materialismi on uskonut viidelle aistille tehtävän edustaa ehdottomasti kaikkia mahdollisia inhimillisiä kokemuksia. Itse asiassa materialistinen tiede on itse joutunut vaikeuksiin sellaisten ilmiöiden, joita nykyään kutsumme aineeseen liittyvien ilmiöiden, kuten magnetismin ja sähkön, edessä.

Yksi petollisimmista aisteista, kun haluamme käyttää sitä muihin tarkoituksiin kuin mihin se on kehitetty, eli selviytymiseen, on näkö. Näkö käsittelee esineitä ja eläviä olentoja muodoina, jotka opetetaan ulkoa, jotta voimme tunnistaa ne myöhemmissä kohtaamisissa. Tämä ei ole tarkka muistaminen, koska pystymme tunnistamaan ihmisen kasvot, vaikka hänen piirteensä ovat muuttuneet paljon, kymmenien vuosien jälkeen. Sitä vastoin muistamme suurella vaivalla, mikä maisema oli taustalla tai mitä autoja ja ihmisiä ohitti tiellä hänen takanaan. Silmämme ovat kuitenkin nähneet myös nuo yksityiskohdat.

"Muodon psykologia".

1800- ja 1900-luvuilla kokeellinen psykologia käytti paljon energiaa tutkiakseen mekanismeja, joiden kautta olemme yhteydessä ulkoiseen todellisuuteen.

Tutkimuksen lähtökohtana oli normaalisti se, että kaikki, mitä aisteilla havaitsemme, ei saa samaa merkitystä sen käsittelyssä. Keskustelua kuunnellessa suodatamme yleensä kaiken taustamelun. Tarkastellessamme kohtausta keskitymme olennaiseen, mutta jätämme huomiotta ääriviivat.

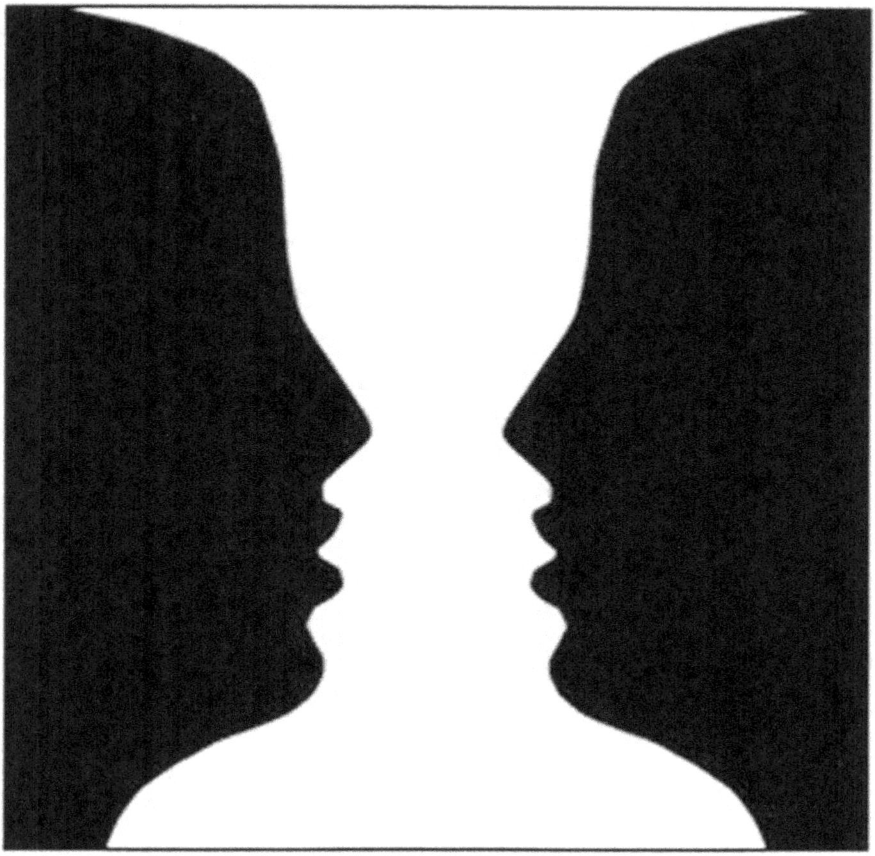

Kuva 9 - Yllä toistetulla Rubinin hahmolla voi olla kaksi erillistä merkitystä tarkkailijan subjektiivisen tulkinnan mukaan.

Toisin sanoen pystymme asettamaan havainnoiduille tapahtumille hierarkian eli määrittämään, mikä kiinnostaa ja mikä ei, jotta voidaan vahvistaa vain yhden osan ymmärtämistä havaitusta kuvasta ja jättää muut huomiotta.

Havaintomme siitä, mitä ympärillämme tapahtuu, ei koskaan vastaa todellisuutta. Tämä tarkoittaa, että tietomme maailmasta ei koskaan tule kiinteäksi, koska emme rekisteröi uskollisesti kaikkea, mitä mielessämme tapahtuu, vaan vain sitä, mikä meitä kiinnostaa.

Kaikki havaitut ärsykkeet jaetaan välittömästi "mielenkiintoisiin" tai ei, joten useimmat hylätään ja menetetään ikuisesti.

Kuvassa 9 ehdotettu Rubinin kuva voidaan tulkita kahdella tavalla. Keskellä on mahdollista nähdä kupin muoto tai sivuilla kaksi ihmisprofiilia. Nopealla havainnolla aistimme rekisteröivät toisen kahdesta merkityksestä, mutta onko se se, joka vastaa todellisuutta? Kuinka monta muuta "epäselvää" kehystä havaitsemme näkemyksellämme ympäröivästä todellisuudesta?

Kysymys kuuluu: kuka päättää, mikä meitä kiinnostaa, ja kuka päättää, mitä hylätään ja mikä päinvastoin säilytetään?

Viitaten näihin ihmisen havaintonäkökohtiin jotkut tutkijat, kuten tšekkiläinen psykologi Max Wertheimer ja saksalaiset Wolfgang Köhler ja Kurt Koffka, aloittivat tutkimuslinjan, jolle he antoivat nimen muotopsykologia (Gestaltpsychologie).

Näillä tutkimuksilla pyrittiin ymmärtämään periaatteita, joiden mukaan jotkin koetut elementit aggregoituvat muodostamaan taustalla nousevan "muodon" muita elementtejä huomioimatta. Vaikka näitä elementtejä on havainnoissa, niitä pidetään tarpeettomina, ikään kuin ne

eivät olisi myös osa havaittua kokonaisuutta. Jos näin on, on selvää, että viisi aistia eivät auta meitä, päinvastoin, ne usein pettävät meitä.
Koffka väitti, että on asioita ja "ei-asioita": asiat asetetaan "ei-asioiden" skenaarioon. Mona Lisan kuva nousee esiin maiseman taustalla, joka kiinnostaa enimmäkseen vain taidekriitikkoja. Sen sijaan miljoonat maalausta katselleet ihmiset muistavat hämärästi korkeintaan sillan olemassaolon (vai onko se torni?). Yleensä kukaan ei muista tarkalleen kuinka monta sypressiä näkyy taustalla.

Todellisuudessa olemme tottuneet suhtautumaan ulkomaailmaan viiden aistin kautta. Tämä saa meidät muuttamaan kaiken todellisuuden "asioksi". Itse asiassa, kun kohtaamme jotain, jota emme ymmärrä, sanomme yleensä: Mitä "mitä" tämä on?

Jotta aistimme hyväksyisivät, asioilla on oltava kokoa ja painoa, ja ne on asetettava asianmukaisesti suhteessa muihin ympärillään oleviin asioihin. Pöydän viereen asetettu tuoli on asia, joka ei huolehdi meitä. Saatamme huolestua, jos tuoli ilmestyisi ja katoaisi tai pyörisi ilmassa.

Tämä on totta niin kauan kuin tarkkailemme kohtausta analysoimalla sitä huolellisesti ja yksityiskohtaisesti, eli pakottamalla itsellemme täydellisen tilanteen analyysin.

Näin ei yleensä ole. Aistimme ovat paljon nopeampia, ja niiden täytyy olla, koska kohtaukset ovat kuin virtaavia jokia, ne voivat muuttua sekunnin murto-osien järjestyksessä.

Kuva 10 - Yllä esitetyssä Kanizsan kuvassa valkoinen kolmio näkyy täydellisesti keskellä. Tätä ei kuitenkaan ole piirretty millään tavalla, ja se voidaan vain kuvitella ottamalla huomioon piirustuksen monimutkaisuus.

Siksi aistit eivät koskaan analysoi koko tilannetta kokonaan, vaan vain poimivat oleellisia elementtejä, ja tämä on useimmissa tapauksissa petollista ja mielivaltaista.

Usein lainattu esimerkki on kolmentoista kortin jakaminen Scalaforty-pelissä. Jos pelaaja saisi kaikki kolmetoista sydäntä ässästä kuninkaaseen, se olisi melkein ihme. Itse asiassa on vain yksi mahdollisuus 635 miljardista, että pelaajalle jaetaan kolmetoista samaa maata olevaa korttia.

Mutta jos ajattelemme sitä, mikä tahansa kolmentoista kortin yhdistelmä voi tapahtua vain kerran 635 miljardista, joten mikä tahansa korttien jakaminen on pieni ihme.

Se, että pelaajalle jaetaan kolmetoista samaa maata olevaa korttia, on meille merkittävää ja hämmästyttävää, mutta todellisuudessa tämä on täysin normaalia. Vain me annamme poikkeuksellisen merkityksen tosiasialle, joka sinänsä on täysin tavallinen.

Gestalt-psykologialle tämän tyyppinen tapahtuma ei ole merkittävä, koska se on tilastollisesti harvinainen, vaan koska se erottuu vahvasti tuhansien muiden vähemmän lineaaristen korttijakaumien taustalta.

Tunnettuja esimerkkejä edustavat Kanizsan hahmot.

Gaetano Kanizsa, syntynyt Triestessä vuonna 1913 ja kuoli samassa kaupungissa vuonna 1993, oli italialainen psykologi ja taidemaalari.

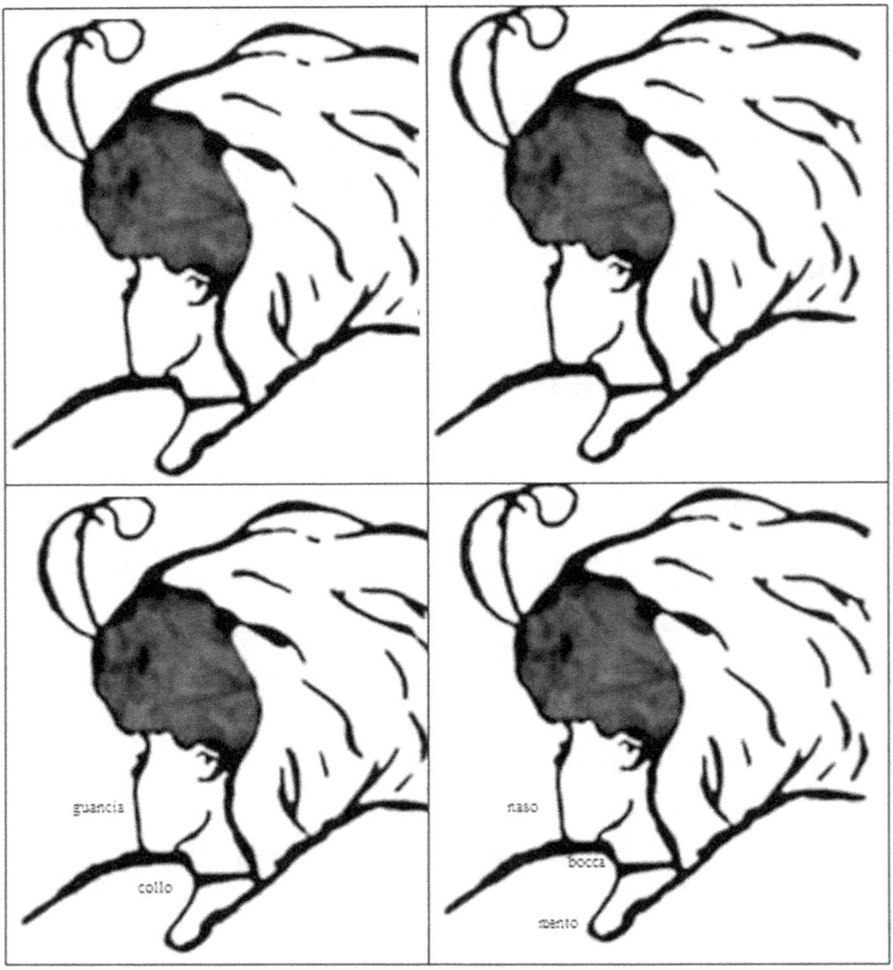

Kuva 11 - Tämä kuva on vaikeammin tulkittavissa, ja siinä on nuoren naisen kasvot tai vaihtoehtoisesti vanhan naisen profiili.

Hänen isänsä oli unkarin juutalainen, äitinsä Slovenian katolilainen. Lukion jälkeen hän ilmoittautui Padovan yliopiston filosofian tiedekuntaan, jossa Cesare Musatti tutustutti hänet psykologiaan. Rotulakien vuoksi häneltä evättiin Italian kansalaisuus. Cassibilen aselevon jälkeen hän pakeni Roomaan, missä hänelle annettiin tutkijapaikka CNR:n psykologian instituutissa.

Kuvassa 10 näkyy selkeästi valkoinen kolmio. Tätä ei kuitenkaan ole piirretty millään tavalla, ja se voidaan vain kuvitella ottamalla huomioon piirustuksen monimutkaisuus. Vaikka sitä ei ole siellä, se kiinnittää huomiota paljon enemmän kuin muut geometriset hahmot. Sen lisäksi sen sisustus näyttää meille "valkoisemmalta" kuin valkoinen, joka sisältää muun kuvan. Kuva vahvistaa, kuinka aistimme pystyvät saamaan meidät näkemään asioita, joita ei ole olemassa.

Kuva 11 on vaikeammin tulkittavissa, ja siinä on nuoren naisen kasvot tai vaihtoehtoisesti iäkkään naisen profiili. On erittäin vaikea ymmärtää molempia merkityksiä tietämättä niiden olemassaoloa. Mutta aistimme eivät ole johdotettuja analysoimaan tarkasti vastaanottamiensa ärsykkeiden jatkuvaa pommitusta. Siksi aistit rekisteröivät toisen hahmon kahdesta merkityksestä ottamatta huomioon toisen olemassaolon. Mutta olemmeko varmoja, että he tallentavat sen, joka parhaiten vastaa todellisuutta? 50 prosentissa tapauksista aistimme pettävät meidät, kun kohtaamme tämän tyyppisen esityksen. He todennäköisesti rekisteröivät merkityksen, joka on lähinnä sitä, mitä odotamme, eli ne ovat "yhteensopivia" hankitun kulttuurimatkatavaramme kanssa. Tämä tarkoittaa, että normaalisti kaikki älylliset kannustimet jätetään syrjään olemassa olevan säilyttämisen ja vahvistamisen hyväksi.

Gestalt-psykologian oletus on, että aistimme havaitsevat ja järjestävät havaintoja joidenkin etuoikeutettujen, salaperäisten mutta vakaasti toimivien linjojen mukaan.

Koffkan tutkimukset ovat tunnistaneet havaintojen organisatoriset periaatteet.

Näistä tärkeimmät ovat samankaltaisuus, symmetria, läheisyys tai etäisyys ja muut.

Esimerkiksi sarja nopeita piippauksia tulkitaan vaarasignaaliksi; kaksi lammaskoiraa lammasparvessa on erotettu muista hahmoista erillisenä parina; kolmen lähekkäin olevan mustan pisteen sarjaa ja kolme muuta lähellä toisiaan, mutta hieman etäällä ensimmäisistä, ei tulkita kuuden pisteen sarjaksi vaan kahdeksi kolmen pisteen sarjaksi.

Erityisen mielenkiintoinen periaate on ajallinen läheisyys. Meillä on tapana järjestää ulkopuolelta saamamme havainnot ja signaalit myös niitä yhdistävän ajallisen yhteyden mukaan. Toinen tärkeä kriteeri on järkeä. On havaintoja, jotka hyppäävät silmiimme kuin majakat yössä, kuinka ne jakautuvat ajan mittaan ja merkityksen, merkityksen, jonka ne inspiroivat meitä.

Mutta tässä astumme toiselle kentälle, merkittävien yhteensattumien alueelle.

Sattumat, kollektiivinen alitajunta, synkronisuus.

"Se mitä tiedämme itsestämme, on vain osa,
ja ehkä hyvin pieni osa siitä, mitä olemme
tietämättämme."
(Luigi Pirandello, italialainen näytelmäkirjailija,
kirjailija ja runoilija)

Tehokkaampia kuin tehokkaimmat tietokoneet.

Edellisessä luvussa näimme kuinka aistimme skannaavat valtavan määrän dataa, joka ei saavuta tietoisuutemme sellaisena kuin se havaitaan. Tietoja käsitellään menetelmillä, joilla massasta voidaan poimia meitä eniten kiinnostavat. Tämän jälkeen kiinnostava data tallennetaan kaavioiden mukaisesti, joilla on korkea symbolinen sisältö. Näin voimme tunnistaa kasvot monta vuotta sen jälkeen, kun viimeksi näimme ne. Käytännössä emme muista kasvoja sellaisenaan, vaan pikemminkin kasvojen muodon, joitain viittauksia, jotka vuosia myöhemmin voidaan jäljittää alkuperäiseen.

On ikään kuin jokin tietoisuudessamme oleva ohjelmisto manipuloisi alastomaa todellisuutta sellaisena kuin se aisteille näyttää, muuttaen sen ehdottoman joustaviksi muodoiksi tai käsitteiksi, joita voidaan mukauttaa ja käyttää uudelleen tarpeen mukaan. Tämä tekee mahdolliseksi luokitella "tuoliksi" kaikki esineet, joissa on yksi tai useampi jalka ja vaakasuora pinta, joka sopii alaselän sijoittamiseen.

Hajuntunnistus on erittäin tehokas toiminto. Kymmenien vuosien jälkeen pystymme tunnistamaan sellaisen ja rekonstruoimaan välittömästi kohtauksen, jossa havaitsimme sen ensimmäistä kertaa. Esimerkiksi rantalevän tuoksu tuo meidät välittömästi takaisin koulumatkalle, jonka teimme pojina merenrantakaupunkiin.

Kasvojentunnistus on yksi henkilökohtaisen ohjelmistomme etuoikeutetuista toiminnoista. Millaisen oudon maiseman kohtaammekin, pystymme välittömästi tunnistamaan kuvitteellisten kasvojen muodon esineiden ja elementtien asettelusta. Tunnistamme helposti kasvot pilvimuodostelmista, kivisistä kannuista tai jopa muinaisten muurien kosteista paikoista.

Käytännössä jokainen suoraan aisteista tuleva ärsyke prosessoidaan tietoisuudessamme olevalla ohjelmistolla ja muunnetaan siten, että se on käyttökelpoinen myöhemmissä tilanteissa; se on siksi oppimis- ja muistiohjelmisto, jonka pääominaisuus on, että se on varustettu tehokkaalla palautusalgoritmilla.

Tietojenkäsittelytieteen alkuaikoina jokainen oppilas, joka aikoi kirjoittaa pieniä ohjelmia, kohtasi tietojen tallentamisen ja hakemisen ongelman. Halutessaan kirjoittaa esimerkiksi pienen ohjelman, joka pystyy osoittamaan valtion pääkaupungin, opiskelija loi kaksisarakkeisen tiedoston, joka sisälsi kansakunnan ja pääkaupungin parit (Italia - Rooma, Ranska - Pariisi, Espanja - Madrid ja niin edelleen) .

Jos annoit tietokoneelle maan nimen, esimerkiksi Espanjan, kone selaili tiedostoa, kunnes löysi Espanjan sisältävän parin ja tulosti tuloksen näytölle: Madrid.

Tätä kutsuttiin peräkkäiseksi pääsyksi, ja se saattoi toimia, kunnes tietopareja oli vain muutama tuhat, minkä jälkeen järjestelmästä tuli liian hidas ollakseen todella hyödyllinen.

Nykyään elämme hakukoneiden aikakautta, jotka pystyvät tutkimaan miljardeja tietoja. Haku ei tietenkään ole enää peräkkäistä. Hakukoneilla on erittäin kehittyneitä algoritmeja, jotka pystyvät poimimaan tietoa millisekuntien luokkaa olevissa aikoissa.

Voit kirjoittaa Googlen hakuriville "quantum entanglement" ja näet, että 0,36 sekunnissa se ilmoittaa, että tuloksia on noin 9 700 000 (haettu toukokuussa 2018).

No, kauan ennen kuin ihminen kehitti nämä algoritmit, jotain samanlaista, ellei kehittyneempää, oli jo ihmismielessä. Mielenterveysalgoritmimme pystyvät poimimaan jokapäiväisessä elämässämme hyödyllistä tietoa millisekunneissa hyödyntämällä aisteidemme vuosien aikana hankkimia miljardeja miljardeja megatavuja. Mutta ne eivät vain ilmoita, kuinka monta viittausta on olemassa: ne valitsevat välittömästi meille sillä hetkellä hyödyllisimmät.

Se on ihanan ja hämmästyttävän tehokas organisaatio. Onko mahdollista, että tämä ei ole muuta kuin evoluution erilaisten yritysten, epäonnistumisten ja uudelleenyritysten hedelmä, kuten materialistiset teesit haluavat väittää? Epäilykset ovat oikeutettuja.

Toimiiko se vain yksinkertaisilla ärsykkeillä?

Tässä vaiheessa meidän on kysyttävä itseltämme toimiiko ohjelmistomme vain sellaisena kuin olemme sen tähän mennessä nähneet, prosessoimalla tietämättämme aisteilta saatuja ärsykkeitä, hylkäämällä tai valitsemalla mystisten kriteerien mukaan mielenkiintoiset muodot säilyttää ja hallita tätä massaa. tietoja ilman meidän väliintuloa. Tai jos emme voi olettaa aktiivisen osallistumisemme mahdollisuutta.

Meidän on lähdettävä olettamuksesta. Jos ohjelmistomme pystyy erottamaan, mikä voi olla hyödyllistä ja mikä ei, sillä ei välttämättä ole vain älykkyyttä, vaan myös ennakoivia erottelukykyjä. Toisin sanoen hänen täytyy tietää, mikä on meille hyödyllistä tulevaisuudessa, ja siksi hänellä on oltava näkemys olemassaolostamme, joka ylittää menneisyyden ja nykyisyyden kokemuksen, mutta ulottuu myös tulevaisuuteen, niihin olosuhteisiin ja tilaisuuksiin, jotka syntyy tulevaisuudessa. Siksi ohjelmistomme pitäisi tietää tulevaisuutemme käsitelläkseen nykyistä tietoa hyödyllisellä tavalla.

Jos tämä on totta, ja se varmasti on, voimme hylätä ohjelmiston käsitteen, koska ohjelmisto ei ole muuta kuin ohjelma, joka on rakennettu suorittamaan tiettyjä toimintoja. Olipa ohjelmisto kuinka älykäs tahansa, se ei koskaan ole älykkäämpi kuin sen luonut ohjelmoija.

Ohjelmisto, joka pystyy tuntemaan menneisyyden ja tulevaisuuden, ylittää ihmisen kyvyt. Se, mikä toimii omallatunnollamme, ei ole älykäs ohjelmisto eikä lajin evoluution vaihteluiden aikana sattumalta kehitetty ohjelmisto. Se on älykkyyttä, tai pikemminkin jo olemassa olevaa viisautta, jonka voimme määritellä universaaliksi älykkyydeksi.

Universaali älykkyys tuntee menneisyytemme, nykyisyytemme ja tulevaisuutemme, koska se on olemassa eri ulottuvuudessa kuin se, jossa olemme tottuneet elämään, ja se koostuu aineesta, joka on Newtonin fysiikan sääntöjen alainen (painovoima, aika ja niin edelleen).

Universaalin älykkyyden tason on oltava puhtaasti psyykkinen; se on energiasta ja tiedosta tehty taso, josta aine puuttuu.

Onko mahdollista, että tällainen taso on olemassa? Varmasti kyllä, kuten tulemme näkemään seuraavissa luvuissa. Kvanttifysiikka on paljastanut ja kokeellisesti vahvistanut tämän tason olemassaolon.

Kvanttifysiikka ei todellakaan ole vahvistanut universaalin älykkyyden olemassaoloa millään tavalla, mutta haluamme kuvitella, että on olemassa, muuten kokonaista ilmiöiden sarjaa ei voitaisi selittää millään tavalla, mukaan lukien ne asiat, jotka on jo sanottu muotojen älykkäästä tallentamisesta. muokattu uudelleen aistiemme raaoista havainnoista.

Tämän älykkyyden erikoisuus on sen kyky luoda eräänlainen vuorovaikutus omantuntomme kanssa. Sen lisäksi, että älykkyys rakentaa ja muistaa selviytymisemme kannalta hyödyllisiä muotoja, se on käytännössä automaattinen rooli, se rakentaa elämän ohjeita ja ohjeita. Lisäksi Universal Intelligence rakentaa ehdotuksia, joiden tarkoituksena on muuttaa, korjata, usein yksinkertaisesti parantaa suhdettamme todellisuuteen. Nämä ehdotukset ovat kommunikaatiomuotoja, joita sveitsiläinen psykologi Carl Jung on tutkinut vuosikymmeniä. Hän kutsui niitä merkittäviksi yhteensattumuksiksi tai synkronisuuksiksi.

Havaintoidemme organisoinnin periaatteet, joita hallitsemme niin kutsuttu universaali älykkyys, eivät koske vain hetkessä havaittavaa todellisuutta, joka ymmärretään erillisten ilmiöiden sarjana, vaan myös sellaisten tosiasioiden, ilmiöiden ja yhteensattumien havaitsemiseen, jotka normaalisti näyttävät. vailla mitään suhdetta tai yhteyttä niiden välillä. Joskus näitä käsityksiä. ilmaantuu täysin spontaanisti tietoisuudessamme Näemme loogisia yhteyksiä ja intuitiota ilmaantuvan, jotka antavat merkityksen näille yhteensattumille ja tekevät niistä merkityksellisiä ymmärryksemme kannalta.

Voimme sanoa, että Älykkyys rakentaa meille synkronisointeja ja tekee meistä kyvykkäitä intuitoimaan sinne kätketyn viestin. Tämä on mahdollista, kun arvostamme mahdollisuutta ja synkronisaatioiden olemassaoloa, välttäen pelkkien satunnaisten tapahtumien huomioimista.

Kello, joka pysähtyy omistajansa kuoleman hetkellä, on merkittävä yhteensattuma näiden kahden tapahtuman samanaikaisuuden kannalta; näin ei olisi tapahtunut, jos kello olisi pysähtynyt kaksi päivää myöhemmin tai aikaisemmin.

Samoin menneisyyden tuttavan tapaamista, nähtyään hänestä edellisenä yönä unta, pidetään merkittävänä sattumana.

Carl Gustav Jung

Carl Gustav Jung oli yksi psykologisen ja psykoanalyyttisen ajattelun tärkeimmistä älyllisistä hahmoista, psykiatri, psykoanalyytikko, antropologi ja sveitsiläinen filosofi (kuva 12).

Hän syntyi 26. heinäkuuta 1875 Kesswilissä Sveitsissä Paul Achilles Jungille, protestanttiselle pastorille ja teologille, ja Emilie Preiswerkille. Hän valmistui lääketieteestä ja meni vuonna 1900 töihin Zürichin psykiatriseen sairaalaan.

Aluksi hän oli lähellä Sigmund Freudin ajatusta ja yhtyi hänen tulkintaan psyykkisista ilmiöistä. He tapasivat Wienissä vuonna 1907, ja tuolloin he keskustelivat kolmetoista tuntia.

Tämän yhteistyön seurauksena Jungia alettiin kutsua psykoanalyysin "delfiiniksi", ja odotettiin hänen seuraavan Freudia psykoanalyyttisen liikkeen ruorissa.

Erimielisyydet ja ero Sigmund Freudin kanssa.

Sen sijaan vasta parin vuoden kuluttua nähtiin ensimmäiset merkit heidän erimielisyyksistään, joista syntyivät psykoanalyysin kaksi päähistoriallista suuntausta, jotka Freud ymmärsi terapiana ja Jung tapana ymmärtää psyykettä.

Tämä kaksoisnäkemys vakiintui nopeasti, niin että jo vuonna 1909 Clarkin yliopisto, joka oli suunnitellut konferenssien sykliä Yhdysvaltoihin, kutsui heidät molemmat.

Laivamatkan aikana kaksi tiedemiestä päättivät harjoitella toistensa unien analysointia. Jung ei kuitenkaan ollut tyytyväinen Freudin yhteistyöhön, koska hänen mielestään Freid yritti piilottaa joitain yksityiselämänsä näkökohtia, jotka olisivat olleet välttämättömiä paremman analyysin kannalta.

Kun Jung ilmaisi tämän hämmennyksensä, Freud ei kiistänyt vaan vahvisti, että hänen pidättymisensä syy oli siinä, että hän ei voinut paljastaa omaa persoonallisuuttaan. Freud uskoi, että tietyt yksityiskohdat voivat vaarantaa hänen auktoriteettinsa. Siitä hetkestä lähtien Jungin arvostus Freudia kohtaan alkoi hiipua ja samoin hänen arvostuksensa hänen teorioitaan kohtaan.

Tähän lisättiin käsitteellisen erilaistumisen melko kiusallisen matkareitin syveneminen. Tämä polku saavutti huippunsa, kun Jung päätti vuonna 1912 julkaista teoksensa (Libido. Symbols and transformations), jossa hän paljasti kaikki erimielisyytensä Freudin teorioiden suhteen.

Tässä kirjassa Jung ilmaisee suuntautumistaan, jonka tavoitteena on laajentaa analyyttistä tutkimusta yksilön tarinasta ihmiskunnan globalisaatioon: itse asiassa, Jungin mukaan yksilöllisen alitajunnan lisäksi on olemassa kollektiivinen alitajunta, joka ilmentää läsnäoloaan ja toimii. arkkityyppien kautta.

Tässä visiossa yksilön elämästä tulee polku, jota pitkin tapahtuu henkilökohtaisen Itsen toteutuminen. Jung kutsuu tätä prosessia "löytöprosessiksi".

Tämän kirjan julkaisun jälkeen hänen suhteensa Freudiin hajosi. Kommentoimalla Freudin ajattelua Jung sanoi: "Aivot nähdään sukupuolielinten lisäkkeenä."

Mitä tulee näiden kahden tulkinnan sisältöön ja niiden eroon, meidän on myönnettävä, että Jung jakoi alun perin Freudin kanssa mielisairauden tuomion. Näiden hypoteesien mukaan sairauksien ymmärtäminen vaatii tietoa potilaan yksilöllisestä historiasta ja yksinomaan seksuaaliseen sisältöön liittyvistä "tukautusprosesseista".

Myöhemmin Jung kuitenkin muotoili hypoteesin, että psyyken ilmiöt eivät olleet täsmälleen Freudin kuvaamia. Jungin uuden teorian mukaan nämä ilmiöt olivat ilmentymiä luonnossa olevasta energiasta, jonka hän määrittelee "vaistoenergiaksi" tai "libidoksi".

Kuva 12 - Carl Gustav Jung. Hänen ajattelunsa olettaa, että "yksilöllisen alitajunnan" lisäksi on olemassa "kollektiivinen alitajunta", joka ilmaisee itseään arkkityyppien kautta. Yksilön elämä nähdään poluna, jota kutsutaan "individuaatioprosessiksi".

Vaiston energia (libido) ja symbolit.

Vaiston energia on eräänlainen elintärkeä impulssi, voima, joka dynaamisesti tähtää elämään ja lajin säilymiseen. Siksi psykologisessa terapiassa ei tarvitse pitää mielessä vain biologista komponenttia. Tämä olisi pessimistinen lähestymistapa. Päinvastoin, myös henkinen komponentti on pidettävä mielessä. Tämä komponentti antaa yksilölle terveen jännityksen, jonka tavoitteena on parannuksen toteutuminen.

Jungin mukaan vaistoenergian voimat voivat myös ohjautua aineettomiin käsitteisiin ja tavoitteisiin ja siten synnyttää henkistä kehitystä. Mielisairaus ilmenee, kun tämä evoluutioprosessi on estetty; Näissä olosuhteissa syntyy neurooseja. Vaiston energia toimii tuottamalla symboleja. Tämän ansiosta primitiivinen ihminen pystyi siirtämään välittömiä impulssejaan suuntaamalla ne luovuuteen ja siten käynnistäen siirtymisen eläimelliseltä vaistotasolta kulttuuriinhimilliselle tasolle.

Vaiston energian symboleilla on sisältöä, joka ulottuu yksilön tajunnan ulkopuolelle ja voi myötävaikuttaa ihmisluonnon muuttamiseen.

Jotkut näistä symboleista ovat yleismaailmallisia, yhteisiä ja yhteisiä kaikille yksilöille. Jung kutsuu niitä arkkityypeiksi, termi on johdettu kreikasta. "Arkkityypin" merkitys voidaan tehdä ymmärrettävämmäksi, jos määrittelemme sen "alkuperäisiksi kuviksi", "malleiksi", "virtuaalisiksi kuviksi", "mahdollisiksi esityksiksi".

Arkkityypit vastaavat ihmiskunnan koko evoluutiohistoriansa aikana tietoisuutta kehittäessään hankkimia kokemuksia. Ne ovat ihmiskunnan muistoja, ja ne on suljettu tilaan, jota Jung kutsuu "kollektiiviseksi alitajunnaksi". Tämä alitajunta on kollektiivinen, koska se ei ole yksilöllinen vaan yhteinen, koko ihmiskunnan ja jokaisen ihmisen saatavilla.

Kollektiivisessa alitajunnassa olevilla arkkityypeillä on valta puuttua yksittäisten yksilöiden elämään generoimalla tapahtumia, joita Jung kutsuu synkronisuuksiksi.

Tämän teorian rakentamisessa Carl Jungilla oli kulttuurinen ja moraalinen tuki kuuluisalta Nobel-fyysikon Wolfgang Paulilta (kuva 13), joka rohkaisi häntä tekemään johtopäätöksensä selväksi huolimatta siitä, että Jung oli epäröinyt tehdä niin. Pauli suostutteli Jungin julkaisemaan yhdessä vuonna 1952 kirjan, joka sisälsi synkronisuuden teorian esseen muodossa nimeltä "Synkronisuus periaatteena acasual-yhteyksien periaatteena".

Jungin mukainen symboli.

Arkkityyppien symbolinen luonne saa aikaan sen, että jopa niiden synnyttämillä synkronisuuksilla on symbolisia puolia.

Tätä tukee kokemus, ja jotkut jungilaiset analyytikot eivät epäröi määritellä synkronismia "eloisiksi, valveilla oleviksi uniksi".

Itse asiassa unet ovat täysin riippumattomia tahdostamme ja tuskin voisimme puuttua ohjaamaan niitä tavallisessa elämässämme. Samoin synkronisuudet ovat ainutlaatuisia tapahtumia, jotka ilmestyvät elämäämme herättämään hämmennystä ja ihmetystä. Synkronisaatioita ympäröi aina mysteerin aura niiden symbolisen muodon vuoksi.

Kuva 13 - Wolfgang Pauli, hyvin nuori opiskelija Döblinger Gymnasiumissa Wienissä. Aikuisena hän tapasi Jungin terapeuttista hoitoa varten, joka johti pian kiinteään ystävyyteen ja neljännesvuosisadan kestäneeseen kirjeenvaihtoon.

Omituilla yhteensattumilla, joiden päähenkilöitä toisinaan olemme, on myös symbolinen arvo, mutta niiden toistaminen voi ohjata meitä kohti symbolin tulkintaa ja viestin ymmärtämistä. Kun se tapahtuu, se noudattaa salaperäisiä menettelyjä. Joskus tapahtuu: yksinkertaisesti tietoisuutemme paljastaa silmiemme edessä symbolin merkityksen, vaikka emme voi rekonstruoida menettelyä, jonka mukaan tämä olisi voinut tapahtua.

Yleisen merkityksen mukaan symboli on jotain, joka seisoo "jonkin muun tilalla". Suurimman osan ajasta symbolin piilotettu merkitys jää meiltä. Vaikka meillä näyttää olevan se "kielen kärjessä", se sumisee ympärillämme ilman, että voimme tarttua siihen.

Tässä mielessä symboli synnyttää jännitteen näkyvän ja ymmärryksen ulkopuolelle jäävän välillä, se sisältää osan tunnettua ja osan tuntematonta. Se edustaa haastetta omalletunnalle, kun taas omatunto kärsii ratkaisemattoman ongelman levottomuudesta, vastaamattomasta kysymyksestä, pelinappulasta, jolla ei ole paikkaa.

Haasteen voittaminen ei ole mahdotonta. Synkronisaatioiden tehtävänä on todellakin välittää viestejä kollektiivisesta alitajunnasta käyttämällä yksilöllistä alitajuntaamme.

Kollektiivisesta alitajunnasta virtaa salaperäinen viesti, joka on kirjoitettu kielellä ja symboleilla, jotka on rakennettu koko ihmiskunnan kokemaan evoluutioon ja jotka ovat siksi täysin käsittämättömiä äärimmäisen rajallisen kokemuksemme mahdollistaman näkemyksen kannalta. Oletetaan, että omallatunnollamme ei ole tarpeeksi suuria silmiä, jotta se voisi visualisoida ja ymmärtää viestin koko merkityksen.

Kun se kulkee yksilöllisen alitajuntamme läpi, viesti yrittää tehdä itsensä ymmärrettäväksi omalletunnollemme.

Yksittäisen alitajunnan välittämänä symboli on puettu tapahtumiin, joita emme enää muista tai jotka haluamme unohtaa.

Symboli kiertelee varastossa rauniot ja tuhoutuneiden rakennusten fragmentit, jotka kuitenkin kulloinkin olivat meille tuttuja, ja käyttää niitä ilmaistakseen itseään kokemustemme mukaisemmin. Samalla kun se säilyttää salaperäisen luonteensa, siitä tulee helpommin tulkittavissa oleva.

Jos se ei olisi yhteydessä kollektiiviseen alitajuntaan, yksilöllinen alitajuntamme olisi vain surullinen hyödytön asia, haudattujen kokemusten hautausmaa.

Kollektiivisen alitajunnan ansiosta yksilöllisestä alitajunnastamme tulee arvokas työkalu, ja se muuttuu innostavien elämän hetkien, päiväunelmien välineeksi, joka voi ohjata meitä kohti henkistä kehitystä ja parempaa elämää.

Arkkityypit, ideat, käsitteet.

Sana arkkityyppi tulee antiikin kreikasta ja voi tarkoittaa alkuperäistä, mallia, merkkiä. Joidenkin mukaan se voi tarkoittaa myös "alkua". Sitä käytti ensin Filo Aleksandrialainen, muinainen kreikkalainen filosofi, joka tunnetaan myös nimellä Philo the Jew, joka asui Egyptin Aleksandriassa ja oli Jeesuksen aikalainen. Myöhemmin termin ottivat käyttöön muut kreikkalaiset filosofit, kuten Dionysius Halikarnassolainen ja Lucian. Samosatasta.

Arkkityyppiteeman kehitys voidaan kuitenkin liittää platoniseen traditioon, jossa ne esiintyvät ideoina, eli aistillisten todellisuuksien alkuperäisinä malleina. Jotkut uusplatonistit, kuten Plotinos, pitivät niitä jumalallisessa mielessä jo olemassa olevina ideoina ja luotujen asioiden malleina.

Tässä perinteessä Jung pitää arkkityyppejä alkukuvina, jotka muodostavat kollektiivisen alitajunnan, tai jopa primitiivisinä muotoina, joihin myytit ja uskonnot perustuvat.

Analyyttisessä psykologiassa arkkityypit hankkivat subjektille eettisen ja affektiivisen arvon ja ehdottavat häntä enemmän tai vähemmän tietoisesti koko olemassaolon ajan.

Itse asiassa monet kirjailijat ovat vertailleet arkkityyppejä, sellaisina kuin Jung on hahmottanut, myyttisiin rakenteisiin ja suosittuihin satuihin. Itse asiassa ne paljastaisivat monia merkityksellisiä yhtäläisyyksiä satujen ja myyttien kanssa. Vastavuoroisesti myytissä ja uskonnoissa on perustavanlaatuisia aiheita, joita voidaan pitää arkkityyppeinä. Kirjassaan "Psykologiset tyypit" Jung toteaa: "Kaikkien aikojen ja kaikkien rotujen pääasialliset mytologiset motiivit ovat luultavasti tämän tyyppisiä (samanlaisia kuin arkkityyppejä)."

Neljäs elementti poissuljettu.

Jung oli taitava luennoitsija, joka onnistui joka tapauksessa kiinnostamaan yleisöä, vaikka se ei koostunutkaan tieteelliseen ympäristöön tutustuneista ihmisistä. Toisin kuin freudilainen proosa, koristelematon ja mitattu, Jung osaa ilmaista rikasta ja sivistynyttä persoonallisuuttaan jopa teknisimmissä tai systemaattisimmissa teoksissa. Tässä luvussa viittaan pääasiassa kolmeen hänen luentojen muodossa esitettyyn esseeseensä. Ensimmäinen,

"Kollektiivisen alitajunnan arkkityypit", kirjoitettiin vuonna 1934 ja tarkistettiin vuonna 1954. Toinen, "Konsepti kollektiivisesta alitajunnasta", kirjoitettiin vuonna 1936.

Kolmas teos, "Synkronisuus ei-satunnaisten yhteyksien periaatteena", julkaistiin vuonna 1952, on melkein kokoelma ensimmäisistä, ja siinä hän ilmaisee täysin synkroniteettiteoriansa.

Jung oli hyvin haluton julkaisemaan tätä esseen, ja vasta vuonna 1952 hänen ystävänsä ja kirjeenvaihtajansa Wolfgang Pauli suostutteli hänet tekemään niin.

He olivat tehneet yhteistyötä yli kahdenkymmenen vuoden ajan intensiivisen ajatustenvaihdon kautta, juuri näistä asioista.

Itse asiassa, vaikka Pauli oli yksi kvanttifysiikan perustajista, Nobelin fysiikan palkinnon voittaja vuonna 1945, hän jakoi suuresti Jungin ajatukset. Hän olisi toivonut, että tieteellinen ympäristö pystyisi voittamaan epäluottamuksen, skeptisyyden ja pilkan ottamalla huomioon rinnakkaisen polun ja yhteisen kielen tieteen ja psyyken välillä, mikä olisi mahdollistanut suuremman ymmärryksen.

Jungin ja Paulin älyllinen vastakkainasettelu synnytti tutkimuksen, joka tunnetaan nimellä "neljäs poissuljettu elementti". Itse asiassa heidän tutkimusten kohteena oli taipumus ratkaista monet kvanttifysiikan herättämät epäilykset klassisen fysiikan kolmikkomallin täydellisyydestä: aika, tila, kausaalisuus; Jung ja Pauli kuvittelivat "poissuljetun neljännen elementin", jolle annettiin nimi synkronismiksi.

Paulia kiehtoi mahdollisuus lisätä kolmikkoon neljäs elementti.

Jung puolestaan kiehtoi ensimmäiset subatomisten hiukkasten tutkimukset, jotka alkoivat paljastaa uskomattomia ominaisuuksia. Esimerkiksi nämä hiukkaset voivat muuttua värähtelyiksi tai ne voivat kadota ja ilmaantua uudelleen universumin syrjäisissä kohdissa. Alkuainehiukkaset voivat kommunikoida valtavien etäisyyksien päässä salaperäisten ei-fyysisten yhteyksien kautta. Jung näki syntymässä olevan kvanttifysiikan ja myös Einsteinin suhteellisuusteorian mahdollisina tieteellisinä vahvistuksina hänen psykologisille käsityksilleen synkronisuudesta ja paranormaalista.

Paulilla oli syvällinen intuitio (jonka hän sanoi johtuneen paljon hänen unelmistaan) ja poikkeuksellinen ajattelukyky. Hyvin nuorena hän julkaisi artikkelin suhteellisuusteoriasta, jonka julkaisi "Enzyklopadie der mathematischen Wissenschaften". Kun Einstein, teorian isä, luki sen, hän kommentoi seuraavasti:

"Kukaan tätä teosta opiskeleva ei uskoisi, että sen on kirjoittanut vasta 21-vuotias nuori mies. En tiedä mitä ihailla enemmän: ideoiden evoluution psykologista ymmärrystä, matemaattisten päätelmien tarkkuutta, syvällinen intuitio, kyky esittää työtä systemaattisesti selkeästi, tosiasiallisesti täydellisesti tai kriittisesti erehtymättä."

Valitettavasti Jung, kuten kaikki nerot, oli aina kohdannut kollegoidensa ja työympäristönsä kylmyyttä ja ymmärtämättömyyttä omaperäisimpiä ideoita kohtaan. Hänen katumuksensa ja kenties hänen kärsimyksensä siitä, ettei hän koskaan kyennyt saamaan lähimmätkin ihmiset intuitioonsa, käy ilmi "Muistoja, unia, pohdiskeluja" sivuilta. Tämä kirja on eräänlainen päiväkirja-tunnustus, joka on uskottu Aniela Jaffèn kynään. Siksi kypsyessään Jung oli vaistomaisesti omaksunut asenteen, joka oli haluton julkistamaan edistyneimpiä teorioitaan.

Pauli itse voitti pidättymisensä vakuuttamalla hänet julkaisemaan yhdessä kirjan, jossa esiintyi kaksi esseetä; yksi Pauli itse otsikolla "Arkkityyppien vaikutus Keplerin tieteellisiin teorioihin" ja toinen, Jungin allekirjoittama, "Synkronisuus ei-satunnaisten yhteyksien periaatteena".

Arkkityypit "primitiivisinä kuvina".

Paulin kanssa julkaistu kirja edusti vuosikymmenten työn synteesiä. Ensimmäinen kerta, kun Jung käytti termiä arkkityyppi, juontaa juurensa vuonna 1919 Lontoossa pidetyn symposiumin yhteydessä.

> ”Tietostamattomasta löytyy myös ominaisuuksia, jotka eivät ole yksilöllisesti hankittuja, vaan periytyviä eli vaistoja, jotka ymmärretään impulsseina toimintoihin, jotka tulevat ilman tietoista motivaatiota sisäisestä pakosta. Näihin lisätään synnynnäiset intuition muodot eli havainnon ja ymmärryksen arkkityypit, (...) Vaistot johtavat ihmisen erityiseen inhimilliseen käyttäytymiseen. Samalla tavalla arkkityypit säätelevät havaintoa ja intuitiota kohti inhimillisiä näkökohtia. Vaistot ja intuition arkkityypit muodostavat kollektiivisen alitajunnan."

Jung kehitti pian uskon, että arkkityypit olivat yksilön tietoisuuden ulkopuolisia ideoita, jotka ovat aina olemassa ja liittyvät läheisesti ikimuistoisiin myytteihin. Tapahtuma, joka sai hänet vakuuttavasti omaksumaan teesin suhteesta myytteihin, kertoo hän itse vuonna 1936 kirjoitetussa esseessä "Konsepti kollektiivisesta alitajunnasta".

” Paulin kanssa julkaistu kirja edusti vuosikymmenten työn synteesiä. Ensimmäinen kerta, kun Jung käytti termiä arkkityyppi, juontaa juurensa vuonna 1919 Lontoossa pidetyn symposiumin yhteydessä.

> ”Tietostamattomasta löytyy myös ominaisuuksia, jotka eivät ole yksilöllisesti hankittuja, vaan periytyviä eli vaistoja, jotka ymmärretään impulsseina toimintoihin, jotka tulevat ilman tietoista motivaatiota sisäisestä pakosta. Näihin lisätään synnynnäiset intuition muodot eli havainnon ja ymmärryksen arkkityypit, (...) Vaistot johtavat ihmisen erityiseen inhimilliseen käyttäytymiseen. Samalla tavalla arkkityypit säätelevät havaintoa ja intuitiota kohti inhimillisiä näkökohtia. Vaistot ja intuition arkkityypit muodostavat kollektiivisen alitajunnan."

Jung kehitti pian uskon, että arkkityypit olivat yksilön tietoisuuden ulkopuolisia ideoita, jotka ovat aina olemassa ja liittyvät läheisesti ikimuistoisiin myytteihin. Tapahtuma, joka sai hänet vakuuttavasti omaksumaan teesin suhteesta myytteihin, kertoo hän itse vuonna 1936 kirjoitetussa esseessä "Konsepti kollektiivisesta alitajunnasta".

”Noin vuonna 1906 törmäsin oudoon harhaan, joka esiintyi vainoharhaisessa skitsofreenisessa, joka oli ollut sairaalahoidossa monta vuotta. Potilas kärsi nuoresta iästä ja oli parantumaton. Hän oli opiskellut valtion koulussa ja työskennellyt virkailijana toimistossa. Hänellä ei ollut erityistä taipumusta, enkä itse tiennyt tuolloin mitään mytologiasta tai arkeologiasta. Eräänä päivänä löysin potilaan ikkunasta, heiluttelemassa päätään ja räpäyttämässä aurinkoa. Hän käski minun tehdä saman nähdäkseni jotain hyvin mielenkiintoista. Kun kysyin häneltä, mitä hän näki, hän hämmästyi, etten nähnyt mitään: "Näet ehdottomasti auringon peniksen... kun liikutan päätäni edestakaisin, myös penis liikkuu. Tästä liikkeestä tulee tuuli." En tietenkään ymmärtänyt tätä outoa ajatusta, mutta muistin sen.

Sitten noin neljä vuotta myöhemmin, mytologisten opintojeni aikana, törmäsin edesmenneen Albrecht Dieterichin, tunnetun filologin, kirjan. Kirja valaisi tätä fantasiaa. Vuonna 1910 julkaistu teos käsittelee kreikkalaista papyrusta Pariisin kansalliskirjastosta. Dieterich luuli löytäneensä Mithraisen rituaalin yhdestä tekstin osasta. Teksti on epäilemättä uskonnollinen ohje, joka koskee tiettyjen loitsujen toimintaa, joissa Mithra on nimetty. (...) Tekstistä voidaan lukea seuraavat viittaukset:

"Hengitä sisään säteistä, hengitä sisään kolme kertaa niin paljon kuin pystyt, niin tunnet olevasi kohotettuna ja käveleväsi ylöspäin ja näytät olevan keskellä ilma-aluetta... Näet jumalten tien näkyvänä levyn läpi. aurinko, joka on Jumala, minun isäni. Samoin näet niin sanotun putken, joka on säälivän tuulen alkuperä. Koska näet jotain putken kaltaista, joka roikkuu auringon kiekosta. Näet tämän lännen alueilla, äärettömänä kuin tuuli, joka puhaltaa idästä."

(...) Nyt on täysin mahdotonta, että potilaalla olisi ollut tietoa neljä vuotta myöhemmin julkaistusta kreikkalaisesta papyruksesta.

Jung piti tätä episodia ensimmäisenä todisteena läheisestä suhteesta ihmismielessä materialisoituvien arkkityyppien ja muinaisten mytologioiden symbolien välillä.

Kollektiivinen alitajunta.

Kollektiivinen alitajunta on Jungin analyyttisen psykologian käsite. Toisin kuin henkilökohtainen alitajunta, joka on yksilöllinen, kollektiivinen alitajunta on kaikkien ihmisten yhteinen ja se on peräisin koko ihmiskunnan yhteisistä esivanhemmista. Tässä mielessä se edustaa universaalia psyykkistä säiliötä, toisin sanoen osaa koko ihmiskunnan yhteisestä alitajunnasta. Se sisältää arkkityypit eli kaikkien kulttuurien kaikille kansoille tyypilliset muodot ja symbolit (kuva 14).

On tärkeää huomata, että arkkityypit eivät johdu yksilön kokemuksesta, ne ovat olemassa a priori, koska ne ovat koko ihmiskunnan kokemuksen perintöä. Jotkut tutkijat jakavat kollektiivisen alitajunnan eri kerrostumisiin: syvin on peräisin menneisyyden arkaaisista juurista; keskimmäinen kerrostuminen sisältää nykyhetken arvot ja yhteiskunnalliset tavat ja kolmas kerrostuminen sisältää ihmiskunnan potentiaaliset ja mahdolliset tulevaisuuden kehitykset.

Jung esittelee ja puolustaa teoriaansa vuonna 1936 julkaistussa esseessä "Konsepti kollektiivisesta alitajunnasta".

Hän esittelee käsitteen toteamalla, että persoonallinen alitajunta on olemassaolonsa velkaa henkilökohtaisen kokemuksen kautta ja koostuu olennaisesti sisällöistä, jotka ovat olleet tietoisia, vaikka ne on saatettu myöhemmin unohtaa tai poistaa.

Päinvastoin, kollektiivisen alitajunnan sisältö ei ole koskaan ollut yksilötietoisuudessa, eikä sitä siksi ole koskaan hankittu yksilöllisesti. Nämä sisällöt johtuvat olemassaolostaan yksinomaan primitiivisestä perinnöstä.

Näin ollen hän erottaa nämä kaksi alitajuntatyyppiä niiden sisältöön viitaten: yksilöllinen alitajunta sisältää ennen kaikkea komplekseja, kollektiivinen alitajunta sen sijaan muodostuu oleellisesti psyykkisten alkuarkkityyppien avulla.

Jung puolustaa ajatustaan arkkityypistä jo olemassa olevana muotona viitaten muihin tutkijoihin, kuten Lévy-Bruhliin, joka primitiivien psykologiaa koskevissa tutkimuksissaan määrittelee arkkityypit "kollektiivisiksi esityksiksi". Jung mainitsee myös Hubertin ja Maussin, jotka vertailevissa uskonnollisissa tutkimuksissaan määrittelevät arkkityypit "mielikuvituksen kategorioiksi". Hän mainitsee myös Adolf Bastianin, joka etnologisissa tutkimuksissaan määrittelee arkkityypit "alkuajatuksiksi" tai "alkuajatuksiksi".

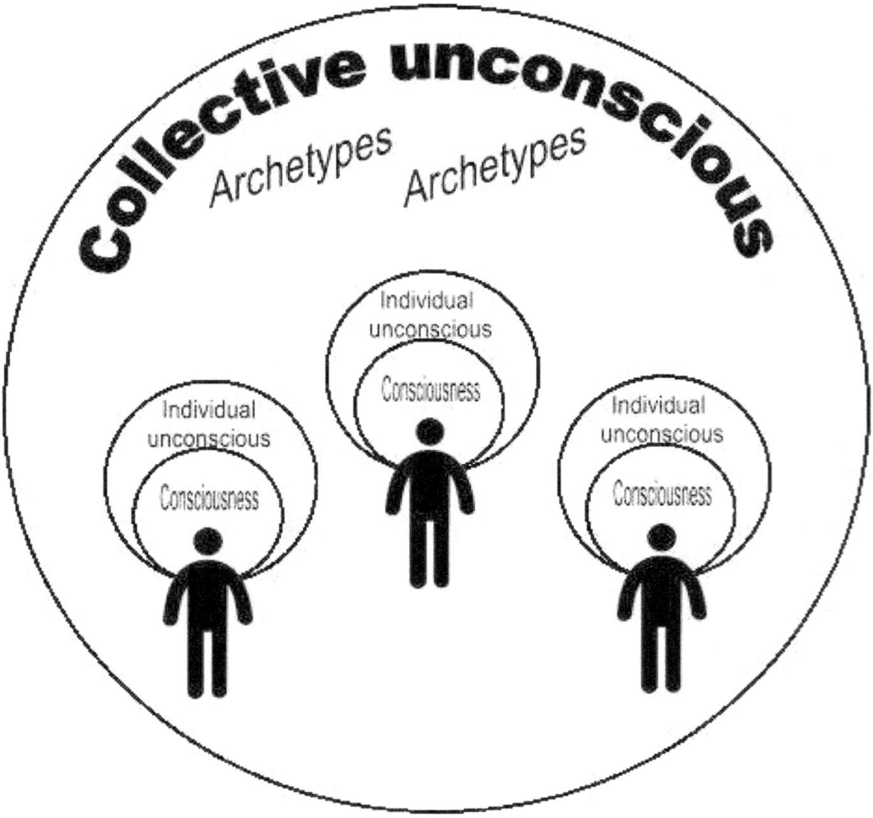

Kuva 14 - Tietoisuuden tasot Carl Jungin mukaan.
1. Kollektiivinen alitajunta on yhteinen koko ihmiskunnalle
2 Arkkityypit tulevat kollektiivisesta alitajunnasta.
3 -4 Jokaisella yksilöllä on yksilöllinen alitajunta ja tietoisuus.

Näiden tieteellisten konvergenssien vahvistamana Jung esittelee väitöskirjansa, jonka mukaan:

> "Välittömän tietoisuutemme lisäksi, joka on luonteeltaan täysin henkilökohtainen ja jonka pidämme ainoana empiirisenä psyykenä (vaikka lisätämme henkilökohtaisen alitajunnan liitteenä), on olemassa toinen psyykkinen järjestelmä. Tämä järjestelmä on kollektiivinen, universaali ja persoonaton, ja se on identtinen kaikissa yksilöissä. Tämä kollektiivinen alitajunta ei kehity yksilöllisesti, vaan periytyy.
> Se koostuu jo olemassa olevista muodoista, arkkityypeistä, jotka voivat tulla tietoisiksi vasta myöhemmin ja antaa tietylle psyykkiselle sisällölle tietyn muodon."

Jung jatkaa sitten havainnollistamalla kollektiivisen alitajunnan merkitystä ja aloittaa viittaamalla terapeuttiseen psykologiaan Sigmund Freudin ja Alfred Adlerin visiossa, joka on luonteeltaan yksinomaan personalistinen ja kieltää kaiken ulkoisen panoksen tai yhteyden yksilöön.

Jung korostaa ristiriitaa, joka johtuu siitä, että Sigmund Freudin ja Alfred Adlerin näkemys viittaa myös yksittäisiin tekijöihin, jotka eivät ole pelkästään yksilöllisiä, kuten esimerkiksi seksuaalista vaistoa tai itsensä vahvistamisen halua.

Edes Freud tai Adler eivät voineet kiistää vaistojen olemassaoloa, jotka ovat olemassa a priori ja joita esiintyy sekä miehissä että eläimissä. Vaistot eivät todellakaan ole henkilökohtaisia, vaan universaaleja ja perinnöllisiä psyyken komponentteja, ja ne toimivat usein tietoisuuden yläpuolella.

Tässä mielessä vaistot osoittavat hyvin läheistä analogiaa arkkityyppien kanssa.

Näin ollen Jungin mukaan hypoteesi kollektiivisen alitajunnan olemassaolosta ei ole sen rohkeampi kuin se, joka ehdottaa vaistojen olemassaoloa. Tämän päättelyn perusteella hän puolustaa itseään mystiikkasyytöksiltä, jotka kohdistuvat hänen teoriaansa kollektiivisesta alitajunnasta. Aivan kuten vaistot voivat vaikuttaa yksilöiden ajatteluun, tietoisuuteen ja toimintaan täysin mystisellä tavalla, kollektiivisen alitajunnan arkkityypit voivat tehdä samoin

Jungilainen yksilöitymisprosessi.

Teoksensa "Aspects of the Contemporary draama" ensimmäisessä luvussa Jung kirjoittaa seuraavasti:

> ”Arkkityypit ovat kuin veden hylkäämiä jokiuomaa, jotka voivat kuitenkin toivottaa veden tervetulleeksi tietyn ajan kuluttua. Arkkityyppi on samanlainen kuin vuoristorotko, johon vesi (elämän virta) on jo kauan kaatunut. Mitä enemmän vesi on kaivanut tätä uomaa, mitä enemmän se on pitänyt tätä suuntaa, sitä todennäköisempää on, että se ennemmin tai myöhemmin palaa siihen."

Psyyke koostuu olennaisesti tietoisesta osasta (tietoisuus) ja tiedostamattomasta osasta, joissa voimme erottaa yksilöllisen alitajunnan ja kollektiivisen alitajunnan.

Jung pitää näiden kahden osan välistä dynamiikkaa (tietoinen - alitajuinen) moottorina, jonka avulla yksilö voi kohdata pitkän matkan, jonka tavoitteena on toteuttaa oma persoonallisuutensa.

Tietoisen ja alitajunnan välinen vuorovaikutus synnyttää prosessin, jota Jung kutsuu "individuaatioksi". Tällä polulla yksilö kohtaa ja kohtaa oman persoonallisuutensa tiedostamattomat aspektit (kutsutaan arkkityypeiksi): niitä kohtaamalla hän voi laajentaa omaa tietoisuuttaan.

Individuaatioprosessi edustaa persoonallisuuden muodostavien kompleksien integroitumisen ja yhdistämisen polkua, toisin sanoen "minän" ja "itsen" asteittaista lähestymistapaa polun kautta, joka johtaa Itsen tietoisuuteen ja itsensä vapautumiseen. ego sen sisäisistä konflikteista.

Jung uskoo, että psykoanalyysin tehtävänä on luoda hierarkkinen suhde Self" ja "Ego" välille, juuri ottaen huomioon, että ensimmäinen on kokonaisuus, kun taas toinen on vain osa. Tämän suhteen pitäisi mahdollistaa näiden kahden välisen harmonisen lähentymisen uudelleen alkaminen, kun sen on pysäyttänyt neuroosi, joka johtuu "Ego" vaatimusten jäykistymisestä "Self" yksilöllistyvien tarpeiden suhteen (tästä nimi : yksilöitymisprosessi).

Lähestymistapa tapahtuu yksilön elämänsä aikana kohtaamien symbolien merkityksen purkamisen kautta. Symbolit löytyvät sekä sisäisestä maailmasta, libidon regressiivisten ja progressiivisten liikkeiden kautta, että ulkomaailmasta synkronisuuden episodien ansiosta. Siksi synkronisuudet ovat pätevä apu yksilöitymisprosessin kehityksessä.

Tässä valossa yksilöllisyys on tietoisuuden, alitajunnan, egon ja itsen jatkuvan yhteistyön hedelmä. Individuaatioprosessi edustaa henkistä matkaa kohti suurempaa itsetietoisuutta. Matkan edistyminen on tunnistettavissa sen virstanpylväistä.

Ensimmäinen vaihe: Varjon arkkityyppi.

Ensimmäiselle vaiheelle on ominaista Varjon arkkityyppi eli kaikki ne aspektit, joita yksilö ei tiedä tai halua salata itsestään, sekä kaikki mikä on poistunut koulutuksen ja ympäristön vaikutuksista johtuvien kompromissien seurauksena.

Varjo edustaa psyyken epämiellyttävintä ja negatiivisinta osaa; se osuu yhteen pienimpienkin vaistonvaraisten impulssien kanssa, joita meillä on yleensä taipumus tukahduttaa. Se edustaa myös paheita ja taipumuksia, jotka yksilöllä on taipumus kieltää olevansa omansa, mutta jotka tästä huolimatta vaikuttavat hänen käyttäytymiseensä ja ilmenevät hahmon inhottavilla puolilla tai "kiusauksilla", jotka tietoinen osa yrittää jättää huomiotta.

Tämä arkkityyppi voi ilmetä unissa ja symboleissa, joissa on demonisia hahmoja, hirviöitä ja takaa-ajoja, painajaisia pimeässä.

Varjon yhteydessä usein mainittu arkkityyppi on "Persona".

"Persona" (latinan kielestä "näyttelijän naamio") on arkkityyppi, joka osoittaa roolin, joka subjektilla on sosiaalisessa kontekstissa, jossa hän toimii. Ihminen on juuri se naamio, peite-identiteetti, jonka alla toimimme ja jonka ansiosta olemme sitä, mitä muut haluavat meidän olevan ja mitä uskomme olevamme.

Toinen vaihe: Animan tai Animuksen arkkityyppi.

Toiselle vaiheelle on ominaista kohtaaminen Animan (mies) ja Animus (naaras) arkkityypin kanssa. Huolimatta nimestä, joka muistuttaa sielua, se ei viittaa mihinkään uskonnolliseen tai dogmaattiseen käsitteeseen.

Miehet heijastavat kuvan animasta naisiin, kun taas naisilla se on vastaava arkkityyppi, animus, joka heijastetaan miehiin.

Sielu edustaa kosketusta psyykkiseen ja mentaaliseen aspektiin, eli yksilön ensimmäistä lähestymistapaa psykologiaan, melkein vihkimisriittiä. Se on ovi, joka mahdollistaa pääsyn transsendenttiseen maailmaan.

Se on suuren viestinnän arkkityyppi, koska se esittää monia tiedostamattomia kuvia, luo väärinkäsityksiä, rakentaa illuusioita ja siten myös kriisejä.

Tässä mielessä yhteenotto sielun kanssa on paljon vaativampaa kuin varjon kanssa; se sisältää pääsyn alueille, joilla on vaara joutua musertumaan. Kaikesta, mihin sielu koskettaa, tulee numinoosia, toisin sanoen ehdotonta, vaarallista, tabujen alaista, maagista.

Animus (naisten mieskomponentti) edustaa tyypillisesti käytännöllisiä ja konkreettisia, rationaalisia ja todellisia puolia. Se esitetään unissa sodan, sepän ja vastaavien symbolien kanssa. Siinä on sisältöä refleksiivisyys, ohjaus, analyysi, painotus, rationaalisuus, laskeminen, päätös, ohjelmointi, erottelu.

Nämä kaksi arkkityyppiä antavat meille laajan kuvan siitä, kuinka kaksijakoinen psyyke voi olla.

Jungin mukaan jokainen arkkityyppi sisältää elämän aspektin ja sen vastakohdan, kun ymmärretään, että molemmilla on oma arvonsa ja paikkansa. Sitä vastoin Freudin ajatus keskittyy konfliktiin ja taisteluun toisen eliminoimiseksi.

Jungin mukaan psyyken kaksinaisuus mahdollistaa alistumisen, joka voittaa pahoinpitelyn, ja rakkauden, joka voittaa vihan. Tietoisen ja tiedostamattoman välillä tulee myös olla harmonista yhteistyötä.

Jungilainen kaksinaisuus pätee myös sukupuolten monimuotoisuuden suhteen, sillä psyykessä on maskuliininen ja feminiininen energia ja jokaisella miehellä on feminiininen puoli, kuten jokaisella naisella on maskuliininen puoli. On selvää, että jokaisella on hallitseva energia, mutta silti isännöi, vaikkakin taustalla, myös vastakkaista energiaa.

Intian temppelien bareljeefeissa maskuliininen ja feminiininen on esitetty miehenä ja naisena syleilemässä; allegorisesti ne ovat kaksi universaalia hahmoa. Näiden kahden genren alkuperäinen yhtenäisyys ilmenee myös uskonnollisista tai myyttisistä kertomuksista, joissa luemme, että Eeva syntyi Aadamin kylkiluusta ja Athena tuli ulos Zeuksen päästä (tai vasikasta).

Kolmas vaihe: "viisaan vanhan miehen" arkkityyppi.

Kolmas vaihe vastaa kohtaamista "viisaan vanhan miehen" arkkityypin kanssa, joka voidaan ymmärtää miehen isähahmona, joka heijastaa Grance Madren arkkityyppiä. Koko yksilön kokemus on suljettu vanhaan viisaaseen, ja sen mukana hänen kykynsä järkeillä ja ennustaa. Se edustaa transformatiivista päämäärää, jonka ihminen saavuttaa kohdatessaan itsensä aikaisempien vaiheiden arkkityypit. Tässä tilassa ihminen pystyy arvioimaan menneisyyttä, nykyisyyttä ja tulevaisuutta. Viisas vanha mies kuvataan filosofina, joka osaa neuvoa.

"Suuri äiti" edustaa naispsykologian perimmäistä tavoitetta. Jungilaisessa psykologiassa se on suuren ja ambivalentin voiman arkkityyppi, samalla tuhoaja ja pelastaja, joka ruokkii ja nielee. Se on puettu pyhyyteen, sellaisena kuin se on yksi tiedostamattoman voimallisista voimista.

Neljäs vaihe: Itsen arkkityyppi.

Itsen arkkityyppi on viimeinen syy yksilöitymisprosessille, eli yksilön olemassaolon syy, joka paljastaa itsensä hänelle ja avautuu hänen eteensä kuin kukkiva kukka.

Se on kuvattu valona, neljäntenä, asioiden keskipisteenä. Sen symboli voi olla mandala, buddhalaisessa ja hindulaisessa uskonnollisessa perinteessä kosmosta edustava hahmo, joka on maalattu kankaalle tai freskoilla temppelien seinille.

Itse edustaa yksilöä itseään kaikella kokemuksella ja tiedolla, jonka hän on kerännyt yksilöllistymispolullaan. Kun yksilö kohtaa Itsen, se tarkoittaa, että neuroosi on voitettu ja sisäinen harmonia on saavutettu.

Siksi Itse on persoonallisuuden oivalluksen päämäärä, huipentuma, huippu, jossa yksilön kaikki tietoiset ja tiedostamattomat aspektit yhtyvät ja yhdistyvät.

Muut klassiset arkkityypit edustavat universaaleja kuvia, jotka ilmaisevat samanaikaisesti positiivisuutta tai negatiivisuutta: vesi, numero, sankari, taikuri, kapinallinen, hallitsija, viaton, Apollo, lukuisat uskonnolliset hahmot jne.

Kun arkkityypit viittaavat myyttisiin, uskonnollisiin tai legendaarisiin hahmoihin, Jung kutsuu niitä "numinousvoimiksi", joka ottaa käyttöön termin, jonka on keksinyt saksalainen teologi ja uskontohistorioitsija Rudolf Otto.

Jung ja alkemia: yksilöllisyys ja "Opus alchemicum".

Viimeinen Jungin vuonna 1956 kirjoittama kirja on nimeltään "Mysterium Coniunctionis" ja käsittelee homonyymistä arkkityyppiä, joka viittaa pyhään tai "alkemialliseen" avioliittoon Auringon ja Kuun välillä. Jung keskittyi alkemiaan monissa teoksissaan yrittäen korostaa "Opus alchemicumin" (Alkemian työ) merkitystä henkisenä etsintänä.

Hänen tutkimuksensa tavoitteena oli löytää analogioita alkemiallisten prosessien ja psyykkiseen sfääriin liittyvien prosessien välillä. Hän analysoi erityisesti vaiheita, joiden kautta alkemiallinen työ tapahtuisi, eli viisasten kiven hankintamenettelyä. Tämä menettely sisältää joitain vaiheita, jotka olivat alun perin neljä:

- "Nigredo" tai mustuminen, liittyy maaelementtiin.
- "Albedo" tai valkaisu, joka liittyy vesielementtiin.
- "Citrinitas" tai kellastuminen, joka liittyy ilmaelementtiin.
- "Rubedo" tai punoitus, joka liittyy tulielementtiin.

Nämä neljä vaihetta vastaisivat yksilöllistymisprosessia.

Erityisesti identifioinnin ensimmäinen vaihe, eli vertailu Varjon arkkityyppiin, löytäisi vastaavuutta alkemiallisen prosessin vaiheessa nimeltä "nigredo".

"Nigredo" on latinaa ja tarkoittaa "musta väriä" tai "mustuutta". Se merkitsee Opuksen vaihetta mustaan, viisasten kiven luomisprosessin alkua. Ja mädäntymis- ja hajoamisvaihe. Tämä on herkin hetki, jota symboloi musta varis. Tässä vaiheessa on tarpeen antaa kaikkien ainesosien kuolla, maseroida ja keittää niitä pitkään, kunnes muodostuu tumma massa.

Toinen vaihe, eli tapaaminen Animan tai Animuksen kanssa, löytäisi vastaavuuden "albedon" opus-vaiheessa, latinalaisessa termissä, joka tarkoittaa "valkoisuutta". Tätä vaihetta symboloi valkoinen joutsen ja sitä kutsutaan nimellä "Opera al Bianco". Se koostuu "nigredosta" syntyneen muodottoman massan puhdistamisesta epäpuhtauksien pesemiseksi pois ja valmistelemiseksi seuraavaa vaihetta varten. Kemiallisesti se vastaa tislausta. Vertauskuvallisesti tämän kohdan avulla sielu vapautetaan lihallisuuden siteistä.

Kolmas vaihe, eli tapaaminen viisaan vanhan miehen kanssa, vastaisi alkemiallisen prosessin vaihetta nimeltä "Citrinitas".

"Citrinitas" on opuksen materiaalin kellastumisen tai palamisen vaihe. Sen väri on sitruunankeltainen, tahdon ja dynaamisen omantunnon symboli. Alkumädännöstä saatiin tislattua yhdistettä, joka oli tarkoitettu sublimaatioon.

Neljäs vaihe, yksilöityminen, eli kohtaaminen Itsen arkkityypin kanssa, löytäisi vastaavuuden Opus-vaiheessa, joka tunnetaan nimellä "Rubedo".

Latinalainen termi rubedo voidaan kääntää "punoitus". Se edustaa "punaista vaihetta" ja on kemiallisen muunnoksen loppuunsaattaminen, jonka pitäisi olla sama kuin filosofin kiven, joka pystyy muuttamaan perusmetallit kullaksi, toteutumisen kanssa. "Rubedo" tapahtuu tulen, toisin sanoen Hengen, vaikutuksesta. Sen symbolit ovat Feeniks, punainen ruusu, muna, kruunattu kuningas.

Rubedolla on myös muita symbolisia arvoja, jotka liittyvät siihen, että punainen alkemiassa edustaa mustan ja valkoisen väliväriä. Siksi se edustaa vastakohtien yhteyttä ja liittoa hengen ja aineen tai maskuliinisen ja feminiinisen välillä.

Lopuksi, aivan kuten "nigredo" vastasi alkemistin fyysistä ruumista ja "albedo" hänen sieluaan, "rubedo" vastaa hänen henkeään, toisin sanoen korkeinta osaa ihmisen kolmesta peruselementistä.

Carl Jungin synkronisuus.

Sydämen alueella tapahtuu spontaani yhteyksien tunnistaminen, jonka mieli usein ymmärtää vasta myöhemmin. Nämä henkiset yhteydet ovat aluksi melkein selittämättömiä. Kuitenkin myöhemmin signaalit havaitaan ehdottoman selkeästi. Tässä tapauksessa niitä kutsutaan synkronisuuksiksi tai poikkeuksellisiksi sattumuksiksi tai yksinkertaisesti ihmeiksi.
(Ruediger Schache, Neuvoja sydämestä)

Jung selittää täysin synkroniteettiteoriansa esseessä "Synkronisuus akausaalisten yhteyksien periaatteena" Hän aloittaa päättelynsä määrittelemällä kausaalin - ei-kausaalin käsitteet.

Jung aloittaa esityksensä korostamalla, kuinka luonnonlakien taustalla on käsitys, että jokainen tapahtuma johtuu syystä. Tämä ei kuitenkaan aina ole totta; luonnossa on tapahtumia, jotka eivät liity toisiinsa syy-seuraussuhteilla ja siksi niitä on tulkittava eri tavalla.

Olisi turhaa yritystä etsiä näitä tapahtumia makrofysikaalisesta maailmasta, jo pelkästään siksi, että niitä olisi mahdotonta selittää. Kuvitellaan, että biljardipallo liikkuu ilman työntöä. Pallo ei ole saanut toisen pallon iskua, tuulen työntöä, se ei ole kaltevassa tasossa. Tällainen tosiasia ei ole uskottava. ei vaikka monet todistajat kertovat sen.

Tämä on vahvistus fysikaaliselle "determinismin" käsitteelle, jonka mukaan jokainen fyysinen ilmiö tai tapahtuma määräytyy väistämättä jonkin toisen aiemmin tapahtuneen ilmiön tai tapahtuman toimesta.

Jotta ilmiö voidaan ottaa huomioon, yksi todistus ei riitä, niitä tarvitaan useita. Tästä huolimatta, vaikka todistuksia olisi paljon, ilmiö kielletään edelleen ilman toistettavuutta, eli mahdollisuutta toistaa se normaalisti. Toistettavuuden on oltava mahdollista kaikissa vastaavissa olosuhteissa. Joskus harvinainenkin ilmiö voidaan kuitenkin ottaa huomioon, kuten tapahtuu biologiassa, jossa yksittäinen tuntemattoman lajin yksilö tekee koko lajin olemassaolon uskottavan.

Jung kysyy itseltään: onko olemassa ehdottoman yleisellä tavalla mahdollisuutta saada vahvistusta tapahtumille ilman syytä? Onko olemassa tapahtumia ilman syytä, joka määritti ne?

Hänen vastauksensa on myönteinen. Jung viittaa "sattuman" maailmaan, jossa tapahtumat eivät näytä kytkeytyvän kausaalisilla suhteilla muihin tapahtumiin.

Kun puhumme sattumasta, on tapana väittää, että jopa "satunnaisuudeksi" tai "sattumaksi" määritellyt tapahtumat voidaan selittää. Kun näitä tapahtumia ei voida katsoa syyksi, se riippuu vain siitä, ettemme tiedä sitä. .

Mutta, Jung jatkaa, periaate, jonka mukaan jokaisella tapahtumalla täytyy olla syy, on suhteellinen, eli se soveltuu vain makrofyysisen todellisuuden kontekstiin, siihen, jossa elämme. Näin ollen, vaikka myönnetään, että suurimmalla osalla tapahtumista on oltava syy, tämä ei sulje pois sitä, että joillakin tapahtumilla ei ehkä ole syytä.

Suurimmasta osasta syihin liittyvistä tapahtumista voidaan löytää ne harvinaiset tapaukset, joissa syytä ei ole olemassa, joissa syy-yhteys näyttää mahdottomalta tarkasteltuna. Tässä Jung antaa esimerkin:

> ”Minun on otettava huomioon, että raitiovaunulipullani on sama numero kuin teatterilipulla, jonka ostan heti sen jälkeen. Saman illan aikana saan puhelun, jossa sama numero mainitaan. Tässä tapauksessa syy-yhteys vaikuttaa minusta erittäin epätodennäköiseltä, eikä villeinkään mielikuvitus antaisi minun ajatella, että suhde voisi olla olemassa, vaikka jokaisella tapauksella sinänsä on yhtä ilmeisesti syynsä.

On selvää, että kaikki sattumat voivat olla kuin sattumalta osuvia kohteita, mutta tämä teoria voi olla pätevä niin kauan kuin se ei ylitä kohtuullista todennäköisyystasoa. Kun tämä kynnys ylittyy, on ilmeistä, että yhteensattumien kompleksi muuttuu selittämättömäksi, eikä sitä voida vedota mihinkään syystä.

Jung myöntää mahdollisuuden, että sattumien ryhmittely voi kuitenkin johtua vain sattumasta.

Kuitenkin voi olla ryhmiä "outoja yhteensattumia", jotka saavat erilaisen ja erittäin merkittävän arvon asianomaiselle henkilölle. Nämä ovat tapauksia, joissa asianosainen onnistuu yhdistämään sattumat ja antamaan niille merkityksen.

Näiden sattumaryhmien esiintyminen sisältää numinoosin komponentin, joka on salaperäinen, pyhä, mikä tekee niistä merkittäviä, ja kun näin tapahtuu, Jung antaa ryhmälle nimen synkronisuus.

Havainnollistaessaan merkittäviä yhteensattumia Jung ryhmittelee ne kolmeen luokkaan.

Ensimmäinen edellyttää, että subjektin psyykkisen tilan ja ajankohtaisen ja objektiivisen tapahtuman välillä on yhteys, joka vastaa psyykkistä tilaa. Esimerkkinä on Jungin itsensä kertoma jakso: kun potilas kertoi hänelle näkeneensä unta kovakuoriaisen kaltaisesta kovakuoriaisesta, tämän tyyppinen hyönteinen törmäsi työhuoneen ikkunaan.

Toinen merkittävien yhteensattumien luokka edellyttää, että kohteen psyykkisen tilan ja ulkoisen tapahtuman välillä on yhteys, joka tapahtuu toisessa paikassa, mutta joka voidaan todentaa myöhemmin. Esimerkkeinä voidaan käyttää lukemattomia todistuksia unista, jotka ilmoittavat henkilön kuolemasta, jonka todetaan sitten tapahtuneen samaan aikaan unen kanssa.

Kolmas luokka edellyttää, että kohteen psyykkisen tilan ja tapahtuman välillä, jota ei ole vielä tapahtunut, mutta joka tapahtuu tulevaisuudessa, on yhteys. Saattaa esimerkiksi käydä niin, että ajattelet yhtäkkiä jotakuta, johon olet menettänyt yhteyden, ja tapaat hänet seuraavana päivänä.

Kaikissa kolmessa tapauksessa psyykkisen tilan olemassaolon tarve on ilmeinen, mikä sallii kohteen siepata tapahtumaa ennustavat signaalit, antaa niille merkityksen ja motivoida itsessään sitä odotuslatausta, joka osuu yhteen tapahtuman kanssa. itse.

Valitettavasti signaalit, jotka voisimme määritellä "varoituksiksi", jätetään usein huomiotta, vaikka niitä olisikin lukuisia, koska olemme luonnollisesti tottuneet näkemään maailman deterministisen fysiikan parametrien mukaan ja pohtimaan hajamielisesti epätavallisia tapahtumia ja outoja yhteensattumia. merkityksetön.

Synkroniikan synty.

Vuonna 1952 julkaistussa kirjoituksessaan Synchronicity as a Principle of Acausal Connections, Jung mainitsee esimerkin synkronisuudesta:

> "Yksi esimerkki monista mainitakseni, olen pannut merkille seuraavan tapauksen, joka on päivätty 1. huhtikuuta 1949. Tänään on perjantai. Meillä on kalaa lounaaksi. Kaikki muistavat ohimennen "huhtikuukalan" käytön. Aamulla olin merkinnyt merkinnän: "Est homo totus medius piscis ab imo".

> Iltapäivällä entinen potilas, jota en ollut nähnyt kuukausiin, näyttää minulle erityisen vihjailevia kuvia kalasta, jotka hän on tällä välin maalannut. Illalla he näyttävät minulle kirjonta, joka edustaa merihirviöitä kalan muodossa. Varhain aamulla 2. huhtikuuta eräs entinen potilas, jota en ollut nähnyt moneen vuoteen, kertoi minulle unen, jossa hän järven reunalla ollessaan näki suuren kalan uimavan nopeasti hänen suuntaansa. Yhdessä vaiheessa hän näki saman kalan "lentävän" jalkojensa edessä. Tänä aikana minulla on kiire tutkimusten parissa, jonka teemana on kalan historiallinen symboli. Vain yksi edellä mainituista henkilöistä tietää tämän. On ilmeistä epäilys, että tässä tapauksessa kyseessä voisi olla merkittävä yhteensattuma, satunnainen suhde. Minun on myönnettävä, että tämä keskittyminen teki minuun vaikutuksen. Minulle sillä oli tietty numinoiva luonne. Tällaisissa tapauksissa on kuuluisa sanonta: "Se ei voi olla puhdasta sattumaa!". Kalat esiintyvät usein tiedostamattoman sisällön symboleina."

Muotopsykologian kielellä merkitsevyys on ominaisuus, joka erottaa "asiat" "ei-asoista", keskeinen kohtaus taustasta, merkitykselliset toiminnot muodostavat merkityksettömiä muotoja ja ääriviivoja.

Voisimme jakaa havainnot valokuviin ja videoihin vihjatakseen, että ei ole olemassa vain hetkellisiä havaintoja, jotka ovat verrattavissa valokuviin. Usein havaitsemme joitain jäsenneltympiä tilanteita, joissa on oma kehitysaikansa, monimutkaisia tapahtumia, jotka erottuvat muiden tapahtumien taustalta, kuten tapahtuu elokuvissa, joissa keskeinen toiminta vangitsee kaiken huomion ääriviivojen kustannuksella.

Tässä tapauksessa puhumme tapahtumista, olosuhteista, merkittävistä yhteensattumista, jokaisella on oma merkityksensä. Yhdessä ne auttavat rakentamaan monimutkaisempaa muotoa, joka koostuu toisistaan riippumattomista elokuvapätkistä, mutta joilla on yleisesti ottaen elämämme tapahtumiin ja tarpeisiin liittyvä symboliikka.

Kuva 15 - Kuvitellaan, että pisteviivainen neliö sulkee sisäänsä ajanjakson henkilön elämästä, jonka merkitsemme Philipiksi. Päivä, viikko tai enemmän. Jokainen piste edustaa yhtä lukemattomista tapahtumista, jotka tapahtuivat tänä aikana.

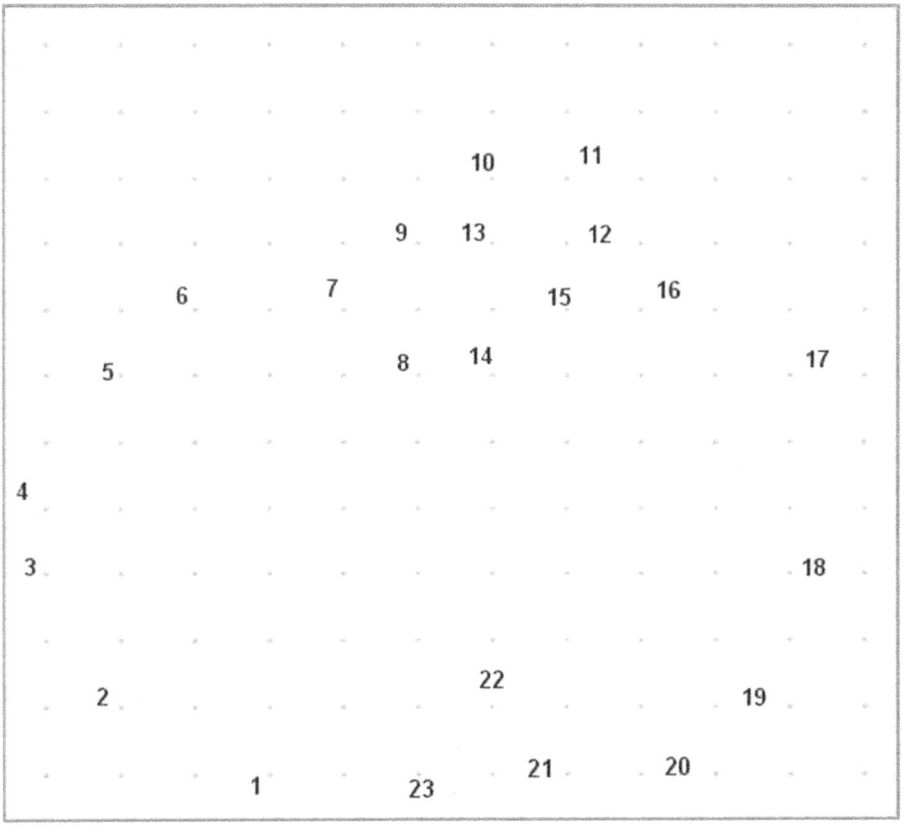

Kuva 16 - Tietysti jotkut jaksot ovat merkityksellisempiä kuin toiset. Sitten on joitain (lihavoituja), jotka saavat Philipille erityisen merkittävän arvon, vaikka hän itse ei pysty selittämään syitä.

Tässä tapauksessa puhumme synkronisuudesta.

Todennäköisesti yksinkertaisin tapa selittää, mitä synkronisuus on, on simuloida prosessia, jolla se rakennetaan, eli se muotoutuu yksilön tietoisuuteen.

Siksi kuvittelemme rekonstruoivamme kohdat, joiden kautta synkronisuus voisi ilmaantua ja tulla voimaan ystävän omassatunnossa, jolle annamme tavanomaisen nimen Philip.

Philip ja hänen avioliittonsa.

Kuva 15 sulkee symbolisesti rajatulle alueelle (neliöön) ajanjakson Philipin elämästä, kohtuullisen viikon. Jokainen alueella oleva piste edustaa yhtä lukemattomista tapahtumista, joihin hän osallistui tänä aikana, aina kenkien sitomisesta aamulla valon sammuttamiseen, kun hän meni nukkumaan illalla. Jokaisella pisteellä on merkityksensä, mutta varmasti jotkut tapahtumat ovat tärkeämpiä kuin toiset, kuten esimerkiksi se voi olla työssä saatu kiitosta verrattuna kieltäytymisen roskiin heittämiseen.

Jotkut tilanteet jäävät kuitenkin erityisen painamaan Philipin mieleen, vaikka hän ei tiedä miksi. Nämä ovat tapahtumia, jotka eivät liity toisiinsa eivätkä liity mitenkään hänen normaaliin päivän kulkuun.

Yksinkertaisesti ne ovat valon välähdyksiä, jotka häikäisevät mielen aivan kuten salama voisi häikäistä silmät. Kuten tiedät, salaman vaikutus kestää jonkin aikaa vapauttaakseen silmän epämukavuudesta. Samoin joidenkin tapahtumien aiheuttama outo tunne vilkkuu mielessä ilman erityistä syytä.

Kuvissa 16 ja 17 halusin esittää kaiken ikään kuin se olisi kuuluisa "Connect the dots" -peli.

Itse asiassa Philipin on pyrittävä yhdistämään outoja tosiasioita, unelmia ja sattumuksia saadakseen niistä järkeä, eli rakentamaan muoto, joka antaa yhteisen merkityksen tapahtumille, joilla ei ilmeisesti pitäisi olla mitään yhteistä.

Maanantain ja tiistain välisenä yönä Filippo näkee outoa unta. Se sijaitsee saarella Tyynellämerellä ja on mukana kylän asukkaiden järjestämässä juhlassa. Monet tanssivat, toiset soittavat paikalle tyypillisiä soittimia ja toiset tarjoavat kukkasppeppeleitä rauhallisen ilon ilmapiirissä. Nuori nainen lähestyy Philipiä ja laittaa hänen päähänsä kruunun värikkäistä ja tuoksuvista kukista, jotka lepäävät hänen harteillaan ja laskeutuvat hänen rintaansa. Yhtäkkiä, osallistuessaan juhlatunnelmaan, Filippo laskee katseensa ja näkee pienen hyönteisen, joka lipsahtaa ulos kukan verhiöstä ja alkaa napsutella sen terälehtiä. Pian sen jälkeen muut hyönteiset ilmestyvät ja hyökkäävät kaikkiin kukkoihin.

Kukat lakastuvat ja mätänevät nopeasti. Unelma on muuttumassa painajaiseksi.

Filippo herää säikähtäen ja tajuaa kokeneensa vain epämiellyttävän unen, mutta kuva hänen silmiensä edessä mätänevistä upeista kukista säilyy hänen tietoisuudessaan elävänä.

Seuraavana päivänä hän huomaa, että dokumentti Rooman valtakunnan sotilaallisesta organisaatiosta lähetetään televisiokanavalla, jota hän ei yleensä katso. Hän on aina ollut kiinnostunut antiikin Rooman historiasta, joten hän päättää seurata esitystä. Video esittelee "castrumin" järjestämistä. "Castrum" oli leiri, joka jokaisen legioonan oli rakennettava muutamassa tunnissa päivän marssin päätteeksi. Alussa armeija kaivoi ojan ja pystytti sen sisään palisadin. Leirin sisällä maan jakoivat "Via Principalis" ja "Via Praetoria". Eri sektoreilla oli komennon, upseerien ja sotilaiden teltat. Leirin rakentamisen päätteeksi komentaja uhrasi jumalille vedoten vastikään pystytettyyn leirin suojeluun.

"Kuinka outoa, - ajattelee Philip, nämä miehet uhrasivat jumalille joka tilanteessa. Miksi siis niin hyvin järjestetylle kentällä ei rakennettu myös pientä temppeliä jumalille?".

Tämä ajatus yllättää hänet: hän ei olisi koskaan kuvitellut murehtivansa uskonnollisen temppelin rakentamista. Filippo haluaa jättää ajatuksen syrjään, mutta se pyörii jatkuvasti hänen päässään.

Kolmas omituinen yhteensattuma sattuu parin päivän kuluttua hänen työskennellessään toimistossa, ja hän joutuu tekemisiin nylonmerkin kanssa, joka on pysynyt auki liian kauan. Tämän seurauksena kärjessä oleva muste on kuivaa. Kärsimättömänä hän heittää sen roskakoriin. Guido, kollega, puuttuu asiaan ja kertoo hänelle:

"Älä heitä sitä pois, anna se minulle. Pienellä kärsivällisyydellä aktivoin sen uudelleen ja käytän sitä ilmoitusten kirjoittamiseen seuran ilmoitustaululle."

Guido on sihteeri ja factotum keilahallissa, johon he molemmat osallistuvat ja jossa niukkojen resurssien vuoksi on taipumus säästää kaikesta.

Filippoa hämmentää ajatus ilmoitustaulusta ja tarpeesta kirjoittaa kierrätetyillä huopakynillä.

Muutamassa päivässä, käsittämättömällä tavalla, Filippo veti puoleensa joukko omituisia ja täysin toisiinsa liittymättömiä tosiasioita. Hän alkaa miettiä, onko kaikessa järkeä.

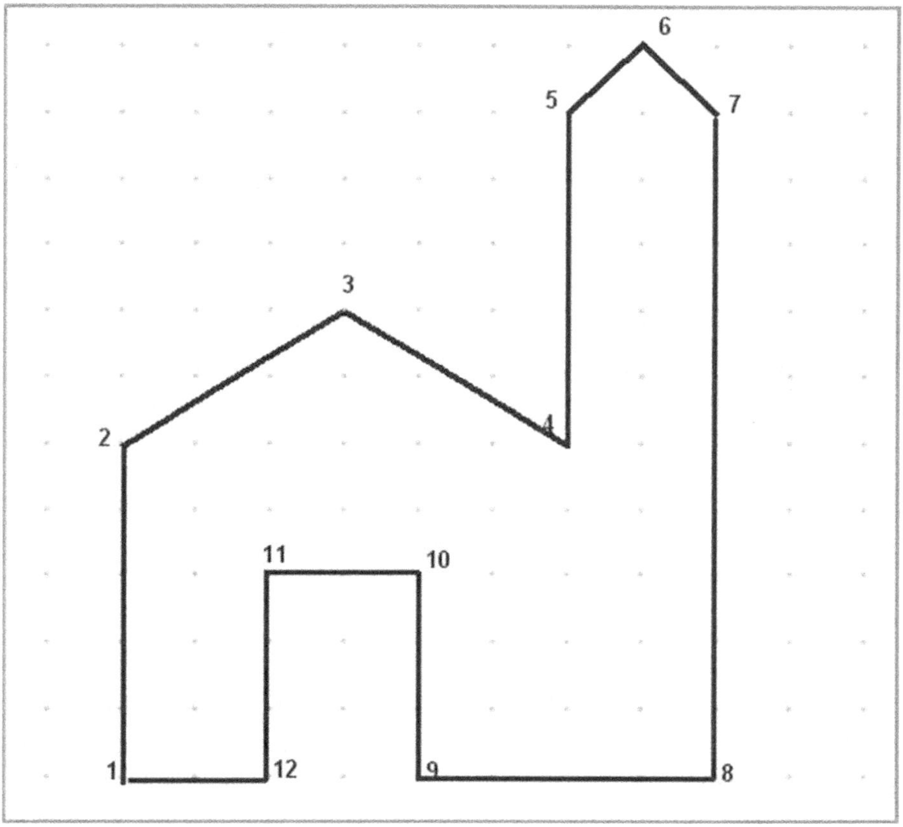

Kuva 17 - Merkittävät yhteensattumat mahdollistavat "muodon" materialisoitumisen Philipin omaantuntoon, kuten voi tapahtua "Connect the dots" -pelissä.

Hän haaveili tuholaisten pilaamista tuoreista kukista. Pakanallisen temppelin puute yllätti hänet. Ajattele ilmoitustaululle kirjoitettuja ilmoituksia, joissa on roskakorista otetut nylonmerkit.

Yhtäkkiä, kuin salama, yhteinen yhteys kirjaimellisesti räjähtää Philipin mielessä.

Yhteinen nimittäjä on tietysti kirkko. Ei mikä tahansa kirkko, vaan pieni kirkko, jossa Philip meni naimisiin. Kukat ovat seremonian kukkia, pakanallinen temppeli on hänen avioliittonsa kirkko. Ilmoitustaulu on sama avioliittoilmoituksen kanssa.

Kuten kuvasta 17 voidaan nähdä "Yhdistä pisteet" -pelin metaforassamme, Philip yhdistää pisteet ja saa kirkon muodon, jonka hän tunnistaa välittömästi kirkon muodoksi, jossa hän meni naimisiin.

Se ei vieläkään riitä, kirkko on yksinkertaisesti symboli, monien symbolien summa.

Philipin täytyy ymmärtää symbolien takana oleva viesti. kukat, joihin hyönteiset hyökkäävät ja lahoavat. Temppeli puuttuu. Nylon kynä on loppu. Kaikki tämä liittyy kirkkoon, josta hänen avioliittoseikkailunsa alkoi, saa hänet ymmärtämään, että hänen elämänsä avioparina on kärsinyt jostain laiminlyönnistä. Hän ymmärtää, että hänen avioliittonsa elää vaikeita aikoja. Avioelämän huononeminen tapahtui hänen ollessaan kiireisenä töissä ja arjen askareissa, joten hän ei huomannut sitä.

Jos Philip pystyy ymmärtämään synkronisuuden, jossa hän oli päähenkilö, hän todennäköisesti pystyy pelastamaan avioliittonsa.

Matteus ja luvun 31 taajuus 31

Toinen esittämäni esimerkki perustuu epätavalliseen taajuuteen, jolla numero voi tulla tietoomme. Puhumme Matteosta ja hänen toistuvista kohtaamisistaan numeron 31 kanssa.

Eräänä kalpeana syysaamuna yrityksensä myyntipäällikkö Matteo suunnitteli tapaamisia useiden asiakkaiden kanssa. Matteo oli jättänyt tärkeimmän tapaamisen viimeiseksi, tohtori Corradinin, erittäin mielenkiintoisen budjetin yrityksen ostopäällikön kanssa. Valitettavasti Corradini oli epäystävällinen ja joskus epämiellyttävä luonne. Matteo tunsi aina olonsa epämukavaksi erilaisissa työkontakteissa, joita hänen piti pitää kanssaan. Hän nosti huokaisten ja soitti hänelle. Tohtori Corradini oli sinä päivänä epätavallisen ystävällinen, joten haastattelu päättyi pian ja tapaaminen sovittiin.

- Joten tohtori, voimmeko tavata 31. päivänä? - Ehdotti Matthew.

- Miksi niin kaukainen tapaaminen? – vastusti Corradini.

- No, on kuun loppu, viikko jäljellä.

- Mutta katsokaa, herra Matteo, olette väärässä. Olemme marraskuussa, jossa on 30 päivää. Mutta mitä kalenteria hän käyttää? Atsteekkien kalenteri?

Matteo oli hetken hämmentynyt, sitten hän tunsi vajoavansa. Mikä virhe! Vittu, vain Corradinin kanssa! Hän mutisi tekosyitä ja sovitti tapaamisen 30. päiväksi.

Jakso kuitenkin järkytti häntä. Kuinka hän saattoi laskea väärin tärkeän tapaamisen päivämäärän? Oli selvää, että marraskuussa on 30 päivää. Sen sanoo myös tuttu lastenloru: "Kolmekymmentä päivää on marraskuuta, huhti-, kesä- ja syyskuussa...". Ja sitten hänellä oli esityslista auki. Kuinka hän saattoi keksiä tuon kirotun numeron 31 paljastaen itsensä asiakkaansa ironialle?

Koko lopputyöpäivän Matteo ei kyennyt saamaan monia asioita päätökseen työssään, ja numero 31 kiusasi häntä.

Lopulta työajan loppu koitti ja Matteo meni kadulle mennäkseen bussipysäkille, jossa hän odotti 218-bussia, joka vie hänet kotiin. Mutta Matteon pysäkiltä hän löysi kyltin: "Käynnissä olevien töiden vuoksi bussi numero 218 on väliaikaisesti poissa käytöstä. Vaihtoehtoisesti herrat matkustajat voivat ottaa bussin numero 31, joka kulkee Via Panoramicaa pitkin."

Jos hän uskoi pääsevänsä eroon numerosta 31, Matteo oli väärässä. Hän otti tämän uuden ajoneuvon, joka johti hänet lähelle kotiaan. Ennen kuin hän meni taloon, hän meni kuivapesulaan hakemaan vaatteita.

Pesulan omistaja Signora Pina ojensi hänelle vaatteet kuitin kanssa.

- Hän on minulle velkaa 33 euroa.

Matteo ei ollut niukka, mutta hän halusi tinkiä hinnoista aina kun mahdollista.

- Niin paljon? 33 euroa? Tule rouva Pina, minulla on ollut huono päivä! Maksan 30 euroa.

- Vitsailetko, herra Matteo? Et ole nähnyt sähkölaskua, jonka sain tänään! Ja sitten hallitus keksii uuden veron joka päivä. Katsokaa herra Matteo, en todellakaan voi tehdä hintaalennuksia. Joka tapauksessa, vain tämän kerran, anna minulle 31 euroa. En voi antaa sinulle halvempaa hintaa, usko minua!

Matteo maksoi ja meni ulos. Vasta kadulle palattuaan Matteo tajusi, että numerosta 31 oli jälleen tullut osa hänen elämäänsä.

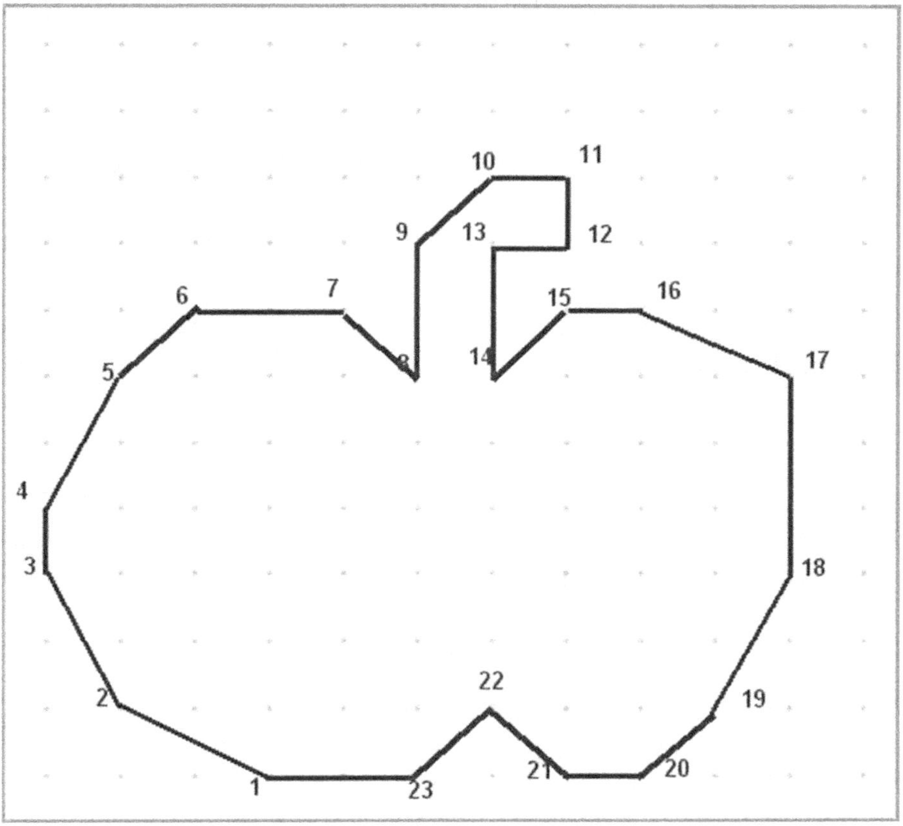

Kuva 18 - Peli "Connect the dots" on synkronisuuden metafora, jossa Matteo on mukana ja kurpitsan symboliikassa saa hänet kiinnittämään huomionsa nuoruutensa Halloween-juhliin.

Koko illan hän pohdiskeli sitä hyvin outoa numeron 31 vaatimista. Kun hän meni sänkyyn, hän tajusi, ettei voinut nukkua.

Huono vaikutelma Corradinista paloi erityisellä tavalla. Matteo tunsi vastauksensa ironisuuden:

"Mutta mitä kalenteria hän käyttää? atsteekkien kalenteri?".

Joo, marraskuussa on 30 päivää. Ehkä hän oli sekoittanut edelliseen kuukauteen, lokakuuhun, joka tuo 31.

- 31. lokakuuta. Mitä tämä päivämäärä muistuttaa minua? Matteo sanoi itsekseen.

Tietysti Halloween! (Kuva 18).

Hän alkoi muistella halloween-iltoja ystävänsä Fulvion kanssa. Joka vuosi Halloween-iltana kaksi ystävää asettivat suuren tyhjän kurpitsan, jonka sisällä oli sytytetty kynttilä, sillan sisäänkäynnille. Sitten he odottivat ohikulkijoita huutaen ja äänin pelästyttääkseen heitä.

Fulvio oli häntä muutaman vuoden vanhempi ja oli todellinen mestari varastamaan sopivimman kurpitsan ympäröivällä maaseudulla.

Matteon mieli vaelsi näiden muistojen läpi pitkän aikaa. Hän ei ollut kuullut Fulviosta pitkään aikaan. Kuka tietää, miten hänellä meni?

Hän katsoi kelloa. Ei ollut liian myöhäistä soittaa. Vanhasta puhelinluettelosta hän haki Fulvion numeron ja soitti hänelle.

Fulvion vastaanotin soi uskomattomalla voimalla hänen kotinsa hiljaisuudessa. Fulvio, joka istui pöytänsä ääressä, oli mykistynyt. Puhelin soi taas, väkivaltaisesti, ylimielisesti. Fulvio laittoi oikeassa kädessään pitelemän pistoolin pöydälle ja nosti vastaanottimen.

- Hei ystävä, kuinka voit? Sinä tunnet minut? Olen Matthew!

Fuluio oli hämmästynyt. Hän siirsi paperin sivuun ja laski kynän eteensä ja vastasi sitten:
- Tietysti tunnistan sinut. Miksi ajattelit soittaa minulle?
- No, luulin, että on kulunut pitkä aika siitä, kun olemme nähneet toisemme, ja olisi mukava tavata vaihtaaksemme ajatuksia. Mitä luulet ystäväni, voidaanko se tehdä?
Fulvio tuijotti vastaanotinta kuin hämmästyneenä. Hän ei ollut enää yksin, joku oli ajatellut häntä, yön enkeli oli tullut ojentamaan hänen kätensä. Yhtäkkiä hänen yksinäisyytensä tuntui vähemmän ahdistavalta. Hän huomasi olevansa pisteessä, jossa valinta toivon ja epätoivon välillä oli vielä mahdollista. Kyllä, jyrkänteen reunalla oleva jalka voitaisiin vielä vetää taaksepäin. Uusi päätös oli mahdollista.
Fulvio päätti salamannopeasti. Hän otti aseen ja laittoi sen takaisin laatikkoon.
"Tietenkin sen voi tehdä, ystäväni... kyllä, ystäväni, se voidaan varmasti tehdä, tavataan!".
Matteon ja Fulvion tarina päättyy tähän. Kukaan ei koskaan saa tietää, että Fulvio pelastui sinä iltana useiden outojen sattumien ansiosta, jotka liittyvät Matteoon ja jotka kaikki liittyvät numeroon 31.
Kukaan ei koskaan tiedä, mikä menettely (ei varmasti looginen) johti Matteon muuttamaan joitakin yleisiä viittauksia numeroon 31 merkittäväksi päivämääräksi, Halloween-juhliksi, ja päätti sitten ottaa yhteyttä lapsuuden ystäväänsä.
Kukaan ei koskaan tiedä, kuinka monta kertaa tällaisia tarinoita todella tapahtui.

Numero, järjestyksen arkkityyppi.

"Kaikella, mitä voidaan laskea, ei ole väliä
eikä kaikkea tärkeää voida laskea."
(Käsinkirjoitettu paperi roikkuu Einsteinin työhuoneessa)

Numerot ja "synkronisuus" Carl Jung.

Numeeriset yhteensattumat onnistuvat kiehtomaan kaikkia, varsinkin kun ne toistuvat säännöllisesti lyhyen ajan kuluessa, jopa eri tilanteissa: sama aikataulu, sama katunumero, sama varausnumero ja niin edelleen. Se vaikuttaa moniin ihmisiin, mutta kaikki eivät usko, että sillä on merkitystä tai yritä löytää sitä.

Saman numeron toistaminen kätkee usein hyvin henkilökohtaisen viestin, joka täytyy intuioida kaivautumalla oman alitajunnan poimuihin. Itse numeron sisäinen symbolinen merkitys voi hyvin vanhojen perinteiden mukaan auttaa tässä tutkimuksessa. Numeerisen allegorian avulla voimme olla synkronismin päähenkilöitä, jotka pyrkivät paljastamaan salaperäisen alkuperän, ehkä jumalallisen sisällön.

Käytäntö merkityksellisten yhteensattumien määrittämiseksi numeroiden perusteella on juurtunut ihmisen varhaisimpaan historiaan. Voisi laskea parven lintujen lukumäärän, samanmuotoisten tai -väristen kivien lukumäärän, kasvien lukumäärän samalla aukiolla. Numero itsessään on erikoinen ja salaperäinen. Jungin mukaan numerolla on aina numinoiva, outo, jumalallinen merkitys.

Jotkut matematiikan opettajat neuvoivat opetuslapsiaan kiistämättömällä esimerkillä. Harkitse mitä tahansa objektiryhmää. Poista näiden esineiden jokainen ominaisuus, kuten paino, muoto, koko ja niin edelleen. Mutta et varmasti voi poistaa niiden määrää, eli näiden esineiden määrää.

Numeron ja synkronisuuden välillä on läheinen suhde, koska molemmat ovat pukeutuneet pyhyyteen ja mysteeriin. Numero on aina läsnä missä tahansa synkronoinnissa. Tässä numero esiintyy missä tahansa muodossa: määrä, päivämäärä tai mikä tahansa; se on usein piilotettu ilmaisujen alle, kuten "paljon", "vähän", "erittäin suuri", "ääretön".

Jokaista kohdetta voidaan tarkastella yhtenäisyytensä tai moninaisuuden osalta. Se on numero, joka määrittää tarkan järjestyksen, joten se luo hierarkiaa, rakennetta, yhtenäisyyttä, organisointia, selkeyttä.

Numeroa pidetään yhtenä tärkeimmistä arkkityypeistä, ja Jung kutsuu sitä järjestyksen arkkityypiksi. Itse asiassa se luo kurinalaisuutta kaaoksessa; sen avulla voimme vahvistaa ja ymmärtää säännönmukaisuuden, joka on olemassa tutkimuksessamme etukäteen, vaikka se olisi alustavassa varmistuksessa poissa.

Numero on elementti, joka luo järjestyksen hengessä ihmiskunnan alusta lähtien, siksi lähin ja intuitiivisin ihmisen älylle. Esimerkkinä voidaan esittää piirustukset paleoliittisen luolissa. Biisoneja, hevosia, sarvikuonoja ja muita eläinlajeja kuvaavien maalausten lisäksi on löydetty myös keltaisesta tai punaisesta okrasta tehtyjä kädenjälkiä. Tunnetuimmat ovat Patagoniassa, Rio Chubutissa sijaitsevassa "Cuevas de las manos pintas" (maalattujen käsien luolassa).

Treffit sijoittavat nämä kädenjäljet ainakin 14 000 vuotta sitten. Nämä ovat käsiä, joiden sormet ovat kaukana toisistaan. Sen viestin lisäksi, että taiteilija halusi kommunikoida ja jota emme luultavasti koskaan saa tietää, antropologien mukaan viiden sormen esitys, eli numero viisi, hyppää silmiin. Kuten yleensä tapahtuu ja kuten Occam's Razor ehdottaa, yksinkertaisin ja suorin tulkinta on usein oikea.

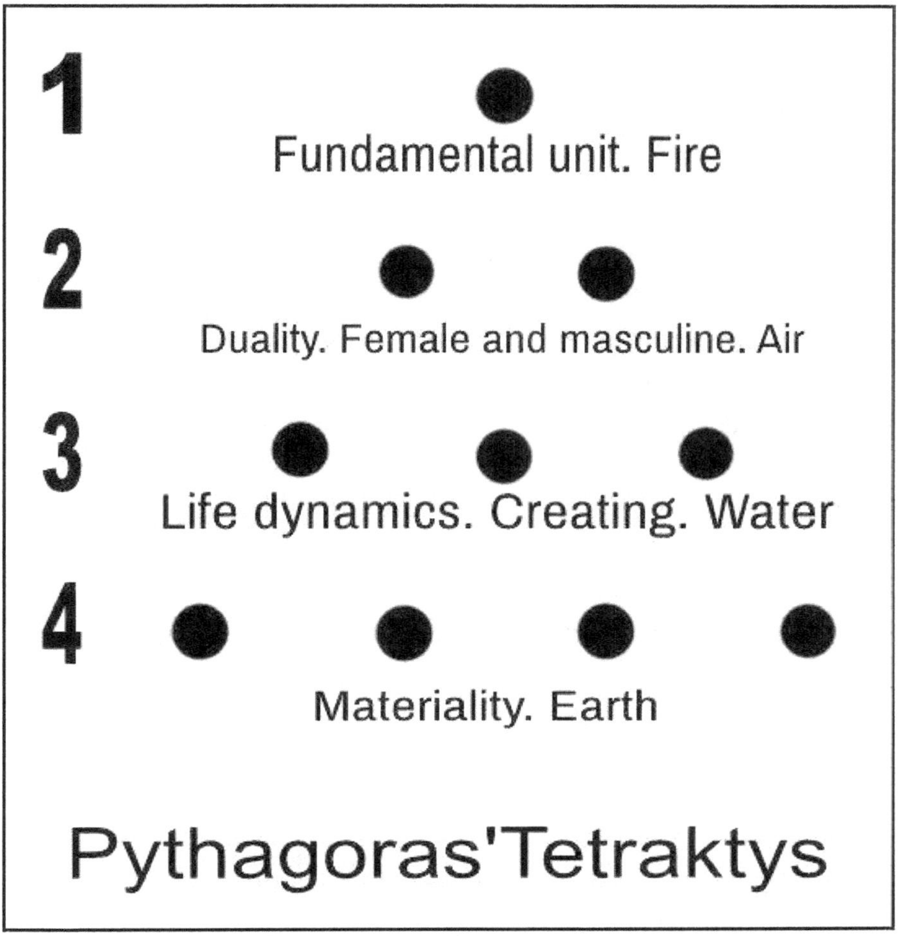

Kuva 19 - Tetraktys eli kvaternaariluku edusti pythagoralaisille neljän ensimmäisen luonnollisen luvun aritmeettista sarjaa tai tarkemmin sanottuna positiivisia kokonaislukuja.

1. Perusyksikkö. Antaa potkut.
2. Kaksinaisuuden symboli. Naisellinen ja maskuliininen. Ilma.
3. Elämän dynamiikka. Luominen. Vesi.
4. Olennaisuus. Maan elementti.

Vanhimmassa perinteessä kaikki numerot ovat saaneet mystisen merkityksen ja pyhyyden, joka säilyy edelleen; erityisesti kaikkien numeroiden 1-9 uskotaan olevan "pyhiä".

Pythagoralaisten Tetraktys.

Pythagoras, kreikkalainen filosofi ja matemaatikko, joka eli 600-luvulla. B.C. ymmärsi matematiikan tieteeksi, joka pystyy tuomaan järjestyksen maailman näennäiseen kaaokseen. Hän perusti koulun Crotoneen; päästäkseen sisään opiskelijoiden täytyi vannoa Tetractysille:

"Vannon sen kautta, joka on siirtänyt sieluumme Tetractysin, josta löytyy iankaikkisen luonnon lähde ja juuri...".

Tetraktys edustaa neljän ensimmäisen positiivisen kokonaisluvun aritmeettista sarjaa (kuva 19). Nämä luvut on järjestetty tasasivuisen kolmion geometriseen muotoon, jossa on "neljä" sivu, mikä muodostaa pyramidin, joka tiivistää niiden ja kymmenen välisen suhteen. Itse asiassa niin sanotun teosofisen summan mukaan:

1 + 2 + 3 + 4 = 10.

10 puolestaan viittaa ykseyteen lisäämällä 1 + 0 = 1.

Tetraktysin neljä tasoa vastaavat kosmogonisia periaatteita ja neljää luonnon elementtiä.

Fibonaccin kultainen sarja.

Some numbers are really special, like the number 1.618 for example. This value indicates the ideal proportion (note for example the proportion between width and height of a standard photo frame) and its formula is:

$\sqrt{5} + 1) / 2 = 1.618 ...$

It is normally indicated with the Greek letter Fi Φ and is called the Golden Number, or Golden Proportion, or Golden Section, or Constant of Phidias. Plato, who mentions it in his Timaeus work, speaks of it as the physical key of the Cosmos. In the Middle Ages the golden proportion was taken up by Leonardo Fibonacci from Pisa, for which today it is known especially as the Fibonacci series (fig. 20).
The Fibonacci series is a sequence of positive integers in which each number starting with the third is the sum of the previous two and the first two are by definition equal to 1. Therefore, the series is represented by numbers:

1, 1, 2, 3, 5, 8, 13, 21, 34, 55, 89,144, 233, 377, 610 ...

and can go on indefinitely. Indeed, Fibonacci's intent while developing this series was to find a mathematical law that describes the growth of a rabbit population. He did not imagine he would discover one of the marvelous natural rules of the Cosmos. In fact, the Fibonacci series is present in practically all the elements of nature and reveals a project of incredible elegance

Aikuisen miehen käsivarren ja kyynärvarren pituuden suhde on "kultainen", samoin kuin jalan ja sen alaosan välinen suhde. Sama kultainen suhde löytyy myös keski- ja nimettömän sormen sormien välillä.

Kultaleikkauksen matemaattiset ja geometriset ominaisuudet, jotka toistuvat uskomattomalla jatkuvuudella mitä erilaisimmissa luonnollisissa yhteyksissä, ovat vahvistus läheisen suhteen olemassaolosta "luovan kokonaisuuden" ja luomisen välillä. Sattuma ei varmasti olisi johtanut sellaiseen täydellisyyden ja kauneuden säännöllisyyteen.

Kun numero paljastaa sisällön, kuten kultaisen leikkauksen, se osoittautuu kokonaisuuden ja osan sekä kunkin suuremman ja vastaavan pienemmän osan välisen suhteen instrumentiksi ja välittäjäksi.

Kukaan ei kiellä kauneuden ja harmonian ihanteen olemassaoloa tässä luonnollisessa kokoonpanossa, mikä oikeuttaa hyvin nimityksiä "Aurea" ja "Divina".

Kasvitieteessä ehkä merkittävin esimerkki kultaisen leikkauksen tehokkaasta läsnäolosta on joidenkin kasvien lehtien ja kukintojen geometrinen järjestely.

1800-luvun puolivälissä ranskalainen kasvitieteilijä Auguste Bravais havaitsi veljensä Louisin kanssa tehdyissä tutkimuksissa, että monissa kasveissa lehdet on järjestetty varteen spiraalin mukaan, jossa kahden peräkkäisen lehden välinen kulma on lähes vakio ja on noin 137,5°, mikä vastaa kultaista kulmaa. Tämä järjestely takaa jokaisen lehden pääsyn ja optimaalisen käytön auringonvalossa.

Mutta luonnossa on monia esimerkkejä. Esimerkiksi terälehtien määrä vastaa yleensä Fibonacci-sarjan arvoa. Esimerkiksi hyvin monilla, kuten iridaceaeilla ja liljoilla, on kolme. Koiraruusulla on viisi tai kahdeksan, kuten leinikki ja plumeria. Monissa päivänkakkarakukissa on 13, joten kysymys "hän rakastaa minua" tai "hän ei rakasta minua" päätyy melkein aina lohduttamaan, vahvistaen "hän rakastaa minua". Näin tapahtuu myös, kun käytät "niittypäiväkakkaraa", jolla on 21 terälehtiä. "Asteraceae", laaja kasvitieteellinen ryhmä, johon kuuluvat muun muassa auringonkukat, gerberat ja krysanteemit, on 34, 55 tai 89, kun taas samaan perheeseen kuuluvassa tavallisissa sikurissa on 21.

Ne ovat kaikki numeroita, jotka ovat osa Fibonacci-sarjaa. Uskomatonta, kuinka luonnollisilla ilmaisuilla, jotka toivoisi syntyneen sattumalta, kaikilla on matemaattisia ominaisuuksia, jotka ovat saaneet vaikutteita yhdestä lähteestä.

Ihmisen anatomisten muotojen lisäksi, kuten jo mainittiin, myös monien eläinten, kuten meritähtien, muodot ovat saaneet inspiraationsa kultaleikkauksesta; aivan ilmeisellä tavalla spiraalin muotoiset olennot tekevät sen, kuten Nautiluksen kuori ehdottaa. Mutta se ei vieläkään riitä: tässä vaiheessa ei pitäisi enää yllättää meitä, että myös Linnunradan ja muiden galaksien muodot ovat saaneet inspiraationsa kultaisesta leikkauksesta.

Lääketieteen alalla on tehty tärkeitä löytöjä ihmisen liikkeen tutkimuksessa. Esimerkiksi vuonna 2013 vahvistettiin, että kävelyssä "asennon"-vaiheen (tuki) ja "keinu"-vaiheen (kun jalka etenee vielä koskematta maahan) suhde on yhtä suuri kuin kultainen leikkaus.

Yhdeksännen sopimuksen kirous.

Itse asiassa monet yhdistävät numeron yhdeksän kuolemaan. Tämä kielteinen assosiaatio alkoi vahvistua, kun Gustav Mahler kuoli vuonna 1911. Hän oli juuri valmistunut "Das Lied von der Erden" (Maan laulu) 9. sinfonian ja työskenteli nopeasti 10. sinfonian kanssa toivoen voivansa paeta Beethovenin kohtaloa. kuoli pian 9. sinfoniansa (Choral Symphony) valmistumisen jälkeen.

Yhdeksännen sinfonian kirous syntyi ja levisi vuosina 1800-1900 ja on edelleen olemassa viitaten siihen, että monet säveltäjät kuolivat sen säveltämisen jälkeen. Kuuluisimpien uhrien joukossa, Mahleria ja Beethovenia lukuun ottamatta, voidaan mainita:

- Louis Spohr tai Ludwig Spohr (Braunschweig, 5. huhtikuuta 1784 - Kassel, 22. lokakuuta 1859) saksalainen säveltäjä, viulisti ja kapellimestari.
- Franz Schubert (Wien, 31. tammikuuta 1797 - Wien, 19. marraskuuta 1828) itävaltalainen romantiikan ajan säveltäjä ja pianisti.
- Antonín Dvořák (Nelahozeves, 8. syyskuuta 1841 - Praha, 1. toukokuuta 1904) tšekkiläinen säveltäjä.
- Ralph Vaughan Williams (Down Ampney, 12. lokakuuta 1872 - Lontoo, 26. elokuuta 1958) brittiläinen säveltäjä, sinfonioiden, kamarimusiikin, oopperan, kuoromusiikin ja ääniraitojen kirjoittaja.
- Joseph Anton Bruckner (Ansfelden, 4. syyskuuta 1824 - Wien, 11. lokakuuta 1896) itävaltalainen säveltäjä.
- Kurt Atterberg (Göteborg, 12. joulukuuta 1887 - Tukholma, 15. helmikuuta 1974) ruotsalainen säveltäjä, kapellimestari ja musiikkikriitikko.
- Elie Siegmeister (New York, 15. tammikuuta 1909 - Manhasset, 10. maaliskuuta 1991) yhdysvaltalainen säveltäjä, musiikinopettaja ja kapellimestari.
- Roger Sessions (Brooklyn, 28. joulukuuta 1896 - Princeton, 16. maaliskuuta 1985) yhdysvaltalainen säveltäjä, musiikkikriitikko ja akateemikko.
- Egon Joseph Wellesz (Wien, 21. lokakuuta 1885 - Oxford, 9. marraskuuta 1974) on itävaltalainen musiikkitieteilijä, säveltäjä ja opettaja.

- Peter Mennin (Erie, Pennsylvania 17. toukokuuta 1923 - New York 17. kesäkuuta 1983) tärkeä italialaista alkuperää oleva amerikkalainen säveltäjä.
- Sir Malcolm Henry Arnold (Northampton, 21. lokakuuta 1921 - Norwich, 23. syyskuuta 2006) brittiläinen säveltäjä.

Arnold Schoenberg kirjoitti Mahleria käsittelevässä esseessä:

> ”On kuin yhdeksäs sinfonia olisi raja. Sen, joka haluaa voittaa sen, on kuoltava. Näyttää siltä, että jotain välitettäisiin meille kymmenennen sinfonian kautta. Se on jotain, jota emme voi tietää nyt tai emme ole valmiita tietämään sitä. Ne, jotka kirjoittivat yhdeksännen sinfonian, tulivat liian lähelle sitä, mitä kutsumme "Kingdom Beyond"ksi.

"27 klubi".

Englanninkielinen ilmaus "Club 27" viittaa artisteihin, pääasiassa rock-laulajiin, jotka kuolivat 27-vuotiaana. Usein käytetään myös ilmaisua "J27:n kirous", joka viittaa siihen, että heidän etu- tai sukunimensä alkaa J-kirjaimella.

Tämä usko syntyi Jimi Hendrixin, Janis Joplinin ja Jim Morrisonin kuoleman jälkeen. Monet uskovat, että ensimmäinen kirouksen uhriksi joutunut taiteilija oli Robert Johnson, joka legendan mukaan myi sielunsa paholaiselle menestyäkseen. Toiset antavat seuran ensimmäisen jäsenen mitalin Alexandre Levylle, joka kuoli 27-vuotiaana vuonna 1892.

Vuonna 2009, Kurt Cobainin kuoleman 15-vuotispäivänä, National Public Radio Robert Smith sanoi: "Näiden rocktähtien kuolema 27-vuotiaana muutti todella tapaamme tarkastella rockia."

Todellakin, monien taiteilijoiden kuolemat niin nuorena voivat johtua alkoholin tai huumeiden väärinkäytöstä, liikenneonnettomuuksista tai jopa itsemurhasta.

Tässä muutamia Club 27:n jäseniä:

- Jim Morrison, (8. joulukuuta 1943 - 3. heinäkuuta 1971), runoilija, kirjailija ja kassa, kuoli virallisesti sydänpysähdykseen (mutta ruumiinavausta ei koskaan tehty).
- Amy Winehouse, (14. syyskuuta 1983 – 23. heinäkuuta 2011) laulaja-lauluntekijä, kuoli väitettyyn alkoholin väärinkäyttöön.
- Brian Jones, (28. helmikuuta 1942 - 3. heinäkuuta 1969) Rolling Stonesin perustaja. Hän kuoli hukkuneena huvilansa uima-altaaseen.
- Janis Joplin, (19. tammikuuta 1943 – 4. lokakuuta 1970) Big Brotherin ja The Holding Companyn laulaja ja lauluntekijä. Kuoli heroiinin yliannostukseen.
- Jimi Hendrix, (27. marraskuuta 1942 – 18. syyskuuta 1970) Sähkökitaran pioneeri ja virtuoosi. Hän kuoli tukehtumiseen alkoholin ja rauhoittavien lääkkeiden nauttimisen seurauksena oksentamisesta.
- Kurt Cobain, (20. helmikuuta 1967 - 5. huhtikuuta 1994) Nirvanan laulaja ja kitaristi. Kuoli itsemurhalla.
- Kim Jong-yun, (8. huhtikuuta 1990 – 18. joulukuuta 2017) K-Pop -ryhmän SHINee säveltäjä ja laulaja. Kuoli itsemurhalla.

– Robert Leroy Johnson (8. toukokuuta 1911 – 16. elokuuta 1938) yhdysvaltalainen laulaja-lauluntekijä ja kitaristi. Kuollut tuntemattomista syistä.

- Cecilia, Evangelina Sobredo Galanes (11. lokakuuta 1948 – 2. elokuuta 1976), espanjalainen laulaja-lauluntekijä, omistettu pop-genrelle. Hän kuolee liikenneonnettomuudessa.

- Chris Bell (12. tammikuuta 1951 - 27. joulukuuta 1978) laulaja ja kitaristi. Hän kuolee liikenneonnettomuudessa.

- Alexandre Levy (10. marraskuuta 1864 - 17. tammikuuta 1892) brasilialainen, klassisen sävellyksen ja Brasilian suosittujen rytmien fuusion edelläkävijä. Hänen uskotaan olevan ensimmäinen tunnettu 27-klubin jäsen, joka kuoli tuntemattomista syistä.

Wolfgang Pauli ja numero 137.

Wolfgang Paulilla, fyysikolla ja Nobel-palkitulla, oli pitkä suhde Carl Jungiin, aluksi terapeuttisista syistä ja sitten tieteellisistä syistä. On olemassa dokumentteja erittäin pitkästä kirjeenvaihdosta näiden kahden tiedemiehen välillä. Pauli olisi halunnut luoda psykofyysisen teorian, joka yhdistäisi aineen ja psyyken. Loppujen lopuksi Pauli jatkuvasti vertasi ideoitaan unelmiinsa, mikä vaikutti tehokkaalta oppaalta. Tieteellisestä mentaliteetista huolimatta se ei ollut vapaa ekstrasensorisista ilmenemismuodoista. Yliopistoympäristössä, jossa Paui toimi, niin sanottu "Pauli-ilmiö" tunnettiin hyvin. Ilmiö oli aina hämmentävä: kun tiedemies tuli kollegoidensa laboratorioihin, jotkut laitteet hajosivat.

Kuva 20. Leonardo Fibonaccin kultaleikkaus.

Koko tieteellisen elämänsä ajan hän oli melkein pakkomielle monimutkaiseen fysiikan ongelmaan, hienorakennevakioon, joka oli noin 1/137.

Yrityksistään huolimatta Pauli ei koskaan onnistunut löytämään syytä tälle arvolle. Vuonna 1958 hän joutui sairaalaan Zürichiin, koska häntä oli iskenyt haimasyöpä, joka johti nopeasti hänen kuolemaansa.

Suureksi yllätykseen hän huomasi olevansa sairaalahoidossa huoneessa 137, ja hän huomautti tästä välittömästi avustajalleen Charles Enzille, kun tämä meni tapaamaan häntä. Pauli kertoi avustajalle, ettei hän enää koskaan poistu siitä huoneesta, aivan kuten hän oli epäonnistunut ratkaisemaan elämänsä ongelmaa. Hän arvioi, että numero 137 oli hänelle kuin ansa, ja se todella oli.

Numero 108 itämaisessa kulttuurissa.

Numero 108 syntyi 12x9:stä ja esiintyy jatkuvasti itämaisessa kulttuurissa. Erityisesti tässä on joitain esiintymiä luvusta 108 tai sen kerrannaisista ja osakerroista:

- Se on malan eli "intialaisen rukouksen" ja buddhalaisen Akṣamālan helmien lukumäärä.
- Se on syntien lukumäärä Tiibetin buddhalaisuudessa.
- Hindujumaluilla on 108 nimeä, jotka voidaan lausua laskemalla Malan 108 helmeä.
- Rig Vedassa on 10 800 säkettä.
- Khagiurin tiibetiläiset pyhät kirjat koostuvat 108 osasta.
- Śrīmad Bhāgavatamissa Krishnan kuvataan tanssivan 108 paimentytön kanssa ja menneen myöhemmin naimisiin 16 108 vaimon kanssa.

- Shaivismissa Shiva Nataraja on kuvattu suorittamassa kosmista tanssiaan 108 asennossa.
- Japanissa soitetaan vuoden lopussa kelloa 108 kertaa uuden vuoden tervehdyttämiseksi.
- Kiusauksia, joita ihmisen on vastustettava päästäkseen Nirvanaan, on 108.
- Baalbekin temppelissä Foinikiassa oli 54 pylvästä.
- Tiibetin pyhässä Lashanmjhin kaupungissa oli 108 temppeliä.
- Angkor Vatissa Kambodžassa on 54 tornia, ajotieltä reunustava 108 patsasta ja 540 jumaluuksien patsasta.
- Kiinalaisessa astrologiassa on 108 pyhänä tähteä.
- Sumerilaismytologiassa vedenpaisumusta edeltävän hallinnon pituus oli 108 000 vuotta.

Uteliaisuuden vuoksi lisäämme, että 108 on Ulysseksen vaimon Penelopen kosijoiden lukumäärä Homeroksen Odysseiassa.

Numero 666.

Emme voi lopettaa tätä katsausta pyhiin tai merkittäviin lukuihin mainitsematta numeroa 666. Se esiintyy Uuden testamentin kohdassa, Johanneksen Apokalypsissa, ja viittaa "pedoon", joka nousee merestä ja tuhoaa maan. Erityisesti nykyaikana numerosta on tullut Paholaisen symboli.

Uteliaisuuden vuoksi raportoin Associated Pressin 2. marraskuuta 1996 julkaisemasta jutusta. Viraston mukaan 436 Madisonin kaupungin asukasta oli suostunut pelaamaan numeron 666 yhdistelmiä paikallisessa "Luck Devils" -arvontaan. ". Tämä tapahtui Halloween-juhlien yhteydessä.

Uskomatonta, mutta totta, pelaajat voittivat 1800 dollarin summan. Tämän uutisen perusteella näyttää siltä, että monet muut ovat yrittäneet.

Kuoleman determinismi.

Jos joku kysyy kokeneelta filosofilta, mitä kirjoja hänen pitäisi lukea, filosofin tulee vastata: "Mitä filosofiaa haluat? Tiedän mitä etsit. Haluat filosofisen opin, joka vahvistaa uskomuksesi. Mitä haluat? Jumala vai aine? Vapaus vai determinismi? Kerro minulle. Apteekissani on kaikki nämä tavarat. Voin antaa sinulle jompaa kumpaa toiveidesi mukaan."
(Giuseppe Rensi, italialainen filosofi ja lakimies)

Jumalallinen oikeus Drynorin kylässä.

Vuonna 1836 Davy Crockett, amerikkalaisen Far Westin kansansankari, matkusti liittyäkseen Teksasin armeijaan San Antonioon, leiriytyi lehtoon Honey Grove Creekin rannalla, vain 11 mailia pitkä joki. Tämä joki kulkee Fannin Countyn läpi Texasissa. Sinä iltana Davy kirjoitti innostuneesti kirjeen, jossa hän kuvaili paikkaa, nimeltään Honey Grove niiden runsaiden hunajakennojen mukaan, joita luonnonvaraiset mehiläiset loivat ontoihin puihin.

Myöhemmin Crockett edisti samannimisen kaupungin syntymistä kyseiseen paikkaan. Vuonna 1842 hänen ystävänsä Samuel Erwin, ensimmäinen uudisasukkaat, asettui sinne. Crockett itse piti Erwinin häät. Myöhemmin paikkakunnasta tuli pieni laajeneva keskus, kunnes siitä muodostettiin kaupunki vuonna 1873; kaupan, puuvillan viljelyn ja muun toiminnan ansiosta se kasvoi muutaman tuhannen asukkaan tasolle, mikä suosi paikallisen nelisivuisen sanomalehden "Honey Grove Signal" olemassaoloa.

Tämän lehden painos 31. maaliskuuta 1905 kertoo tapahtumasta, josta on tullut klassikko outojen ja salaperäisten tapahtumien kirjallisuudessa. Tämä outo tapahtuma tunnetaan "koston luodina". Versioita on useita, mutta sanomalehtiraportti antaa meille mahdollisuuden rekonstruoida totuudenmukaisimman.

Artikkeli näkyy sarakkeessa toisella sivulla otsikolla ”Yllättävämpää kuin elokuva. Luoti kostaa tytön kaksikymmentä vuotta hänen kuolemansa jälkeen."

Artikkelin alkusanat ("Ihmeellinen tapaus, jossa maan päällä tapahtui rangaistus lihan synneistä tapahtui...")

kuvaavat hyvin kulttuuriympäristöä, jossa tosiasia tapahtui, ja tulkintaa, joka annettiin.

Artikkelissa kerrotaan yhden Henry Zieglandin vahingossa tapahtuneesta kuolemasta, joka asuu Drynor Townshipissa, lähellä Honey Grovea sijaitsevassa taloryhmässä. Hänen kuolemansa kronikka olisi vailla kiinnostusta, jos emme yhdistäisi sitä 20 vuotta aikaisempaan taustaan.

Vuonna 1885 Henry Ziegland oli varakas nuori mies, joka omistautui kaikkiin kaikkien aikojen nuorille miehille tyypillisiin miellyttäviin toimiin, kuten tyttöjen seurustelemiseen.

Valitettavasti hänen mielestään nykyinen ympäristö ja moraali eivät olleet taipuvaisia suosimaan ohimeneviä seikkailuja. Tästä syystä kun hän seurusteli paikallista tyttöä, Maysie Tinchoria, tämä antautui hänen imartelulleen vain avioliittolupauksen mukaisesti. Valitettavasti Henry, saatuaan toiveensa hedelmän, irtisanoi tytön äkillisesti.

Kipu ja tietoisuus petoksesta olivat valtavat nuorelle Maysielle. Köyhä tyttö riisti henkensä.

Tämä ei tietenkään voinut päättyä näin. Filford, Maysien nuori veli, järkyttynyt sisarensa itsemurhasta, päätti kohdata Henryn.

Hän ryntäsi petturin taloon, mutta ensin hän otti liiallisella impulsiivuudella mukanaan vanhan sotilasmusketin, joka pystyi ampumaan yhden luodin.

Kaksi miestä olivat vastakkain. Henry, joka oli nuorempaa miestä vanhempi ja jäykempi, ei suinkaan ollut sovitteleva. Henry puhui loukkaavia sanoja Filfordista ja Maysiestä. Henry myös pilkkasi muskettia, jota Filford piti käsissään.

HONEY GROVE SIGNAL.

DR. PRICE'S CREAM BAKING POWDER

Greatest Aid to Cookery

Ayer's Cherry Pectoral

Coughs, Colds

CROOK-RECORD CO.

PARIS, TEXAS

The Fashion Event

Spring Opening

Millinery, Tailored Suits, Wraps, Skirts, Shirtwaists, Gloves, Hose, Corsets, Underw'r

Wednesday, April 5

Special Bargain Prices

Kuva 21 - Honey Grove Signal -julkaisun painos 31. maaliskuuta 1905, joka raportoi toisen sivun sarakkeessa Henry Zieglandin kuoleman tapauksesta, joka tapahtui oudoissa olosuhteissa. Ziegalndin kuolema muistuttaa taustaa 20 vuoden takaa.

Vihasta ja epätoivosta sokaistunut Filford menetti järjen hallinnan, nosti muskettinsa piipun ja ampui ainoan laukauksen vastustajansa suuntaan. Välittömästi Filford näki suuren verenpurkauksen Henryn päästä.

Filford luuli tappaneensa hänet ja pakeni. Hän tajusi, että hän oli tuhonnut perheensä täysin. Epätoivoissaan Filford latasi musketin toisella luodilla ja otti henkensä.

Asiat eivät kuitenkaan olleet menneet niin kuin hän ajatteli: luoti oli vain levinnyt Henryn temppeliin, ja se oli jäänyt kiinni hänen takanaan olevan puun runkoon. Henry, jonka onni suosi usein pahoja, oli selvinnyt hengissä lihahaavalla. Hän toipui lyhyessä ajassa.

Emme tiedä, tuliko Henry seuraavina vuosina katumaan kaikkea pahaa, joka hänen käytöksestään johtui, luultavasti ei. Hän sai liiketoimintansa menestymään ja meni naimisiin varakkaan lesken kanssa, jonka kanssa hänellä oli poika. Tämä poika varttui avioliittoaan odotellessa, ja Henry päätti laajentaa taloa majoittaakseen ja pitääkseen uuden perheen lähellä. Henry päätti rakentaa uuden siiven aivan sen puun viereen, johon Filfordin luoti osui. Saadakseen tarvittavan tilan Henry päätti kaataa puun. Seurataan "Honey Grove Signal" -sanomalehdessä kerrottua tarinaa:

> "Henry ja hänen poikansa kaatoivat puun, johon Filford Tinchorin luoti oli mennyt, ja yrittivät halkaista sen paloiksi. Puu oli niin kovaa, että kirveet ja kiilat eivät vaikuttaneet, joten he päättivät laittaa pieniä dynamiittipanoksia rungon luonnollisiin reikiin. Räjähdys rikkoi puun rungon. Dynamiitin voima työnsi vanhan luodin ulos.

Poikkeuksellisella voimalla luoti osui Henry Zieglandin vasempaan temppeliin ja aiheutti hänen välittömän kuolemansa."

Päätoimittaja, joka aloitti artikkelin sanoilla "Ihana tapaus rangaistuksesta maan päällä lihan synneistä" päättää seuraavasti: "Tinchor-veljesten haudassa on nyt vain pölyä ja hiljaisuutta. Filfordin luoti kuitenkin teki tehtävänsä tänään".

Onko jumalallista oikeudenmukaisuutta?

"Honey Grove Signaalin" kronikka herättää maailman vanhan kysymyksen. Onko olemassa jumalallista kostooikeutta? Pitäisikö meidän uskoa "ylempään kokonaisuuteen", joka puuttuu asiaan oikeudenmukaisuuden kriteerien mukaisesti tasapainottaakseen sorrettujen kohtaloa?

Kysymys on erittäin kiistanalainen. Itse asiassa, vaikka tällainen instituutio toimisi tässä mielessä, meidän pitäisi ensin selvittää, mikä tämän instituution oikeuden idea oli. Olisiko hänen mielipiteensä sama kuin meidän?

Tiedefilosofian näkökulmasta tämä ajatus on täysin absurdi. Tapahtumat, joissa ihmiskunta on osallisena, on arvioitava deterministisellä kriteerillä.

Determinismi tunnistaa fyysisen selityksen mille tahansa ilmiölle olettaen, että syy-seuraus-ketjun on aina oltava pätevä. Seurauksena on, että kaikki mitä tapahtuu, ei koskaan johdu sattumasta, vaan sen määräävät maailmankaikkeutta hallitsevat fyysiset lait. Nämä lait tunnetaan hyvin perusvuorovaikutuksen nimellä. Luonnonvoimien avulla voimme kuvata fyysisiä ilmiöitä, ja tähän mennessä on tunnistettu periaatteessa neljä. Ne ovat painovoima, sähkömagneettinen voima, heikko ydinvoima ja vahva ydinvoima.

Jumalallista oikeudenmukaisuutta ei voida luokitella mihinkään neljästä perusvoimasta. Deterministisessä logiikassa oikeudenmukaisuus, jota hallitsee "ylempi entiteetti", joka puuttuu asiaan hyvittääkseen hyvät tai pahat teot, on täysin absurdi hypoteesi. Henry Ziegland kuoli yksinkertaisesti siksi, että hänellä oli valitettava ajatus dynamiitin käytöstä. Niinpä kaiken syy on Henryn harkitsemattomuudessa. Ja siinä se.

Lisäksi deterministisen periaatteen perusteella, jos jumalallinen oikeudenmukaisuus todella olisi olemassa, sen olisi puututtava koko ajan, ei vain silloin tällöin.

Nämä pohdinnat johtavat meidät risteykseen: joko jumalallista oikeutta ei ole olemassa tai deterministinen periaate on väärä.

Satunnaiset tapahtumat ja "yliluonnolliset merkit".

Voimme paremmin tutkia käsitettä ottamalla huomioon fyysiset paranemiset, jotka tapahtuvat paikoissa, joita pidetään "ihmeiden kantajina". Toisin kuin monet uskovat, nämä paikat eivät ole vain katolisia.

Esimerkiksi shiialaisten pyhä Jamkaran-moskeija sijaitsee kuusi kilometriä Qomin pyhästä kaupungista Iranissa itään. Moskeijan huoltajat ovat perustaneet vuodesta 1998 lähtien toimikunnan tutkimaan pyhäkössä tapahtuvia ihmeellisiä parannuksia, jotka on lueteltu erityisessä rekisterissä.

On syytä mainita myös monet "pakanalliset" paikat, kuten esimerkiksi suuri määrä lähteitä tai kiviä, joilla on taumaturgisia ominaisuuksia, kuten monet dolmenit ja menhirit. Näille kiville uskotaan edelleen voimia, jotka edistävät hedelmällisyyttä.

Amerikan intiaanien kulttuurissa on "lääketieteen pyörät", jotka eivät herätä niinkään kehon parantamisen käsitettä, vaan pikemminkin henkistä paranemista ja voimaa, joka saadaan universumin salaisuuksien tiedosta.

Yksi vanhimmista "lääkepyöristä" löytyy Big Horn -vuorilta Wyomingista, ja sen uskotaan olleen valmistettu joskus 200-500 vuotta sitten. Se on tehty valkoisista kivistä, jotka on järjestetty ympyrään, jonka halkaisija on 28 metriä. Pyöreä muoto symboloi liikettä, ajan kulumista, elämää ja vuodenaikoja. Pyörän keskellä on risti, "suuren hengen" ja "kosmisen puun" symboli, jonka juuret ovat maan päällä ja jonka oksat ulottuvat taivaalle ja neljään suuntaan.

Sitten on puhtaasti psyykkisiä paranemispaikkoja, kuten shamanististen matkojen fantastiset alueet, joissa parantaja menee taistelemaan voimia vastaan, jotka pitävät panttivankeina eri sairauksista kärsivien uhrien terveyttä.

Tietenkin on myös monia kristillisiä paikkoja, jotka tunnetaan siellä tapahtuvista ihmeellisistä paranemisista. Tunnetuin on ranskalainen Lourdesin pyhäkkö, joka on omistettu Neitsyt Marialle. Viittaan tähän pyhäkköön, koska tänne perustettiin pitkään lääketieteellinen komissio, joka koostui myös ei-uskovista tiedemiehistä ja joka todistaa selittämättömät parantumiset ehdottomalla hillittömällä mielin.

Monet vakavista tai erittäin vakavista patologioista paranevat upottamalla Massabiellen luolan veteen Lourdesissa. Tämä upottaminen tuo mieleen kristillisen kasteen. Se on symboliikka, joka muistuttaa kuolemasta ja ylösnousemuksesta. Vesi pesee pois kaiken synnin ja sitä kautta kaikki sairaudet. Itse asiassa pyhä Paavali sanoo, että kuolema tuli maailmaan synnin takia.

Muistutan, että jopa jungilainen veden arkkityyppi, vaikka sillä on kaksinkertainen merkitys, voi positiivisissa puolissaan olla elämän kantaja maapallon kuivilla ja autioilla alueilla ja sitä kautta fyysisen ja henkisen inhimillisen kärsimyksen tilanteissa.

Lourdes voidaan määritellä "ihmeelliseksi paikaksi", koska siellä tapahtuvien sertifioitujen paranemisten määrä on tilastollisesti suurempi kuin muissa paikoissa. Sandro De Franciscis, joka on toiminut Lourdesin "Bureau des observations médicales" -järjestön puheenjohtajana vuodesta 2009, totesi, että 150 vuoden aikana on dokumentoitu noin 7 500 selittämätöntä parantumista. Näistä parantumisista vain 70 on katolinen kirkko tunnustanut ihmeiksi. Tilastollinen vaihtelu tässä paikassa tapahtuneiden parannusten lukumäärän välillä verrattuna eri tai "tavallisiin" paikkoihin liittyviin parannuksiin on ilmeinen.

Ongelmana on, että kaikki eivät toivu sairauksistaan. Tästä huolimatta Lourdesin selittämättömät parantumiset ovat riittäviä horjuttamaan vakavasti determinismin materialistista dogmaa: niiden poikkeuksellisen suuri määrä viittaa siihen, että teoriassa saattaa olla virhe. Monet tiedemiehet ovat esittäneet vastalauseen. Tämän opinnäytetyön mukaan ihmeet eivät ole sellaisia, vaan ne ovat normaaleja seurauksia fysikaalisista laeista, joita ei ole vielä osoitettu. Mutta tällä vastalauseella ei ole mitään järkeä. Samoin uskovat voivat väittää, että ihmeparannukset ovat suora seuraus jumalallisesta tahdosta, vaikka Jumalan olemassaoloa ei ole vielä todistettu.

Luonnollisesti meidän on tunnustettava, että jos kaikki ihmiset, jotka uppoutuvat Lourdesin kylpyihin, parantuisimme vaivoistaan, joutuisimme vastavuoroiseen determinismin muotoon, toisin sanoen päätyisimme vahvistamaan teorian, jonka haluamme sen sijaan kumota.

Tälle käsitteiden rinnakkain asettamiselle annettu selitys on alkeellinen: ihmeparannukset on tulkittava "merkeiksi", toisin sanoen "indikaattorisignaaleiksi" todellisuutta, joka ylittää determinismin. Nämä "merkit" eivät kuitenkaan kiellä determinismia. Jos ihminen on päivittäisessä todellisuudessaan determinististen sääntöjen alainen, jotka saavat maailman toimimaan, se ei estä olemassa olevaa korkeampaa tasoa, joka pystyy ylittämään nämä säännöt. Se on voima, joka ilmenee aika ajoin, juuri sen verran, että se ilmoittaa läsnäolostaan ihmiskunnan omalletunnolle.

Siksi ihmeparannukset eivät johtuisi vielä tuntemattomista fyysisistä laeista tai yksinkertaisesta sattumasta, vaan ne olisivat merkkejä "universaalin tietoisuuden" olemassaolosta, joka pystyy ylittämään omat lakinsa. Tämä absurdi käsite voi tulla meille tutummaksi, kun tutkimme aineen käyttäytymistä subatomitasolla ja huomaamme, että tällä todellisuuden tasolla kaikki determinismin taustalla olevat fyysiset lait jätetään huomiotta. Sama aine, joka makroskooppisella tasolla, eli olemassaolomme tasolla, tottelee deterministisen fysiikan perusvoimia, intiimimmällä tasollaan jättää ne huomiotta, kiistää ja vääristää.

Siksi on mahdollista, että determinismia kunnioitetaan ja rikotaan samanaikaisesti. On mahdollista, että deterministiset lait vahvistavat varmuudella, että tietty parantumaton sairaus johtaa kuolemaan, ja samalla eri tasolla puuttuu ei-deterministinen voima kieltääkseen tämän periaatteen tuottamalla paranemista.

Koska elämme determinististen lakien tasolla, on luonnollista, että nämä meidän tasollamme ovat lopulta vahvempia.

On olemassa deterministinen laki, ja edes ihmeen kautta parantuneet ihmiset eivät välty tätä lakia. Tiedämme erittäin hyvin, että jopa ihmiset, jotka ovat parantuneet ihmeen kautta, kuolevat lopulta.

Melkein kaikki uskonnot ja monet filosofiat kuitenkin vastustavat kuoleman determinismia konfiguroimalla transsendenttisia todellisuuksia, jotka pystyvät asettamaan elämän erilaiselle ja ikuiselle tasolle. Suurin kristillinen juhla on pääsiäinen, jolloin juhlitaan Jeesuksen Kristuksen kuolemaa ja ylösnousemusta, tulevan ylösnousemuksen ja iankaikkisen elämän panttia, ja tämä tulee olemaan kaikkien uskovien kohtalo.

Muut uskonnot uskovat reinkarnaatioon, toisin sanoen sykliseen ylösnousemukseen, joka huipentuu täydellisyyden saavuttamiseen, tilaan, jossa kuolema lakkaa olemasta. Klassisen buddhalaisuuden käsityksen mukaan tärkeintä on vapautuminen olemassaolon tuskasta. Onnellisuus eli nirvana on jatkuvien uudestisyntymien, tyhjyyden loppu.

Rabbiinisissa teksteissä paratiisia kuvataan ruusujen ja myrttien puutarhana, henkisenä paikkana, jonka keskellä seisoo Elämän Puu. Koraanissa kummankin sukupuolen hurskaat muslimit astuvat nautintojen puutarhaan: ilmasto on hyvä, vettä on runsaasti, samoin hedelmiä, lihaa ja hunajaa.

Voimmeko uskoa ylösnousemukseen?

Monien uskontojen käsityksissä on mahdollista palata elämään kuoleman jälkeen, eikä tämä ajatus ole niin outo kuin miltä se saattaa näyttää. On tullut muotia jopa vähemmän uskonnollisten tiedemiesten keskuudessa sanoa, että "olemme tähtien lapsia". Ei todellakaan ole tieteellisiä epäilyksiä siitä tosiasiasta, että ruumiimme koostuvat atomeista, jotka muodostumisen jälkeen ensimmäisten tähtien uuneissa leviävät sitten kaikkialle maailmankaikkeuteen muodostaen itsensä uudelleen äärettömiksi luomisen ilmaisuiksi. Atomeista tulee osa muita tähtiä, planeettoja tai mineraaleja ja vihanneksia, ja myös osaksi elävien olentojen kehoa.

Jokainen kehomme atomi on ollut osa äärettömiä muita aineen ilmentymiä. Mitä tulee atomeihin, voimme siis puhua "kuolemattomuudesta" (ainakin niin kauan kuin maailmankaikkeus kestää) tai reinkarnaatiosta. Laajemmassa merkityksessä myös ylösnousemus, jos tarkastellaan sen organismin kuolemaa, johon ne kuuluvat, ja "uudestisyntymistä" osana eri organismia.

Tämä ei tietenkään ole sellaista ylösnousemusta, jota odotamme: me kaikki haluaisimme herätä kuolleista kehossa, joka säilyttää aiemmin elämän elämän ominaisuudet ja ennen kaikkea tietoisuuden. Toisin sanoen haluaisimme siirtää edellisen kehon tietoisuuden uuteen kehoon.

Se riippuu siitä, miten suhtaudumme tietoisuuteen.

Materialistisen käsityksen mukaan tietoisuus on vain aivojen toiminnan sivutuote, aivomassassa tapahtuvien sähkökemiallisten vuorovaikutusten tuottama epiilmiö; näin ollen, kun aivot kuolevat ja rappeutuvat, jopa tietoisuus, jota ei olisi koskaan ollut olemassa, "kuolee" sen mukana.

Monien filosofisten ja uskonnollisten tulkintojen mukaan tietoisuus on kuitenkin puhdasta psyykettä, joka ylittää aivot. Se ei vain rajoitu aivokoteloon, vaan se ulottuu koko kosmokselle ja on vapaasti ja itsenäisesti vuorovaikutuksessa muiden tietoisuuksien ja "universaalisen tietoisuuden" kanssa. Tässä mielessä tietoisuus voisi olla myös informatiivinen sidos, joka yhdistää kaikki kehomme atomit, tai pikemminkin projekti, jonka mukaan niiden on mahdollista järjestää ja suorittaa toimintoja, joiden seurauksena kehomme on sellaisena kuin se on, kahdella kädellä neljän sijaan ja sormenjäljillä toisin kuin muilla ihmisillä.

Jos kehomme atomit säilyttäisivät muistin kuulumisestaan tähän projektiin, tämä muisto olisi kuolematon, omatuntomme olisi kuolematon ja kehomme olisi tietyssä mielessä kuolematon.

Entropiaongelma.

Loppujen lopuksi, miksi me kuolemme? Kaikki riippuu laista, jota kutsutaan entropiaksi tai teknisemmin "termodynamiikan toiseksi laiksi". Yksinkertaisesti sanottuna entropia tarkoittaa, että jos rikot lasin, voit sitten rikkoa jokaisen palan lisäosiksi ja sitten jokaisen alakappaleen seuraaviksi osakappaleiksi, mutta et voi koskaan palauttaa lasia sen alkuperäiseen eheystilaan. . Samoin jos keität munan, et voi enää muodostaa raakaa munaa uudelleen, varsinkin jos olet tehnyt siitä munakkaan.

Meillä kaikilla on erittäin vahva käsitys ajan suunnasta ja hyväksymme sen, että se virtaa vain yhteen suuntaan. Hyväksymme ajan "eteenpäin" suunnan, mutta meidän on vaikea kuvitella päinvastaista suuntaa. Tämä riippuu varmasti siitä tosiasiasta, että suora suunta on se, jossa kausaalisuus toimii. Oletamme, että syyt edeltävät seurauksiaan. Ei voi tapahtua tapahtumaa, jota ei ole aiheuttanut jokin muu, joka on tapahtunut aiemmin. Ei koskaan tapahdu, että joku voi poimia omenoita ilman, että joku istuttaa puun ensin.

Entropia liittyy ajan kulumiseen ja ennustaa, että kaikki on menossa huononemaan, kun aika liikkuu vain yhteen suuntaan, eikä elokuvaa ole mahdollista "kelata taaksepäin" palatakseen aikaisempaan tilanteeseen. On olemassa lyömätön sääntö, juuri termodynamiikan toinen pääsääntö, jonka mukaan suljetun järjestelmän entropia kasvaa aina. Tietenkin universumi on suljettu järjestelmä.

Paluu elämään

Paluu elämään voi tapahtua eri tavoin. Joissakin tapauksissa, kuten kristinuskon tukemassa lihan ylösnousemuksessa, vainaja palaa elämään samassa muodossa kuin edellisessä elämässä. Muissa tapauksissa todetaan, että paluu elämään tapahtuu toisen elävän olennon ruumiissa, jopa toisenlaisen. Jotkut uskonnot ennustavat ruumiillisuuden loppua, mutta uuden elämän alkua puhtaan hengen muodossa.

Muinaisille egyptiläisille todellinen elämä seurasi kuolemaa; siksi ruumis palsamoitiin sen suojelemiseksi turmeltumiselta. Tämä käytäntö viittaa siihen, että he uskoivat ylösnousemukseen samassa ruumiissa pikemminkin kuin reinkarnaatioon eri ruumiissa. Todellakin, muinaisen Egyptin mytologiassa veljensä Sethin surmaaman jumalan Osiriksen vaimo Isis herätti henkiin, ja siitä tuli alamaailman kuningas ja kuolleiden tuomari.

Zoroastrianismi, joka oli Keski-Aasian yleisin uskonto 6. vuosisadalla eKr. ja 10. vuosisadalla jKr Profeetta Zarathustran opetusten perusteella se väittää, että kuolleiden ruumiillinen ylösnousemus tapahtuu Jumalan viimeistä hyvää ja pahaa koskevaa tuomiota silmällä pitäen. Kuoleman jälkeen vainajan sielu kulkee sillan yli, kun hänen tekonsa, hyviä ja huonoja, punnitaan. Kun hyvät teot vallitsevat, sillasta tulee leveämpi ja turvallisempi. Kun pahat teot vallitsevat, silta tulee ohueksi kuin veitsen terä. Tulos määrää sielun määränpään "Garotmanissa" tai paratiisissa tai "pahimmassa paikassa".

Kreikkalainen mytologia kertoo useissa tapauksissa hahmoista, jotka nousevat kuolleista, joskus saavuttaen kuolemattomuuden.

Tantalus repi Pelopsin, hänen poikansa, vielä lapsen, palasiksi ja tarjosi hänet lounaaksi jumalille tarkistaakseen, ymmärtävätkö he sen olevan ihmislihaa. Kun Demeter oli jo syönyt olkapään, Zeus ymmärsi petoksen, kokosi Pelopsin raajat uudelleen ja herätti hänet kuolleista korvaamalla puuttuvan olkapään norsunluun.

Hippolytus, Theseuksen ja Hippolytan poika, kuoli ajaessaan vaunujaan, mutta lääkäri Asklepios herätti hänet henkiin Artemiksen avulla.

Sen jälkeen kun Zeus oli pettänyt Heran Semelen kanssa ja Dionysoksen, petoksen hedelmän, syntymän jälkeen Hera kosti tappamalla Semelen. Mutta kun Dionysos kasvoi aikuiseksi, hän onnistui tulemaan kuolemattomaksi, meni alas Hadekseen ja herätti äitinsä kuolleista.

Diomedes tappoi unissaan Reson, Traakian nuoren kuninkaan, joka oli Priamin liittolainen Troijan sodassa, mutta hänen äitinsä, Muse Euterpe, hankittiin Hadeselta ja Persefoneelta herättääkseen hänet henkiin ja oli tyytyväinen.

Yksi platonisista myyteistä kertoo Pamfyliasta kotoisin olevasta sotilasta, joka kaatui taistelussa, nimeltä Er. Tämä sotilas herätettiin henkiin jumalallisesta tahdosta, kun hänen ruumiinsa oli poltettava. Siksi Er tuli Hadekseen, vaikka häntä ei ollut vielä haudattu, ja hänet herätettiin sitten henkiin säilyttäen kaikki muistot edellisestä elämästä.

Platonismi katsoi, että sielut olivat jo olemassa taivaallisessa maailmassa ja joutuivat ihmisruumiin vankeiksi sen syntyessä. Vapauttaakseen itsensä sielun täytyi käydä läpi puhdistusprosessi, joka koostui peräkkäisistä reinkarnaatioista. Tähän platoniseen ajatteluun vaikuttivat vanhemmat filosofiset koulukunnat. Vasta III vuosisadalla eKr. uusplatonistit omaksuivat hindujen inspiroiman näkemyksen reinkarnaatiosta.

Mysteeriuskonnot juhlivat elämän, kuoleman ja uudestisyntymisen syklistä rytmiä, joka liittyi enimmäkseen maatalouden vuodenaikaan ja luonnonvoimiin. Nämä uskonnot eivät edellytä vapautumista kuolemasta, vaan jatkuvaa uudelleensyntymistä uuteen elämään jokaisen kuoleman jälkeen.

Kyynikot harjoittivat Diogenes of Sinopesta peräisin olevan perinteen ja Sokrateen ja puolijumalan Heraklekseen viitaten mysteerikultteja, jotka juhlivat kuolemaa ja ylösnousemusta.

Mani, persialainen filosofi, joka eli 3. vuosisadalla, perusti uskonnon, joka perustuu kristinuskon, buddhalaisuuden, mazdaismin ja gnostilaisuuden inspiroimaihin periaatteisiin. Tämä uskonto halusi selittää maailmankaikkeuden alkuperän, koostumuksen ja tulevaisuuden. Mitä tulee kuoleman jälkeiseen elämään, manikeismi näki kolme eri kohtaloa täydellisille, kuulijoille ja syntisille. Jeesus ottaisi vastaan Täydellisten sielut kuoleman jälkeen, ja Aurinko, Kuu ja Tähti puhdistaisivat heidät. Heidän "valohiukkasensa", jotka vapautuvat, muutetaan jumaluuksiksi noustaakseen "ensimmäisen ihmisen" luo ja elääkseen hänen vieressään.

Katarismi oli uskonnollinen liike, joka kehittyi 1100- ja 1300-luvuilla erityisesti Etelä-Ranskassa. Katariteologia oli dualistinen: aineen maailma nähtiin "pahana", kun taas "hyvä" löytyi vain taivaasta Jumalan vierestä.

Kataarien elämän tarkoituksena oli siksi tuoda sielu, jota pidettiin jumalallisena "hyvän" kipinänä, kohti taivasta.

Kataarit hyväksyivät ajatuksen reinkarnaatiosta, joten ne, jotka eivät saavuttaneet vapautumista yhdessä elämässä, palasivat uudessa elämässä jatkamaan taistelua kohti täydellisyyttä. Reinkarnaatio ei aina ollut tarpeellista, mutta yleensä kyllä, kun otetaan huomioon, että kaikki eivät kykenisi katkaisemaan siteitä Pahan kanssa yhden elämän aikana. Tämä selittää sen, miksi Albigensin ristiretkien vainoamat kataarit heittäytyivät spontaanisti pyrstöihin ja antoivat polttaa itsensä laulaen.

Jehovan todistajat uskovat ylösnousemukseen ja vanhurskaiden tulevaan palkkioon, joka jaetaan kahteen luokkaan:

- ensimmäinen luokka koostuu pienestä laumasta, joka koostuu 144 000 valitusta, jotka hallitsevat taivaassa yhdessä Kristuksen kanssa ilman lihallista, mutta hengellistä ruumista;
- toiseen luokkaan kuuluvat kaikki muut Jumalan palvelijat, jotka elävät ikuisesti uudella ruumiilla paratiisiksi muunnetulla Maalla.

Epävanhurskaat nousevat kuolleista tässä paratiisissa, mutta he ovat aina toisen kuoleman alaisia.

Islamilaisen uskon mukaan ihmiskunta on tuomittu kuolemaan ja "tuomiopäiväksi". Tänä päivänä Allah käskee enkeliensä soittamaan trumpetteja, jotka ensimmäisellä puhalluksella aiheuttavat jokaisen olennon tuhon. Toisen trumpetin puhalluksen yhteydessä kaikki ihmiset poikkeuksetta nousevat kuolleista ruumiiltaan, sielultaan ja hengeltään, jotta heidät tuomittaisiin ja palkittaisiin paratiisilla tai tuomittaisiin helvettiin. Tuomiopäivää kutsutaan myös Yawm al-qiyāmaksi (ylösnousemuksen päivä).

Reinkarnaatio itämaisissa uskonnoissa.

Joissakin itämaisissa uskonnoissa ylösnousemus tapahtuu usein reinkarnaation muodossa, koska niiden dogmien mukaan jokainen elävä olento muurahaisista norsuihin, vain muutamia mainitaksemme, on vainajan hengen tai sielun kantaja.

Jälleensyntymisopin klassinen muoto tulee Intiasta, jossa sitä kehitettiin brahmanisissa kirjoituksissa 800-luvulla eKr.

Reinkarnaation käsitettä laajennettiin Upanishadissa 700-luvun jälkeen. Upanishadit ovat intialaisia uskonnollisia ja filosofisia tekstejä, jotka on laadittu sanskritin kielellä. Tämän kielen käyttö mahdollisti muiden suurten itämaisten uskontojen, kuten buddhalaisuuden, käyttää tekstejä. Myöhemmin kiinalainen taolaisuus otti käyttöön reinkarnaation 3. vuosisadalla.

Ylösnousemus Uudessa testamentissa

Usko ylösnousemukseen julistetaan evankeliumissa ja vahvistetaan muissa raamatullisissa kirjoissa, erityisesti Apostolien teoissa ja Pyhän Paavalin kirjeissä, joissa sanotaan, että kuolema on "synnin palkka".

Kristinuskolle Jeesuksen kuolema ei ollut vain viattoman ihmisen uhri, vaan ainutlaatuinen ja perustavanlaatuinen pelastuksen tapahtuma. Kristillisen uskon mukaan Jeesus tulee pian takaisin ja hänen ylösnousemuksessaan kaikki uskovat nousevat kuolleista.

Kuva 22 - Tao tarkoittaa kiinaksi "tapa". Itämaisissa filosofioissa taon symboli, joka tunnetaan myös nimellä "yin ja yang", edustaa polkua, kaiken syntymistä, joka saavutetaan kahden ääripään välillä värähtelevällä liikkeellä.

Kuva 23 - Lasaruksen ylösnousemus muinaisessa kreikkalaisessa kuvakkeessa.

Dualismi. Entropia ja synkronisuus.

Jos katsoo kylmällä silmällä ihmiskunnan historian katastrofia, on vaikea välttää johtopäätöstä, että ihmistä vaivaa synnynnäinen mielenterveyshäiriö, joka ajaa hänet itsetuhoon. Saman lajin jäsenten tappaminen yksilöllisesti tai kollektiivisesti on ilmiötä, jota ei tunneta koko eläinkunnassa, lukuun ottamatta ihmistä ja muutamaa muurahais- ja hiirilajia.
(Arthur Koestler, The Observer-lehdessä)

Aiemmin käsitellyt esimerkit synkronisuudesta sisälsivät tulkittavissa olevan viestin "auta ystävää". Filippo tajuaa, että hänen avioliittonsa tarvitsee korjausta, kun taas Matteo pelastaa tietämättään Fulvion hengen. Voidaan sanoa, että nämä kaksi synkronismia puuttuivat negatiivisten tilanteiden positiivisina tasapainottajina, tai pikemminkin, että ne toimivat "välimiehinä" tilanteessa, joka näki kaksi mahdollisuutta, jotka voidaan tunnistaa "hyväksi" ja "pahaksi" yleisten inhimillisten kriteerien mukaan.

Itse asiassa ihmisten yleinen ajatus teoreettisesta näkökulmasta suosii aina ratkaisuja, joilla voidaan välttää muiden suruja ja kärsimystä. Tämä pätee erityisesti silloin, kun toivomme tuntemattomille hyvää. Sen sijaan joskus emme epäröi toivoa kaikkea pahaa mahdollista läheisillemme. Siksi hyvä ja paha voivat olla samanaikaisesti läsnä saman henkilön tuomioissa, usein samassa tuomiossa.

Yleisestä näkökulmasta käsite "hyvä" tarkoittaa kaikkea, mikä näyttää yksilöiden kannalta toivottavalta ja sellaiselta, että sitä voidaan pitää olemassaolonsa perimmäisenä päämääränä. Käsite "paha" on tyypillisesti vastakkainen, mutta ei erillinen, todellakin rinnakkaiselo.

Siksi hyvä ja paha ovat saman kolikon kaksi puolta, täysin erottamattomia. Ne eivät ole erottamattomia vain inhimillisissä arvioissa, vaan kaikissa kosmologisissa visioissa ja melkein kaikissa filosofioissa ja uskonnoissa, pienellä tai suurella painotuksella. Hyvä ja paha edustavat kaksinaisuutta.

Dualismi.

Termi dualismi määrittelee minkä tahansa uskonnollisen, filosofisen tai jopa metodologisen ja tieteellisen opin, joka mahdollistaa kahden vastakkaisen tai sovittamattoman periaatteen olemassaolon.

Tässä kirjassa olen jo viitannut moniin dualistisiin periaatteisiin, kuten Francis Herbert Bradleyn filosofialle tyypilliseen ulkonäköön ja todellisuuteen. Bradley on englantilainen filosofi, joka eli vuosina 1846–1924. Hänen ajatuksensa mukaan totuus piilee kaiken yhtenäisyydessä: ei ole olemassa asioiden erottelua tai moninaisuutta. Koko ihmiskokemuksen maailma on ulkonäkö; vain absoluuttinen tietoisuus on todellinen. Toinen tässä kirjassa laajalti käsitelty kaksinaisuuden tyyppi on uskontoon ja tieteeseen liittyvä aihe, jota tutki William James, amerikkalainen psykologi ja filosofi, irlantilaistaustainen ja eli vuosina 1842–1910.

Termi "dualismi" pitäisi liittää Thomas Hideen, englantilaiseen orientalistiin, joka syntyi Billingsleyssä vuonna 1636 ja eli vuoteen 1703 asti.

Teoksessaan "Historia religinis veterum persarum" (Muinaisen persialaisen uskonnon historia), joka viittaa zoroastrilaisuuteen ja manikeismiin, Hide määrittelee dualismin käsitteeksi jatkuvasta taistelusta valon ja pimeyden, eli hyvän ja pahan, välillä.

Nämä ovat kaksi ehtoa, jotka ovat läsnä samanaikaisesti ja ovat riippumattomia ja vastakkaisia. Jokainen ihmisen olemassaolon osa-alue riippuu hyvän ja pahan käytöstä.

Filosofi Gottfried Wilhelm Leibniz julkaisi vuonna 1710 Amsterdamissa teoksensa "Theodicy" Jumalan hyvyydestä, ihmisen vapaudesta ja pahan alkuperästä. Teoksessa Leibniz analysoi hyvän ja pahan dualismia raamatullisen Jobin kirjan valossa jäljittäen saman maailmankaikkeuden alkuperän takaisin hyvän ja pahan periaatteisiin. Leibnizissä jokaisella negatiivisella tapahtumalla, kuten kataklysmillä tai viattomaan vaikuttavan motivoimattoman pahan olemassaololla, on selitys korkeammassa harmonian laissa, joka valvoo jumalallista luomista ja joka oikeuttaa jokaisen tapahtuman ihmiselle tuntemattoman korkeamman suunnitelman valossa. :

Jopa Pierre Bayle (1647-1706) "Kriittisessä historiallisessa sanakirjassaan" osoittaa hyvän ja pahan läsnäolon universumin aineelliseksi alkuperäksi, vaikkakin rationalistisesta näkökulmasta.

Viime aikoina marxilaisuus muistuttaa superrakenne-rakenne-dualismista, ja psykologian alalla Jung ehdottaa tietoista-tiedostamatonta dualismia. Yksi tutkituimmista dualismeista tällä hetkellä on mieli-aivo-dualismi, jonka olen jo maininnut tässä kirjassa.

Eräs ei-filosofisen, mutta puhtaasti fyysisen dualismin muoto, joka saa tämän kirjan kannalta ehdottoman merkityksellisen näkökohdan, on syntynyt viime vuosina suoritetuista kvanttifysiikan kokeista. Tämä on aalto-hiukkasten kaksinaisuus, joka on kvanttikietoutumisen uskomattoman todellisuuden taustalla.

On kuitenkin olemassa toinenkin dualismin muoto, jota monet kvanttifysiikassa tai filosofiassa toimivat tiedemiehet vihjaavat tai antavat ujosti ilmaantua teoksissaan, ja se on ihmisen entropian eli ihmisen taipumusta itsetuhoon ja synkronisuus, joka tästä huolimatta ohjaa ihmiskunnan kohti asteittain korkeampia evoluution vaiheita.

"Entrooppinen" yksilö.

Entropia eli termodynamiikan toinen pääsääntö, yksi fysiikan peruslakeista, sanoo, että normaaleissa olosuhteissa itselleen jätetyillä järjestelmillä on taipumus muuttua epäjärjestyneeksi ja korruptoituneeksi suoraan ajan kulumisen suhteen. Kaikki elävä ja eloton kuluu, rappeutuu ja tuhoutuu. Tämä on varma loppu, joka fyysisesti ottaen kaikkien olentojen on kohdattava; se on väistämätön prosessi, jolle ei ole paluuta.

Vähemmän tieteellisellä täsmällisyydellä voimme kuvitella, että kaikkea ainetta koskevan fyysisen entropian lisäksi on olemassa ihmiskuntaa koskeva psyykkinen entropia. Itse asiassa jokaisella ihmisellä on synnynnäinen taipumus itsetuhoon, ja yhteiskunnassa laajalle levinneestä yksilöiden taipumuksesta voi väistämättä tulla kokonaisten yhteisöjen ja kansojen taipumus.

Ihmisellä on tapana tuhota itseään paljon enemmän kuin mikään muu elävä olento. Ekosysteemien tuhoutuminen sekä ydin- ja bakteriologiset sodat ovat valtavia vaaroja nykyään. Tämä ei ole mitään uutta: menneisyydestä muistamme uskonto- ja valloitussodat, orjuuden ja kaikki muut murhan ja sorron tekniikat. Voimme sanoa, että kaikki alkoi siitä, kun Kain luultavasti käytti kiveä tappaakseen veljensä Abelin.

Mahdoton julmuus, jota aseisemisen rodut tukevat, on aina hallinnut ihmisen käyttäytymistä ymmärtämättä, kuinka seuraavan tuhoaminen vastaa itsemme tuhoamista. Äärettömien aikojen ajan olemme vaarassa sukupuuttoon. Riskimme edelleen ihmiskunnan päättymisen nykyisten aseiden voiman vuoksi.

Monien rajoittavien lakien ja uskonnollisten käskyjen tarkoituksena on estää ihmislajien itsekarva: älä tappaa, älä varasta, älä tee muille, mitä et haluaisi sinulle. Tästä huolimatta ihmisellä on itsessään itsevarjot, hän näyttää etsivän kuolemansa ja muiden kuolemansa. Huolimatta siitä, että ihminen on tietoinen tästä riskistä, ihminen ei voi muuttaa itseään psyykkisestä entropiastaan.

Entropia ei ole mitä näyttää.

Todellisuudessa entropia esittelee myös näkökohtia, että se ei ole tarkalleen se, mikä näyttää ensi silmäyksellä, toisin sanoen "korjaamattoman ongelman", jonka Boris Yellnikoff on kuvaillut elokuvassa "mikä tahansa toimii".

"Sitä kutsutaan entropiaksi; Se on kuin silloin, kun hammastahna tulee ulos putkesta eikä voi enää palata sisälle. "

Pidämme itsestäänselvyytenä, että aistikokemuksemme tasolla entropia toimii täsmälleen kuin toiminta, joka toimii ajan suuntaan. Jos kuitenkin menemme pois tasoltamme siirtyäksemme avaruuteen ja aikatasoon, joka ylittää suoran kokemuksemme, voimme antaa entropiaan erilaisia kasvoja ja merkityksiä.

Otetaan esimerkki planeettamme, maan kanssa, vertaamalla sitä, mikä oli sen varhaisessa vaiheessa ja mikä on nyt.

Alkuperäisen maan esiintyminen, noin 4,5 miljardia vuotta sitten, oli täysin erilainen kuin nykyinen; Sen pinnan revittiin jatkuvasti vulkaaninen voima ja pestävät vaativat sateet, jotka olisivat kestäneet miljoonia vuosia valtamerten tuottamiseen saakka. Siksi melkein infernal panoraama, joka on valmistettu vulkaanisista kivistä, jotka valaisevat uusien purkausten hehkulamput. Varmasti paikka, jossa olisi ollut mahdotonta elää kenellekään.

Aivan ensimmäinen maanpäällinen ilmapiiri, joka koostuu pääosin vedystä, pyyhkäisi aurinkotuuli pois. Oli kuitenkin runsaasti ja jatkuvia purkauksia, jotka muodostivat toisen ilmakehän, joka koostui muun muassa hiilidioksidista, hiilioksidista, ammoniakista, vesihöyrystä ja metaanista. Tämä ympäristö, jossa oli salama ja ultraviolettisäteily auringosta, oli ihanteellinen kehto orgaanisten molekyylien muodostumiseen, joka on valmis kehittymään yhä monimutkaisemmaksi organismeiksi. Joten elämä ilmestyi pian; Vanhimmat tunnetut kappaleet ovat juurensa 3,8 - 4 miljardia vuotta sitten ja ovat nykyisten bakteerien esi -isiä, hyvin yksinkertaisia ja primitiivisiä yksikerroksia, jotka kykenevät kuitenkin suorittamaan elävien olentojen, kuten ruokinnan ja lisääntymisen, perustavanlaatuisen toiminnan toteuttamisen, kuten ruokinta ja lisääntyminen.

Mutta kuinka näiden ikiaikaisten olentojen kehitys oli mahdollista neljän miljardin vuoden takaisessa ilmakehässä olevista yksinkertaisista orgaanisista molekyyleistä? Mitä entropia teki tämän tapahtuessa? Koska, jos haluamme olla rehellisiä, meidän on tunnustettava, että se oli rakentamisprosessi, ei tuhoaminen.

On totta, että entropian lain alaiset surkeat ja karut harmahtavat vulkaaniset kivet murenivat vuosituhansien aikana, ja kokonaiset vuoristot katosivat tasoittuessaan. Kuka tahansa ihmistarkkailija olisi kokemuksensa mukaan voinut todistaa entropian tuhoavan voiman. Mutta jos tämä tarkkailija olisi voinut vapautua havainnoinnin rajallisista aikarajoituksista ja pidentänyt sitä vuosituhansien yli, hän olisi nähnyt kiven muuttuvan yhä pienemmiksi osiksi, kunnes siitä tuli maa.

Sitten tarkkailija näkisi, että maa peitti laajoja tasankoja ja tarjosi elämälle suotuisan ympäristön. Sama havainnoitsija olisi varmasti nähnyt vedet syöpyvän ja onttovan kivet. Tarkkailija olisi voinut nähdä vedet, kun ne luovat omia polkujaan tuhoamalla läpi kulkemansa ympäristön. Mutta silloin tämä henkilö olisi nähnyt jokien syntymisen, jotka pystyivät kantamaan lannoittavia aineksia maihin, jotka ovat syntyneet kivien hajoamisesta. Tarkkailija olisi nähnyt yrttien, kasvien, kukkien, hyönteisten ja kaikenlaisten muiden elävien olentojen syntymistä, toisin sanoen sellaisen luonteen, jonka me nykyään määrittelemme upeaksi ja joka on ravintokiertomme ja selviytymisemme perusta.

Totta puhuen: ilman entropiaa emme olisi täällä tänään. Siksi sen lisäksi, mikä saattaa näyttää satunnaiselle ajallisesti rajoitetulle havainnolle, entropian lopullinen toiminta ei ole tuhoisa vaan luova.

Evoluutiohistoria on radikaalisti ristiriidassa entropian periaatteen kanssa. Evolutionistit väittävät, että epäorgaanisten atomien spontaani yhdistelmä olisi tapahtunut rajoitetussa ajassa ja tarkassa järjestyksessä muodostaen erittäin monimutkaisia molekyylejä, kuten proteiineja ja sitten DNA:ta. Tästä satunnaisesta kasautumisesta olisi syntynyt spontaanisti miljoonia eläviä lajeja, joilla on monimutkaiset biologiset rakenteet.

Entropian lain klassinen tulkinta kieltää tämän prosessin tapahtumisen; mutta itse asiassa se tapahtui. Evoluutiotieteilijät ihmettelevät tätä ongelmaa pystymättä ehdottamaan ratkaisuja. Evoluutiotutkija Roger Lewin toteaa Science-lehdessä julkaistussa artikkelissa:

> "Termodynamiikan toisen pääsäännön mukaan järjestelmien pitäisi rapistua ajan myötä, jolloin niiden järjestys on pienempi, ei suurempi."

Jesse Hackley Rush, lääkäri ja evoluutiotieteilijä, kirjoittaa näin:

> "Monimutkaisessa kehityskulkunsa elämä paljastaa silmiinpistävän kontrastin termodynamiikan toisessa pääsäännössä ilmaistuun taipumukseen nähden. Vaikka tämä laki puhuu peruuttamattomasta edistymisestä kohti kasvavaa entropiaa ja epäjärjestystä, elämä kehittyy jatkuvasti kohti korkeampia järjestyksen tasoja."

Teos "The Evolution Deception" (Harun Yahya) raportoi toisen evolutionistisen tiedemiehen, George Stravropoulosin mielipiteen, joka julkaistiin tunnetussa tieteellisessä lehdessä American Scientist:

> "Tavallisissa olosuhteissa mikään monimutkainen orgaaninen molekyyli ei voisi muodostua spontaanisti, vaan sen pitäisi hajota termodynamiikan toisen lain mukaan.
>
> Todellisuudessa mitä monimutkaisempi se on, sitä enemmän hajoamisen aiheuttaman epävakauden ja turvallisuuden pitäisi olla."

Kuuluisa evolutionisti Jeremy Rifkin ehdottaa paradoksaalista ratkaisua esseessään "Entropy", joka julkaistiin vuonna 1980, jossa hän puhuu "maagisesta voimasta", joka mahdollistaisi evoluutioprosessin, joka ei kärsi entropian vaikutuksista.

Itse asiassa "maaginen voima", joka kykenee peukaloimaan entropiaa, ja se on synkronisuus. Pahan hyvässä dualismissa nämä kaksi voimaa esiintyvät rinnakkain ja luovat kosmisen todellisuuden, jonka tarkoituksena on nähdä hyvän voiton. Samoin dualismi "entropia" ja "synkronisuus" toimii kosmossa haasteessa, joka näkee synkronisuuden tuottavan "kokonaisuuden" voiton.

Synkronisuus älykkäänä evoluutioprojektina.

Synkronisuus on evoluutioprojekti, jota johtaa älykkyys, jonka voimme määritellä "yleiseksi mieleksi", joka kykenee puuttumaan paitsi yksittäisten ihmisten elämään, kuten Filippo- ja Matteo -tapauksissa, mutta myös ryhmien elämässä, kansoissa ja kansakunnat, e koko ihmiskunnan polulla. Tämä oikeuttaa sen tosiasian, että entropia tai ihmisen itsekkyys eivät ole estäneet fyysistä maailmankaikkeutta kehittymästä kohti täydellisyyttä eikä tappiota. Ihmiskunnan historia ei ole löytänyt loppua kollektiivisessa itsensä tuhoamisessa, vaan kehitetty kohti taiteen, kulttuurin voittoa ja viime kädessä fyysisen kuoleman ylittäneen kohtalon tietoisuutta.

Edellisessä kirjassani "takertuminen ja synkronisuus" keskityin todella hämmentäviin olosuhteisiin, joihin ihmislajit, jotka alkoivat miljoonia vuosia sitten ensimmäisten hominidien kanssa, pysyivät kiven sivilisaation tilassa valtavasti aikaa. Vain kaksitoistatuhatta vuotta sitten ihmislajit aloittivat erittäin nopean kulttuurisen harppauksen, joka johti meidät tänään matkustamaan aurinkojärjestelmään.

Kaikki tämä ei ole mahdollista asteittaisessa evoluutioprosessissa. Jotain tapahtui kaksitoistatuhatta vuotta sitten, jotain, joka miljoonien vuosien kulttuurisen unen jälkeen avattiin ihmisen tietoisuuden sallimalla nykyisten huippujen saavuttamisen.

Usein tapahtuu, että jotkut löytöt rakennetaan samanaikaisesti maailman eri paikoissa, jotka eivät ole tietoisia keskinäisten teosten tutkijoita. Tässä tapauksissa meidän on kuviteltava, että panoksen on antanut molemmille yhteinen kollektiivinen psyyke. Esimerkiksi, tämä tapahtui Antonio Meuccin puhelimen keksinnössä New Yorkissa ja Alexander Bell Bostonissa.

Tautien torjunta- ja ehkäisykeskukset "julistivat 22. huhtikuuta 1984 julkisesti, että Pasteur -instituutin tutkijat olivat tunnistaneet ranskalaisen viruksen Lav: n lopullisesti aidsin syyksi.

Seuraavana päivänä "terveys- ja ihmispalvelujen" sihteeri Margaret Heckler ilmoitti, että "Kansallisen syöpäinstituutin" kasvainten solubiologian laboratorion johtaja Robert Gallo oli eristänyt aidsin vastaavan viruksen kutsumalla häntä HTLV-III . Näin aloitettiin todellinen oikeudellinen taistelu kahden arvostetun tutkimuslaitoksen välillä, jotka molemmat väittävät löytön kirjoittamisen.

Erilaiset kansat ovat tehneet monista löytöistä tai tekniikoista, kuten jousiammunta, joka soveltuu nuolien, maatalouden, eläinten jalostuksen tai pyramidi -muotoisten rakenteiden heittämiseen. Infatt ovat teknisiä tapahtumia, joita tapahtui GNI: ssä viimeisen 12 tuhannen vuoden aikana miljooniin vuosiin verrattuna

Nykyään yksittäisten tutkijoiden ja tutkimuspajojen tärkein huolenaihe on tulosten julkaiseminen ennen kuin joku muu tekee sen; Itse asiassa kaikki tietävät, että vaikka heillä ei ole tarkkaa kognitiota, se varmasti joku muu maailmassa tekee omaa tutkimustaan. Sitä paitsi, tämä tuottaa todellisia draamoja tutkijoiden omatuntoissa, taistellut julkaisun kiireellisyyden ja pelon välillä, ettei ole harkittu joihinkin tuloksiin, jotka voivat vaikuttaa tuloksiin.

Lisäksi emme voi huomata lukuisia löytöjä, jotka tapahtuivat "sattumalta", ikään kuin salaperäinen prompteri haluaisi ilmoittaa ne ajoittain. Puhumme röntgensäteistä, superväristä, anestesiasta, penisilliinistä, mikroaaltouunista, sakkariinista, transistorista, tarrasta, teflonista, Greenrameista ja monista muista. Apteekki John Stith Pemberton, joka ei halunnut keksiä juomaa, mutta keinottelua päänsärkyyn, joten lääketiede. Etunimi, joka annettiin juomalle, oli "Pembertonin ranskalainen viinikaaka".

Kulttuuriset synkronisuudet.

Joseph Cambray kirjassaan "Synkronisuus. Luonto ja psyyke toisiinsa yhdistetyssä universumissa" puhuu "kulttuurisista synkronisuuksista" viitaten tapahtumiin, jotka kattavat kokonaisia sivilisaatioita ja miljoonia ihmisiä, kuten demokratian syntymisen klassisessa Kreikassa. Tämä ratkaiseva tapahtuma tapahtui hyvin lyhyessä ajassa ja hyvin pienessä osassa planeettaa.

Uskon, että olemme parhaillaan kokemassa toista suurta kulttuurista synkronisuutta, jota ohjaa kvanttifysiikan kehitys, muutama vuosikymmen sitten syntynyt tieteenala. Kvanttifysiikka paljastaa uskomattomia mahdollisuuksia, kuten ei-fyysisten tasojen olemassaolon, jotka yhdistävät kaiken maailmankaikkeuden aineen yhdeksi verkostoksi.

Nämä ovat tasoja, joilla hiukkaset, massattomat ja värähtelevän energian ja puhtaan tiedon muodossa, voivat vapautua ajan ja tilan rajoituksista, joihin aineen on alistuttava ymmärrystasollamme.

Kokemamme "kvanttisynkronisuuden" pitäisi johtaa käsittämättömään kulttuuriseen harppaukseen: materialismin voittamiseen ja luonnon ja psyyken, hengen ja aineen yhdistävän tieteen syntymiseen. Vain psyykkisen tason kautta on mahdollista voittaa fyysiset esteet ja päästä universumin tietoisuuteen, hyötyä kaikesta energiasta ja kaikesta sen sisältämästä älystä. Se on harppaus, jonka potentiaalia emme voi edes kuvitella ja joka avaa "taivaan" ovet ihmiskunnalle kaikella mitä taivas sisältää.

Antrooppinen periaate.

"Olemme itsetietoisuuteen kasvaneen kosmoksen paikallinen ruumiillistuma. Olemme alkaneet ymmärtää alkuperäämme: olemme tähtiä, joka meditoi tähtiä."
(Carl Sagan)

"Jos en olisi täällä antaakseni sinun loistaa minulle, niin sinä, paistava aurinko, mikä olisit?"
(Friedrich Nietzsche, Näin puhui Zarathustra)

Ihmisen rooli maailmankaikkeudessa.

Edellistä lukua lukiessa syntyvä ajatus, jonka mukaan "universaalimieli" toimisi yksilöllisten tai kollektiivisten synkronisaatiojaksojen kautta ihmiskunnan kulttuurisen kehityksen hyväksi, olettaa, että maapallolla elävälle ihmiselle on annettu keskeinen rooli. Tämän roolin täyttämiseksi ihminen on tämän "mielen" huomion, suojan ja ohjauksen kohde.

Sitä vastoin tieteellisessä kosmologiassa ihminen ei edusta muuta kuin aineen evoluution tuotetta, joka on täysin irrelevantti Maaplaneetan ja vielä vähemmän maailmankaikkeuden kehityksen kannalta. Itse asiassa 1500-luvulle asti kulttuurinäkemys asetti ihmisen maailmankaikkeuden keskipisteeseen. Kopernikuksen myöhemmin kehittämä teoria, jonka mukaan planeetat pyörivät Auringon ympäri, sai maapallosta pelkän pienen planeetan eikä maailmankaikkeuden keskuksen. Tämän seurauksena myös ihmisestä tuli vain yksi monista merkityksettömistä olennoista, jotka sijoitettiin pieneen universumin osaan.

Antrooppinen periaate

Vuonna 1973 tiedemies Brandon Carter kehitti uuden muotoilun suhteesta, joka yhdistää ihmisen maailmankaikkeuteen. Hän kutsui sitä "antrooppiseksi periaatteeksi" ja esitteli sen tiedeyhteisölle symposiumissa "Kosmologisten teorioiden vertailusta havainnointitietoihin", joka pidettiin Krakovassa osana Nikolaus Kopernikuksen syntymän 500-vuotisjuhlia..

Kuva 24 - Puolan postilaitoksen myöntämät muistolehtiset Nikolaus Kopernikuksen syntymän 500-vuotisjuhlan kunniaksi, jolloin Brandon Carter loi termin "antrooppinen periaate".

Kuva 25 - Äskettäin kuolleen Stephen Hawkingin muistolause ja hänen kirjansa "Universumi pähkinänkuoressa". Kirjassa hän käsittelee aiheita, jotka liittyvät moniulotteisen universumin M-teoriaan ja viittaa usein Brandon Carterin "antrooppiseen ensisijaisuusperiaatteeseen".

Tämä periaate, jota niin sanottu "vahva" muotoilu on kiistanalainen, kumoaa kopernikaanisen näkemyksen ihmisten ja kosmoksen välisestä suhteesta ja palauttaa ihmisen keskeisen aseman

Jo ennen sen julkistamista tämä teoria jaettiin jo muiden tutkijoiden, kuten Martin Reesin, Freeman Dysonin, John Wheelerin ja muiden kanssa.

Stephen Hawkingin kaliiperi tutkija oli aluksi kyseenalainen, mutta M-teorian (teoria, joka yhdistää kaiken moniulotteisessa universumissa) muotoilun jälkeen hän muutti mielensä. Hawkingista tuli "antropisen ensisijaisuuden periaatteen" kannattaja, ja hän otti sen huomioon kaikissa tutkimuksissaan ja myöhemmissä julkaisuissaan, kuten kirjassa "Universumi pähkinänkuoressa".

Brandon Carter

Brandon Carter (kuva 26) on australialainen fyysikko, joka tunnetaan mustien aukkojen ominaisuuksia koskevista tutkimuksistaan ja neljännen liikevakion löytämisestä, joka kastettiin hänen nimeensä viitaten "Carterin vakioksi". Hän on siksi korkeatasoinen tiedemies, ja tämä teki hänestä erityisen luotettavan, kun hän muotoili teorian, jonka hän määritti !Antrooppiseksi periaatteeksi".

Yleisissä linjauksissaan tämä periaate väittää, että ihmistietoisuus ei ole aineen evoluution satunnainen tulos, vaan pikemminkin universumin evoluution saapumispiste, joka tähtää juuri tietoisuuden syntymiseen. Periaatteessa, sellaisena kuin Carter ilmaisi Krakovassa, on kaksi muotoilua, joita kutsutaan "heikoiksi" ja "voimakkaiksi".

à

Kuva 26 - Yllä John David Barrow ja Frank Tipler, kirjan "The anthropic Principe" kirjoittajat. Pohjalle jäi Brandon Carter, joka muotoili teorian.

"Heikko" antrooppinen periaate.

Niin sanottu heikko antrooppinen periaate väittää, että asemamme universumin avaruudessa ja ajassa on varmasti etuoikeutettu, koska kaikki maailmankaikkeuden toiminnan taustalla olevat vakiot on kalibroitu arvoihin, jotka sopivat juuri meidän elämäntyyppimme kehitykseen. Uskomattomien yhteensattumien seurauksena maailmankaikkeutta hallitsevat lait ovat yhdenmukaisia älyllisen elämän olemassaolon kanssa. Esimerkiksi, jos Aurinko olisi hieman eri kokoinen tai jos maa pyörisi Auringon ympäri hieman eri etäisyydellä, meret muuttuisivat kiehuviksi kattiloksi tai jäävuoriksi. Maa pyörii hyvin pienellä, noin 0,0167:n epäkeskisyydellä, ja kiertoakselin kaltevuus on sellainen, että vuodenaikojen vaihtelu on mahdollista tarkasti.

Elämä maapallolla perustuu hiileen, joka joutui planeetallemme tähtien räjähdyksen jälkeen, joissa se muodostui. Neljä kosmosta hallitsevaa perusvoimaa riippuvat joistakin fysikaalisista vakioista, kuten esimerkiksi Hubblen vakiosta, Planckin vakiosta, universaalista gravitaatiovakiosta, sähkövarauksesta ja elektronin massasta.

Se, että kaikki nämä vakiot on kalibroitu tarkalleen arvojen perusteella, jotka pystyvät mahdollistamaan elämän kehittymisen, on uskomattoman yllättävää: riittäisi, että vain yhdellä on minimaalisesti erilainen arvo, jotta elämä olisi mahdotonta.

Neljän perusvuorovaikutuksen (gravitaatio, sähkömagneettinen, heikko ydin ja vahva ydin) ja subatomisten hiukkasten (protoni, neutroni, elektroni) mahdolliset arvot olisivat potentiaalisesti äärettömät. Kuitenkin itse mittaamamme arvot antavat meille mahdollisuuden luoda interaktiivisen verkoston, joka synnyttää elämää sisältävän universumin. Loputtomien kokoonpanojen joukossa on vain yksi konfiguraatio, erittäin tarkka. Stephen Hawking kirjoittaa kirjassaan "From Black Holes to the Universe":

> "Jos maailmankaikkeuden tiheys sekunti alkuräjähdyksen jälkeen olisi ollut kriittistä tiheyttä suurempi osa sadasta miljardista, maailmankaikkeus olisi romahtanut 10 vuoden kuluttua. Jos sen sijaan se olisi ollut pienempi kuin sama arvo, maailmankaikkeus olisi jo tyhjä 10 vuoden olemassaolon jälkeen."

"Vahva" antrooppinen periaate.

"Vahva" periaate sanoo, että maailmankaikkeuden on oltava juuri sellainen kuin se on mahdollistaakseen elämän kehittymisen, tietyllä hetkellä sen historiassa, joka osuu samaan aikaan sen aikakauden kanssa, jota elämme, eli noin 14 miljardia vuotta sen koulutuksesta. Monien universumien joukossa, jotka olisivat voineet syntyä alkuräjähdyksestä, syntyi se, joka sallii meidän olla täällä. Todennäköisyys tälle on yksi useista miljardeista. Olisiko tämä voinut tapahtua sattumalta?

Tämä tarkoittaa, että maailmankaikkeus on suunniteltu sallimaan meidän olla täällä tänään. Maailmankaikkeudella on erityinen tarkoitus: sen on oltava ihminen.

Siksi ihminen ei ole vieras, joka on sattunut omituisen onnettomuuden seurauksena universumissa, joka jättää hänet huomiotta. Ihminen on syy maailmankaikkeuden olemassaoloon. Tämä teoria viittaa siihen, että maailmankaikkeus muodostettiin tarkoituksena edistää elämää ja tietoisuuden kehitystä; toisin sanoen maailmankaikkeus suunniteltiin koteloksi, istukkaksi, josta elämä yleensä ja erityisesti ihmisen tietoisuus saattoi syntyä.

Oletus, että maailmankaikkeus on luotu meitä varten, antaa sille varmasti tarkoituksen. Kosmos ei ole kaoottinen raaka-aineen massa, vaan se vastaa ihmisen oivallusprojektiin. Kosmoksen vaihtelut eivät enää johda sattumalta, vaan ne edellyttävät "älykkään suunnittelun" läsnäoloa ja siten "suunnittelijan" olemassaoloa.

Tällä voi olla myös uskonnollisia vaikutuksia, joista ei kuitenkaan ole mitään lausuntoja, ainakaan katolisella puolella. Isä Gabriel Funes, jesuiitta, entinen "Vatikaanin observatorion" eli katolisen kirkon tähtitieteellisen observatorion johtaja, totesi tässä suhteessa, että "kirkolla ei ole kantaa Carterin antroposentriseen periaatteeseen. Siksi hänen arvionsa jää avoimeksi sen suhteen, mitä tiede pystyy löytämään."

John David Barrow ja Frank Tipler.

Fyysikot J. Barrow ja F. Triple julkaisivat vuonna 1986 Yhdysvalloissa teoksen "The Anthropic Cosmological Principle", jossa he eivät ainoastaan käsittele laajasti antropiikkateoriaa, vaan myös ehdottavat sen merkittävää tutkimusta.

Kaksi kirjoittajaa kuvaavat laajasti "antrooppisen periaatteen" käsitteellistä perustaa. Ilman hälyttävän suurta määrää poikkeuksellisia yhteensattumia fysikaalisten lakien ja luonnon vakioarvojen muodossa, biokemia ja älykäs elämä eivät olisi mahdollisia. Sattumalta luotu universumi ei salli elämää, eivätkä tavalliset tähtitieteelliset esineet ja tavallinen aine myöskään olisi mahdollisia.

Tämän havainnon perusteella he tulevat siihen tulokseen, että projekti on välttämättä olemassa. Kahden tiedemiehen tutkimuksessa "heikko antrooppinen periaate" kehittyy "vahvaksi periaatteeksi". Kuten Barrow kirjoittaa kirjassa:

> "Jos yrittäisimme kuvitella koko kokoelman hypoteettisia "muita universumeja", joissa kaikki suureet, jotka määrittelevät universumimme rakenteen, ottavat kaikki mahdolliset arvojen permutaatiot, havaitsisimme, että melkein kaikki näistä mahdollisista universumeista olisivat syntyneet kuolleena. Kukaan ei pystyisi luomaan sellaista kemiallista monimutkaisuutta, jota kutsumme "elämäksi".

Tämä löytö on saanut Brandon Carterin ehdottamaan, että universumissa saattaa olla spekulatiivisempaa metafyysistä aspektia, jota hän on kutsunut "vahvaksi antrooppiseksi periaatteeksi" erottaakseen sen kiistanalaisemmasta heikosta antrooppisesta periaatteesta. Vahva periaate sanoo, että koska näyttää olevan olemassa niin suuri määrä merkittäviä "sattumia", jotka mahdollistavat mahdollisen elämän universumissa, jollain evoluution hetkellä tämän periaatteen TÄYTYY synnyttää "tarkkailijoiden" olemassaolo.

"Lopullinen" antroposentrinen periaate.

Barrow ja Tipler olettavat antrooppisen periaatteen kolmannen muodon, "perimmäisen antrooppisen periaatteen", jonka mukaan "älykkään tiedonkäsittelyn täytyy välttämättä kehittyä maailmankaikkeudessa, ja kun se ilmestyy, se ei koskaan sammu sukupuuttoon".

Näiden kahden tutkijan mukaan universumilla, jolla on kyky tuottaa älyllistä elämää, ei olisi järkeä, jos tämä universumi ei kestäisi tarpeeksi kauan älykkään lajin kehittämiseen.

"Osallistuva" antroposentrinen periaate

John Archibald Wheeler ehdottaa tätä antrooppisen periaatteen muotoa vaihtoehdoksi vahvalle periaatteelle. Wheelerin mukaan tarkkailijat ovat välttämättömiä universumin elämälle, kuten sen tiedolle; siksi ihminen universumin tarkkailijana osallistuu aktiivisesti sen omaan olemassaoloon.

"Omantunnon lähetyssaarnaajat"

Vuonna 2005 SETI-verkkosivustolla (Search for Extra-Terrestrial Intelligence, Maan ulkopuolisen älyllisen elämän etsimiseen omistettu ohjelma) ilmestyi artikkeli "The Drake Equation", jossa Wheelerin osallistumisperiaatetta laajennetaan entisestään. Viitaten kaikkiin kosmoksen asukkaiden välisiin viesteihin artikkelissa todettiin, että "lähettäjien tehtävänä on levittää Tietoisuutta universumissa". Yksinkertaisesti sanottuna siitä, joka lähettää viestejä universumille, tulee "tietoisuuden lähetyssaarnaaja". Hän levittää "tietoisuutta" siinä muodossa, jonka hän tuntee, olentoja, jotka pystyvät hyötymään siitä.

Antrooppinen periaate ja aika.

Objektiivisempi tiede ei hylkää antrooppisen teorian järkeä, sillä olisi aivan absurdia, että tällainen täydellinen kosminen rakennelma perustuisi sattumanvaraisuuteen ja sillä ei olisi tarkoitusta. Näin ollen myös usein esitetty vastalause löytää vastauksen: "Jos loppu on ihminen, joka elää vain maapallolla, miksi universumi tarvitsee niin paljon tilaa ja niin paljon ainetta?".

Vastaus korostaa, että elämän mahdollistavat olosuhteet vaativat aikaa ja tilaa toteutuakseen. Universumin ikääntyminen ja laajentuminen oli välttämätöntä, jotta tähdet pystyivät valmistamaan kemiallisia alkuaineita, jotka ovat elämän perustana maapallolla, kuten hiiltä. Lisäksi ei ole poissuljettua muiden planeettojen olemassaoloa, joilla sama elämä on kehittynyt, samoin kuin ei ole poissuljettua, että ihminen voi viedä sivilisaatiotaan muille planeetoille ja galakseille.

Ensimmäinen alkuaine, joka ilmestyi universumissa, oli vety, jonka atomi sisältää vain yhden protonin. Noin kolme minuuttia alkuräjähdyksen jälkeen kahden tai kolmen vetyatomin fuusio mahdollisti heliumin ja litiumin muodostumisen, joissa on kaksi ja kolme protonia.

Tähtien sisällä kahden heliumatomin fuusio tuotti berylliumia. Yhden beryllium- ja heliumiatomin fuusiosta syntyi epävakaita hiiliatomeja, jotka vakiintuivat vasta, kun tähden lämpötila nousi 100 miljoonaan Kelvin-asteeseen. Lopulta, kun tähti elinkaarensa lopussa räjähti ja synnytti supernovan, hiili ja muut metallit karkotettiin avaruuteen ja muodostuivat muita taivaankappaleita, mukaan lukien planeettoja.

Tässä vaiheessa olemme todenneet, että elämä on välttämätöntä universumin olemassaololle. Jos maailmankaikkeus olisi ääretön avaruudessa ja ajassa, voisimme kysyä, eikö elämä itse voisi olla ääretön ajassa ja tilassa. Ja ennen kaikkea voimme kysyä itseltämme, kuinka tämä äärettömyys tai kuolemattomuus on ymmärrettävä. Voiko se viitata elämään yleensä, lajien suojeluun vai jokaiseen yksittäiseen yksilöön?

Olisiko mahdollista kuvitella kuolemattomia eläviä olentoja?

Olemme jo lukeneet kuolemattomuuden aineen olennaisille ainesosille, atomeille. Biologisella alalla elävien olentojen joukossa voidaan viitata bakteereihin, jotka eivät yleensä päätä olemassaoloaan kuolemaan, vaan jakautumiseen. Bakteereilla on kyky jakautua kahteen osaan, joista jokainen säilyttää kaiken alkuperäisen bakteerin geneettisen perinnön. Onnettomuuksia lukuun ottamatta tämä prosessi kestää loputtomiin ja on helppo laskea, että jos bakteeri jakautuu puolen tunnin välein, se pystyy yhdessä päivässä synnyttämään 250 000 miljardia samanlaista bakteeria.

Jos jopa ylivoimaiset organismit, kuten ihminen, saavuttaisivat kyvyn jakautua säilyttäen samalla hermosolujen perinnön eli itsetietoisuuden, niistä tulisi käytännössä kuolemattomia. Tämä on tällä hetkellä mahdotonta: itse asiassa bakteerit koostuvat yhdestä solusta, kun taas ihmiskehossa on lukemattomia soluja, jotka ovat erikoistuneet eri tavalla kullekin elimelle (iho, maksa jne.).

Ilmeisesti nämä solut eivät voineet jakautua samaan aikaan.

Frank Tiplerin Omega Point.

Frank Jennings Tipler (kuva 26) John Barrow'n kanssa kirjoittaja "The Anthropic Principle" on amerikkalainen professori ja kirjailija, joka opettaa matemaattista fysiikkaa Tulane Universityssä New Orleansissa. Suurin osa hänen opinnoistaan keskittyy aikamatkustuksen fysiikkaan.

Hänet tunnetaan myös "Omega-piste" -teorian kirjoittajana, joka itse asiassa perustuu ranskalaisen jesuiittatieteilijän Pierre Teilhard de Chardinin aiemmin kehittämään samannimiseen teoriaan.

Tipler yrittää tutkia maailmankaikkeuden lopullista kohtaloa samalla tavalla kuin Isaac Asimov romaanissa "Viimeinen kysymys". Ehdotuksessaan, jonka hän perustaa järkeviin hypoteeseihin, jotka pystyvät tukemaan sitä, hän lähtee "ikuisen edistyksen" käsitteestä hypoteesoidakseen Jumalan tulevan olemassaolon.

Tämä "Jumala" olisi mies, josta on tullut kuolematon, kuten tapahtuu Nietzschen supermiehelle. Tipler myös olettaa kuolleiden ylösnousemuksesta tietokoneella ja "mielen lataamisella". "Miind uploading" olisi tekniikka, joka mahdollistaisi yksilön henkisen perinnön palauttamisen ja siirtämisen vanhasta uuteen ruumiiseen tai kuolleista ylösnousseen ruumiiseen.

Lisäksi Tipler olettaa, että supertietokoneen ansiosta maailmankaikkeus voitaisiin taivuttaa ihmiskunnan tahtoon jopa toimimalla jo kuluneen ajan mukaan. Tällä tavalla olisi mahdollista rekonstruoida menneisyyden tapahtumia, maailmoja ja ihmisiä "ikuisen avustetun paluu" -tekniikalla.

Käytännössä Tipler ehdottaa näkökulmaa, joka liittyy transhumanismiin, kulttuuriliikkeeseen, joka puoltaa tieteen ja teknologian käyttöä fyysisten ja henkisten kykyjen lisäämiseksi ja kaikkien ei-toivottujen tai haitallisten ihmisten kunnon, kuten sairauksien ja ikääntymisen, parantamiseksi. Tämä ajatusliike toivoo mahdollisuutta muutokseen, joka ylittäisi ihmisen tilan.

Tiplerin teesit ovat odotetusti herättäneet paljon keskustelua tieteellisessä maailmassa. Arvostelussaan Tiplerin kirjaa "The physics of mortality" eteläafrikkalainen fyysikko George Ellis kutsuu Omega Point -teoriaa "pseudotieteen mestariteokseksi".

Muut tutkijat, kuten Oxfordin yliopiston fyysikko David Deutsch, pitävät Tiplerin argumentteja johdonmukaisina. Kirjassaan "The Fabric of Reality" Deutsch selittää teoriaansa kaikesta sisällyttämällä Tiplerin Omega-pisteen perusteluihinsa.

Universumin henkisessä keskustassa.

Yhteenvetona voimme sanoa, että olemme täällä universumin takia ja maailmankaikkeus on täällä meidän takiamme. "Antrooppinen periaate" muokkaa modernia tieteellistä ajattelua. Nykyaikainen tieteellinen ajattelu oli alkanut Kopernikuksesta ja hänen havainnostaan, että maa ja planeetat pyörivät Auringon ympäri. Tällä tiede oli kumonnut aristotelilaisen ajattelun, joka asetti maan ja ihmisen universumin maantieteelliseen keskipisteeseen.

Modernin fysiikan kehitys on saanut uuden suunnan. Tällä kertaa ihminen, vaikka se ei enää olekaan maantieteellinen keskus, kuten Kopernikus perustellusti osoitti, on vakaasti vakiintunut henkiseksi keskukseksi.

Toinen osa. Tieteelliset vahvistukset.

Mutta mitä on fyysinen aine?

”Nykyaikainen fysiikka ei siis edusta ainetta passiivisena ja inerttinä, vaan jatkuvassa tanssissa ja värähtelytilassa, jonka rytmiset hahmot määräytyvät molekyyli-, atomi- ja ydinrakenteista. Näin myös itämaiset mystikot näkevät aineellisen maailman. He kaikki korostavat, että maailmankaikkeus on tartuttava sen dynaamisuuteen, kun se liikkuu, värähtelee ja tanssii; että luonto ei ole staattisessa vaan dynaamisessa tasapainossa."
(Fritjof Capra, fyysikko ja esseisti)

Todisteita etsimässä.

Kirjan ensimmäisessä osassa esitin monia tutkijoiden kehittämiä ja ehdottamia teorioita, jotka perustuvat ajatteluun, filosofiaan ja loogiseen päättelyyn, mutta joita ei tuettu millään akkreditoidun yhteisön tunnustamilla kokeellisilla todisteilla. Tärkeä ensimmäinen askel tieteellisen arvokkuuden antamiseksi kaikille käsitellyille hypoteeseille olisi todennettavissa olevan yhteyden luominen aineen fyysisen toimintatason ja "hengellisen" tason välille.

Kokemuksemme mukaan, joka riippuu fyysisestä determinismistä, ei-aineellisten yhteyksien löytäminen on vaikeaa: pöytä tai tuoli ovat puun tai metallin kappaleita eivätkä inspiroi aistiemme mukaan psyykkisiä tai metafyysisiä vaikutuksia.

Näin ei kuitenkaan enää ole, kun astumme äärimmäisen pienten tasolle tarkkailemalla alkuainehiukkasten käyttäytymistä. Kun viime vuosikymmeninä ihminen on onnistunut tunkeutumaan subatomiseen todellisuuteen, kokeellinen tutkimus on tuottanut uskomattomia yllätyksiä. Uskomatonta, että oli mahdollista päätellä yksinomaan psyykkisen tason olemassaolo. Se on todellisuuden taso, jossa ei ole ainetta ja joka koostuu älykkäästä tiedosta.

Tämä kirjan toinen osa on omistettu subatomisten hiukkasten ihmeelliseen maailmaan.

Albert Einstein toi suhteellisuusteorian käsitteen fysiikkaan. Monet maailmanymmärrystämme johtuvat varmuudet romahtivat, kun opimme, että aika ja tila ovat suhteellisia käsitteitä ja niillä voi olla erilaisia arvoja olosuhteista riippuen. "Kaksosparadoksi" on merkittävä. Toinen kaksosista nousee avaruusalukseen ja kulkee avaruuden halki nopeudella, joka on lähellä valon nopeutta. Palattuaan kotiin hän huomaa, että aika on kulunut hänelle paljon hitaammin kuin maan päälle jääneille ihmisille ja monet heistä, jotka olivat hänen ikäänsä, ovat jo kuolleet. Hänen kaksoisveljensä on paljon vanhempi.

Näiden tieteellisten todisteiden edessä meidän ei pitäisi olla yllättyneitä havaitessamme, että aine on myös suhteellista. Makroskooppisella tasolla tai keskikokoisella alueella, jolla elämme, todellisuus näyttää hyvin määritellyltä: sen rajat voidaan määrittää, sitä voidaan punnita ja mitata. Eri esineiden kovuus tai muokattavuus voidaan määrittää. Jos ei, olisimme pulassa joka päivä. Nämä aineen ominaisuudet pysyvät muuttumattomina jopa tähtitieteellisellä tasolla, ja keittiön pöytäämme koskevat fyysiset lait pätevät myös kaukaisen galaksin viimeiselle planeetalle.

Subatomisella tasolla, eli äärimmäisen pienessä, asiat kuitenkin muuttuvat ja aineesta tulee jotain hyvin epäselvää todellisen olemuksensa suhteen. Subatomitaso on alkuainehiukkasten taso, jotka ovat atomin sisäisiä komponentteja.

Fysiikan filosofia ja mystiikka.

Fysiikan filosofia tutkii käsitteiden, kuten energian, ajan, tilan ja aineen, loogisia ja metafyysisiä puolia. Hän on erityisen kiinnostunut kausaalisuuden ja "determinismin" kysymyksistä.

Filosofia on luonnollisesti ollut kiinnostunut kvanttifysiikasta sen syntymästä lähtien, koska se pystyy horjuttamaan tieteellisen perinteen perusnäkökohtia, kuten esimerkiksi mittauksen käsitettä, joka on äkillisesti korvattu epävarmuudella.

Mittauksen toiminta subatomitasolla tulee mahdottomaksi, koska se suoritetaan niin pienille elementeille, että itse mittaus häiritsee niitä. Näin ollen atomeja ei voida tarkkailla suoraan edes tehokkaimmalla mikroskoopilla, vaan ne ovat vain "teorisoituja".

Tämä vahvistaa determinismin epäonnistumisen, josta Pierre Simon Laplace piti niin paljon. Samalla syntyy uusia arvoja, kuten todennäköisyys ja indeterminismi.

Indeterminismi on englantilaisen tähtitieteilijän Arthur Eddingtonin johtama filosofinen asenne, joka myöntää sattuman toiminnan tahdon tai todellisuuden rajaamisessa. Eli indeterminismi myöntää, että asioita voi tapahtua ilman mitään syytä. Faktat eivät aina ole syy-seuraustoiminnan tulosta.

Indeterminismin kannattajia ovat aikamme suurimmat fyysikot: Werner Karl Heisenberg, Niels Bohr, Arthur Compton, Pascual Jordan, Hans Reichenbach, Robert Millikan, Georges Lemaître ja muut.

Kvanttifysiikka jättää huomiotta deterministisen tiukan ja johtaa meidät oleellisesti mystiseen käsitykseen kosmoksesta, joka perustuu elementteihin, jotka muistavat mahdollisen henkisen komponentin aineellisen komponentin rinnalla.

Tämä ajatus asioiden todellisuudesta vie meidät takaisin yli kahden vuosituhannen taakse, ensimmäisten kreikkalaisten filosofien intuitioihin. Toisin kuin tuolloin tapahtui, tänään esiin nouseva näkemys kosmoksesta ei kuitenkaan perustu intuitioon, vaan parhaissa fysiikan laboratorioissa erittäin tarkasti tehtyihin kokeisiin.

Kaiken länsimaisen tieteen ja erityisesti fysiikan juuret löytyvät 600-luvulta eKr., ajalta, jolloin ei tiedetty minkäänlaista eroa uskonnon, filosofian ja tieteen välillä, Miletoksen koulukunnan viisaiden keskuudessa. Heidän tutkimuksensa tavoitteena oli löytää aineen todellinen rakenne, jonka he tunnistivat termillä "physiká", joka nykyään käännetään "fysiikaksi". "physiká" edusti pyrkimystä löytää asioiden ydin. Oletustensa perusteella Miletoksen filosofit määriteltiin "hylozoisteiksi", termi tarkoittaa "niitä, jotka ajattelevat aineen olevan animoituja". Itse asiassa he eivät tehneet eroa hengen ja fyysisen aineen välillä; itse asiassa heillä ei ollut edes termiä fyysiselle aineelle, koska heille kaikki olemassaolon muodot oli varustettu elämällä ja hengellisyydellä. Erityisesti Thales väitti, että jumaluus oli läsnä kaikessa, ja Anaximander kertoi kosmoksen yhdeksi organismiksi, jota ravitsee "elämän periaate" (pneuma).

Myöhemmin Herakleitos Efesolainen kuvaili maailmaa jatkuvassa muutoksessa, ikuista "tulemista". Hän uskoi, että kaikki maailman muutokset johtuvat vastakohtien toiminnasta ja että jokaista vastakohtien paria tulisi pitää yksikkönä, jolle hän antoi nimen Logos. Herakleitoksen vastakohdista sai alkunsa ajatusvirrat, jotka johtivat hengen ja aineen erottamiseen.

Parmenides Elealainen, päinvastoin kuin Herakleitoksen ikuinen tuleminen, kutsui hänen perusperiaatettaan "muuttumattomaksi olemukseksi" ja väitti, että jokainen muutos oli puhdasta aistien illuusiota. Hänen ajattelustaan syntyi ajatus tuhoutumattomasta aineesta, joka on asetettu asioiden muuttumisen ominaisuuksien perustalle.

"Ikuisen tulemisen" ja "muuttumattoman olemisen" vastakohtaisuudesta kehittyi ajatus, joka pohti "olemista" tietyissä muuttumattomissa aineissa, jotka kuitenkin sekoittuessaan ja erottuessaan aiheuttivat muutoksia ja erilaisia muotoja. Tästä syntyi käsite atomista aineen pienimpänä jakamattomana osana. Atomi on kaiken taustalla, vaikka asiat näyttävätkin erilaisilta. Nykyään todellakin tiedämme, että kaikki on tehty atomeista.

Atomistit, mukaan lukien Demokritos, määrittelivät selvän eron hengen ja aineen välillä.

He kuvittelivat fyysisen aineen koostuvan "perusrakennuspalikoista", eli täysin passiivisista ja inertistä tyhjiössä liikkuvista hiukkasista, joiden liike saattoi johtua ulkoisista voimista. Nämä voimat ovat henkistä alkuperää, eivät aineellista.

Tästä kuvasta tuli sitten vallitseva länsimaisessa ajattelussa, mikä synnytti dualismin ruumiin ja sielun välillä.

Aristoteles uskoessaan, että sielua koskevat ongelmat olivat tärkeämpiä kuin aineelliseen maailmaan liittyvät ongelmat, loi ajatusmallin, joka tukisi universumin käsitystä kaikkialla lännessä 2000 vuoden ajan. Kristinusko tuki myös aristotelilaisia oppeja läpi keskiajan.

Renessanssin aikana luonnontutkimukseen puututtiin ensimmäistä kertaa tieteellisillä metodologioilla eli teoreettisilla hypoteeseilla ohjatuilla kokeilla. Galileo Galilei oli ensimmäisten joukossa, joka seurasi tätä polkua, ja siksi häntä pidetään modernin tieteen isänä.

Modernin tieteen syntyä suosi filosofisen ajattelun kehittyminen, joka korosti "henki-aine" -dualismia. Kahdeksannella vuosisadalla René Descartes kuvaili luontoa, joka perustuu kahden erillisen ja itsenäisen todellisuuden, mielen (res cogitans) ja aineen (res extensa) erottamiseen. Karteesinen erottelu antoi tieteelliselle maailmalle mahdollisuuden harkita fyysistä ainetta, joka koostuu inertistä esineistä ja täysin erillään toisistaan. Tuloksena oli esitys maailmasta, joka on samanlainen kuin erilaisten esineiden kasauma, esineet, jotka yhdessä muodostavat valtavan elottoman koneen.

Kuningas Milindan vaunut.

Milindapañha on buddhalainen teksti, joka on sävelletty filosofisen vuoropuhelun muodossa, ja se sijoittuu Sāgalān kaupunkiin, nykyiseen Siyālkoṭ-kaupunkiin. Dialogi tapahtuu munkki Nagasenan ja kuningas Milindan välillä. Historiallisesti kuningas Milinda voidaan tunnistaa Indo-Kreikan hallitsijaan Menander I:een, joka hallitsi Punjabissa vuosina 155–130 eaa.

> "Kuningas Milinda meni sinne, missä munkki Nagasena oli ja esitteli itsensä kohteliaasti ja ystävällisesti ja kysyi sitten:
>
> "Mistä sinut tunnetaan ja mikä on nimesi?"
>
> Nagasena vastasi: "Minua tunnetaan Nagasena, oi kuningas, ja sillä nimellä veljeni ja vanhempani puhuttelevat minua."
>
> "Sanotko minulle, että veljesi ovat tottuneet puhuttelemaan sinua Nagasenaksi. Mikä nyt tarkalleen on Nagasena? Tarkoitatko, että hiukset ovat Nagasena?"
>
> "En sano sitä, suuri kuningas."
>
> "Tai vartalon karvoja?"
>
> "Ehdottomasti ei."

”Ehkä Nagasena on kynnet, hampaat, iho, liha, hermot, luut, luuydin? Ovatko jokin tai kaikki näistä asioista Nagasena?"

Kaikkiin näihin kysymyksiin munkki vastasi ei.

"Sitten ulkoinen muoto on Nagasena? Ovatko tunteet tai havainnot vai tietoisuus Nagasena?"

Jokaiseen näistä hypoteeseista munkki vastasi ei.

"Sitten Nagasena on tyhjä ja turha ääni. Kuka on Nagasena, jonka näen edessäni? Nagasena on valhe, petos!"

Sitten munkki Nagasena sanoi kuningas Milindalle:

"Majesteetti, te kasvoitte ylellisyydessä. Jos kävelet kiviisellä maalla, jalkasi tuntevat kipua. Joten kysyn sinulta: Miten tulit tänne? Tulitko tänne kävellen vai kärryillä?"

"En tullut jalkaan. Tulin vaunuissa."

"Jos tulit vaunuilla, selitä minulle, mitä vaunut ovat. Ovatko hevoset vaunut?"

"En sanonut tätä."

"Onko vaunut pyörien akseli?"

"Ei tietenkään."

"Ehkä vaunut ovat pyörät tai köydet tai runko tai ike tai pyörän pinnat?"

Kaikkiin näihin kysymyksiin Milinda vastasi ei.

"Mutta kenties vaunut ovat jotain muuta kuin mainitsemani? ”

Milinda vastasi taas ei.

"Joten 'vaunut' on merkityksetön sana. Vaunu on tyhjä, merkityksetön ääni. Millä vaunuilla tulit? Se mitä sanoit on valhetta! Miksi puhut vääriä asioita?

Sitten Nagasena kutsui kreikkalaiset ja munkit todistajiksi ja sanoi:

"Kuningas Milinda sanoi tulleensa vaunuissa. Mutta kun pyysin häntä selittämään, mitä vaunut ovat, hän ei voinut tehdä niin."

Kreikkalaiset ja munkit taputtavat ja sanoivat kuninkaalle:

"Nyt, Teidän Majesteettinne, vastaa, jos voit!"

Kuningas Milinda vastasi Nagasenalle näin:

"En ole kertonut valhetta, arvoisa herra. Hevosista, akselista, pyöristä, rungosta, köysistä, ikeestä, pinnoista ja kääpiöstä koostuva sarja on vaunujen yhteinen nimitys."

"Oikein hyvä! - Nagasena sanoi. Ymmärsit tarkalleen vaunujen merkityksen. Samoin se on joukko hiuksia, kynsiä, hampaita, havaintoja, tunteita ja tietoisuutta, joka osoittaa Nagasenan."

Joten mikä on Milindan vaunut? Materialistit sanoisivat, että ei ole vaunua ilman yksittäisiä osia. Osat ovat kokonaisuus, ja vaunut ovat olemassa vain apufaktaina, ilmiönä, jonka läsnäolo tai puuttuminen ei vaikuta osien olemassaoloon. Se, että osat kokonaisuutena muodostavat vaunut, on täysin satunnaista.

Hengellisemmässä näkemyksessä sanoisimme, että yksittäiset osat saavat merkityksen vasta, kun ne älykkäästi koottuna antavat muodon vaunuille, itse munkki Nagasenalle ja kaikelle muulle maailmankaikkeudessa. Jokainen loogisesti koottujen osien joukko vaatii kuitenkin älykkään suunnittelun, joka ylittää paljon sen muodostavien materiaalien inertian.

Descartesin ehdottama dualismi.

Isaac Newton omaksui mekaanisen näkemyksen maailmasta, joka rakensi sen mekanistisen tieteensä perustaen klassisen fysiikan. Newtonilainen näkemys hallitsi maailmaa 1600-luvun puolivälistä 1800-luvun loppuun.

Descartesin filosofia ei ollut tärkeä ainoastaan klassisen fysiikan kehitykselle, vaan sillä oli valtava vaikutus länsimaiseen ajatteluun.

Hänen kuuluisa lauseensa "Cogito ergo sum" (minä ajattelen, siis olen) sai ihmisen samaistumaan enemmän mieleensä kuin kehoonsa. Tämän seurauksena ihminen on tietoinen itsestään "toisena", joka elää omassa kehossaan. Kehosta erotettu mieli saa tehtäväkseen hallita sitä. Tämä aiheuttaa ristiriidan tahdon ja vaistojen välillä.

Tämä eroaminen kehosta ulottuu ulkoiseen maailmaan, joka nähdään kokoelmana erillisiä esineitä ja tapahtumia. Luonnonympäristö koostuu osista, jotka voidaan ryhmitellä yhteen kiinnostaviin ryhmiin (puut, tähdet, mineraalit tai todellakin kuningas Milindan vaunut).

Yhteiskunta jakautuu myös rotuihin, kansoihin, kansoihin, uskontoihin ja poliittisiin ryhmiin, ja sisäpiirimme jakautuu "omahuoneistoni, sukulaisteni, ystävieni, työtovereideni, niiden kanssa, joilla on sama harrastus kuin minulla, supermarketin vierailijoiden kesken" ”.

Nämä jakautumat ovat kaikkien sosiaalisten ja kulttuuristen kriisien taustalla ja ovat aiheuttaneet epäjärjestystä ja resurssien epäoikeudenmukaista jakamista, joka usein johtaa väkivaltaan ja sotaan.

Karteesinen ajattelu on tuonut etuja ja haittoja; Hän ansaitsee tunnustuksen siitä, että hän on ottanut käyttöön erottelun tieteellisellä tasolla, kun taas yhteiskunnallisista pahoista on ilmeistä, että ne olivat olemassa jo kauan ennen Descartesia. Siksi filosofia ei pidä syyttää, päinvastoin, hänen kykynsä korostaa hengen ja aineen eroa näiden ongelmien alkuperänä on tunnustettava.

On mielenkiintoista huomata, kuinka nykyaikainen tiede, joka on syntynyt karteesilaisesta erottelusta ja Newtonin mekanistisesta käsityksestä, ajattelee näitä käsitteitä uudelleen. Itse asiassa tämän vuosisadan tiede on palaamassa ensimmäisten kreikkalaisten filosofioiden ilmaisemaan ajatukseen. Se oli idea kosmoksesta, joka perustui hengen ja aineen yhteistyöhön..

Miksi asiat ovat olemassa sen sijaan, että olisivat mitään?

Tiede ihmettelee usein "miten" asiat tapahtuvat. Hän myös kysyy "miksi" niitä tapahtuu, mutta paljon harvemmin. Itse asiassa deterministinen tiede olettaa, että "miksi" on ilmeinen. Syy löytyy loogisesti syiden ja seurausten sarjasta. "Jotain" aiheuttaa "jotain muuta", ja riittää, että rekonstruoidaan kaikki vaiheet ymmärtääkseen ilmiön alkuperän. Siten "miksi" on implisiittisesti "miten". Eli ei ole olemassa "miksiä".

Tämä diskurssi tulee mahdottomaksi, kun puhumme maailmankaikkeuden ensimmäisestä syntymisestä, koska, jos tarkastelemme sen olemassaoloa edeltävää hetkeä, sillä hetkellä ei toiminut mikään syy, joka käynnistäisi vaikutusketjun. Joten tällä tasolla molemmat kysymykset, miten ja miksi, jäävät vastaamatta.

Tieteet, jotka yrittävät ratkaista tämän ongelman, ovat kosmologia ja fysiikka. Kosmoksen tutkimus on osoittanut, että se on laajentumisvaiheessa, koska se jatkaa leviämistä avaruuteen. Nykyisistä olosuhteista lähtien ja simuloimalla taaksepäin suuntautuvaa polkua eli supistumista päästään pisteeseen, jossa aineen tiheydestä ja lämpötilasta tulee ääretön, mahdoton tilanne. Siksi voidaan olettaa, että maailmankaikkeus sai alkunsa tiettynä ajankohtana, sijoittuen nykyhetken ja menneisyyden hetken väliin, joka sijaitsee ajallisesti ennen kuin olosuhteet muuttuivat mahdottomiksi.

Olisi ollut tarkka hetki, jolloin laajentuminen olisi alkanut ja maailmankaikkeus olisi "syntynyt". Tämä voi kuitenkin antaa meille elementtejä siitä, miten, mutta ei selitä miksi.

On olemassa monia kulttuurisia ja uskonnollisia perinteitä, jotka yrittävät tarjota vastauksia. Raamatun tutkijat ovat pitkään keskustelleet siitä, käyttikö luominen jo olemassa olevaa inerttiä ainetta vai syntyikö se tyhjästä. Sekä muinainen juutalainen eksegeesi että Philo, hellenistisessä perinteessä, ovat yhtä mieltä tukeessaan "creatio ex-nihilo" (luominen tyhjästä), hypoteesia, jota kristinusko tukee edelleenkin.

Monissa muissa tapauksissa ehdotetaan universumia, joka rakennetaan uudelleen kaaoksen alkutilanteesta tai rakenteettoman tyhjiön perusteella.

Joidenkin perinteiden mukaan universumi voi syntyä äidinkohdusta. Muiden mytologioiden mukaan maailmankaikkeus voi syntyä jo olemassa olevasta munasta.

On myös perinteitä, joiden mukaan maailmankaikkeus on aina ollut olemassa, maatalouden sivilisaatioiden inspiroiman aikakäsityksen mukaan, jonka mukaan kaikki on ikuisen kuoleman ja uudestisyntymisen kierteen alainen.

Useimmissa tarkastelluissa hypoteeseissa, raamatullista lukuun ottamatta, asian olemassaolo pidetään itsestään selvänä, vaikkakin kaaoksen, kohdun tai munan muodossa. Usein ei selitetä, mistä tämä olemassa oleva alkuperä on peräisin. Kaikki perinteet eivät kuitenkaan selitä, kuinka siirtymäprosessi tyhjästä johonkin olisi voinut tapahtua, paitsi jumalallisen luovan teon kautta.

Kaikki alkaa alkuräjähdyksestä.

Alkuräjähdys on kosmologinen malli, joka perustuu ajatukseen, että maailmankaikkeus alkoi laajentua hyvin suurella nopeudella tarkasti määriteltävänä aikana menneisyydessä ja että tämä prosessi jatkuu edelleen.

Se on vallitseva ajatus nykyisessä tiedeyhteisössä, sillä se on saanut vahvistuksia tähtitieteellisiin havaintoihin ja todisteisiin.

Alkuräjähdysteoriaan vaikuttaa erityisesti se, että kevyitä alkuaineita, kuten vetyä ja heliumia, on erityisen runsaasti ennustettujen arvojen mukaisesti; toinen vahvistus tulee kosmisen taustasäteilyn olemassaolosta, jonka spektri vastaa odotuksia. Nämä ja muut kokeelliset havainnot ovat vakuuttaneet useimmat tutkijat siitä, että alkuräjähdyksen kaltainen tapahtuma todellakin tapahtui noin 14 miljardia vuotta sitten.

Kun sitä ehdotettiin, idean hyväksyminen ei ollut ilmeistä eikä rauhallista. Alkuräjähdys edellytti kaiken energian ja kaiken aineen (joka loppujen lopuksi on erilainen energiamuoto) luomista alkuvaiheessa, enemmän tai vähemmän kuten Descartes ja Newton väittivät. Mutta toiset näkivät Jumalan luovan väliintulon maailmankaikkeuden alussa.

Tämä seikka johti siihen, että tiedeyhteisö oli hyvin pidättyväinen teorian hyväksymisessä. Sen sijaan katolinen kirkko paavi Pius XII:n kanssa hyväksyi sen täysin puheessaan, jonka hän piti torstaina 22. marraskuuta 1951 paavillisessa tiedeakatemiassa:

> "Täten mieleen tulee spontaanisti kaksi kysymystä: pystyykö tiede kertomaan, milloin tämä voimakas kosmoksen periaate tapahtui? Ja mikä oli maailmankaikkeuden alkukantainen tila? Erinomaisimmat atomifysiikan asiantuntijat ovat yhteistyössä tähtitieteilijöiden ja astrofyysikkojen kanssa pyrkineet valaisemaan näitä kahta vaivalloista, mutta erittäin mielenkiintoista ongelmaa. (...)
>
> On kiistatonta, että nykyaikaisen tieteellisen tiedon rikastuma valaistunut mieli arvioi rauhallisesti tätä ongelmaa ja hylkää hypoteesin itse luomasta aineesta. Valaistunut mieli tulee käsittämään luojan hengen läsnäolon. Samalla selkeällä ja kriittisellä katseella, jolla se tutkii ja arvioi tosiasioita, valaistunut mieli näkee ja tunnistaa teoksen, jota on liikuttanut voimakas "Fiat", jonka luoja Henki lausui miljardeja vuosia sitten. Rakkauden eleellä luotiin materiaalia täynnä energiaa. Näyttää todellakin siltä, että nykypäivän tiede, yhtäkkiä miljoonia vuosisatoja taaksepäin, on onnistunut todistamaan raamatullisesta "Fiat luxista", kun valon ja säteilyn meri purskahti tyhjästä. Samaan aikaan kemiallisten alkuaineiden hiukkaset hajosivat ja yhdistyivät uudelleen miljooniksi galakseiksi." (Pius XII)

Big Bang -teoria sisälsi teologisia seurauksia, joiden vuoksi se hylättiin ja vastustettiin, joskus vain siksi, että kirkko tuki sitä. Jotkut tunnetut fyysikot esittivät hypoteesin, että tämä teoria oli osa kirkon itsensä haukkumaa salaliittoa. Tähtitieteilijä Fred Hoyle tuomitsi alkuräjähdyksen juutalais-kristillisille perustalle rakennetuksi malliksi. Hoyle muotoili vaihtoehtoisen hypoteesin nimeltä "stationary universe", jossa uuden aineen luominen tapahtuu jatkuvasti; tämä teoria on kuitenkin hylätty joksikin aikaa, koska se olisi ennustanut liikkuvien galaksien syntymistä jo olemassa olevien galaksien joukossa, mitä ei ole vahvistettu. Itse asiassa vanhojen galaksien välissä ei ole nuoria galakseja. Nuorimmat eli aikaisemmin syntyneet galaksit ovat kaukaisimpia universumin laajenemisen mukaisesti, joka jatkuu alkuperäisen luovan teon jälkeen.

Nykyään tiedeyhteisön ehdoton enemmistö hyväksyy alkuräjähdyksen teorian. Ilmeisesti ei kuitenkaan hyväksytä ajatusta, että alkuperäinen luomishetki olisi saanut alkunsa jumalallisesta tahdosta.

Atomi ja sen klassinen esitys.

Atomi (kreikan sanasta àtomos, jakamaton) on aineen perusrakenne; kaikki aine koostuu alkeisyksiköistä, joita kutsutaan atomeiksi. Tämä koskee kiinteää, nestemäistä ja kaasumaista ainetta. On huomattava, että tätä väitettä on vaikea yhdistää plasmatilaan, jossa erityisen korkeat paineen ja lämpötilan arvot estävät atomien muodostumisen. Atomia pidettiin pienimpänä ja jakamattomana aineen yksikkönä, kunnes vuonna 1897 Joseph Thompson ilmoitti löytäneensä elektronin ja osoitti, että atomi on todella jaettavissa.

Kuva 27- Niels Bohr, tanskalainen fyysikko Kööpenhaminan koulun aloitteentekijä. Vuoden 1920 jälkeisinä vuosina hän kehitti atomin klassista mallia ja sai Nobel-palkinnon vuonna 1922.

Nykyään tiedämme, että pintajaossa atomit muodostuvat subatomisista alkuaineista, kuten protoneista (positiivisella varauksella), neutroneista (varautumattomista) ja elektroneista. Elektroneilla on negatiivinen varaus. Atomit muodostavat molekyylejä aggregoitumalla korkeammilla tasoilla.

Viimeinen klassinen atomin rakenteen malli on Niels Bohrin vuonna 1913 kehittämä malli, joka on edelleen voimassa ilman merkittäviä muutoksia.

Tämän mallin mukaan atomi koostuu ytimestä, jonka ympäri elektronit pyörivät. Ydin koostuu kahden tyyppisistä hiukkasista, protoneista ja neutroneista. Protoneilla on positiivinen sähkövaraus, kun taas neutroneilla on neutraali sähkövaraus. Elektroneilla on puolestaan negatiivinen sähkövaraus ja ne liikkuvat ydintä ympäröivässä ulkoavaruudessa tasapainottaen sen vetovoimaa pyörimisenergian kanssa, aivan kuten Kuun pyöriminen tasapainottaa Maan vetovoimaa. Kaiken kaikkiaan atomi on sähköisesti neutraali, koska protonien lukumäärä (atomiluku) ja elektronien lukumäärä on sama. Luonnossa atomit eroavat toisistaan ytimessä olevien protonien lukumäärällä: protonien ja neutronien summaa kutsutaan massaluvuksi.

Tällä hetkellä atomin ytimen ja sen komponenttien tutkimus liittyy hiukkasfysiikan kehitykseen. Viime vuosina atomin ytimen rakennetta on pystytty määrittämään tarkemmin, erityisesti hiukkaskiihdyttimissä tehdyillä kokeilla. Hiukkasten standardimallin mukaan protonit ja neutronit koostuvat itse kvarkeista.

Nämä vertailut voivat olla hyödyllisiä saadaksesi käsityksen atomin koosta:

- hiuksen halkaisija vastaa noin miljoonaa hiiliatomia peräkkäin;
- jos appelsiinista tulisi maapallon kokoinen (halkaisijaltaan noin 12 700 km), sen atomit olisivat suunnilleen alkuperäisen oranssin kokoisia (halkaisijaltaan noin 10 cm).

On myös tärkeää huomata, että atomi on olennaisesti tyhjä. Itse asiassa, jos atomin ytimen halkaisija olisi 3-4 millimetriä, sen uloin elektroni pyörisi noin sadan metrin etäisyydellä.

Juuri paljastetun atomin staattinen esitys on pätevä työhypoteesi, mutta kvanttifysiikka osoittaa, että subatomitasolla on enemmän todennäköisyyksiä kuin varmuutta. Varmuus, joka on varmasti kumottu, on se, että hiukkaset ovat "kiinteän aineen paloja", vaikka ne olisivat hyvin pieniä.

Kvanttifysiikka.

Kvanttifysiikka on teoria, joka kuvaa aineen ja säteilyn käyttäytymistä sekä niiden keskinäisiä vuorovaikutuksia atomien hyvin pienissä pituuksissa tai energia-asteikoissa.

1800-luvun lopulla klassinen fysiikka ei ilmeisesti kyennyt kuvaamaan aineen ja sähkömagneettisen säteilyn käyttäytymistä mikroskooppisella tasolla, eli atomin mitoituksia vastaavilla tai pienemmillä mitoilla. Vastaavasti klassinen fysiikka ei pystynyt kuvaamaan atomien sisäisiin sidoksiin liittyvien energioiden käyttäytymistä. Siksi 1900-luvun alussa kävi selväksi, että uuden fysiikan synty oli välttämätöntä, täysin erilaista kuin siihen asti kehittynyt klassinen.

Näin syntyi kvanttiteoria, jota kutsutaan myös kvanttifysiikaksi tai kvanttimekaniikaksi. Tämän fysiikan osan esitteli alun perin Max Planck, ja se perustuu siihen tosiasiaan, että jotkin suureet mikroskooppisella tasolla, kuten energia tai "kulmamomentti", eivät voi vaihdella lineaarisesti, vaan vain diskreettien arvojen, joita kutsutaan "kvanteiksi", mukaan.

Atomin pääkomponenttien eli protonien, neutronien ja elektronien hiukkasten lisäksi on monia muita, ja voisi melkein sanoa, että uusia löydetään joka päivä. Erityisesti meitä kiinnostava hiukkanen on fotoni eli "valon kvantti". Fotoni on hiukkanen, joka saa tähdet kirkkaiksi ja auringon paistamaan.

Käsite "kuinka paljon" on melko utelias, ja 1800- ja 1900-luvun tiedemiehet tuskin hyväksyivät sitä.

Makroskooppisella tasollamme pidämme luonnollisena käsitystä, että kaikki suureet voivat ottaa jatkuvan arvojoukon. Esimerkiksi kilon lisäksi huomioidaan myös quintaali ja tonni sekä hektogrammi, gramma, milligramma ja niin edelleen, joten on luonnollista, että esine voi painaa esimerkiksi 7 kiloa ja 356 grammaa. eli 7365 grammaa.

Kvanttimekaniikka sitä vastoin edellyttää, että eri suureet voivat ottaa vain tietyn arvojoukon, perusarvon kerrannaisia, joita ei voida hajottaa. Tätä arvoa kutsutaan "aineen tai energian kvantiksi".

Kuvittele supermarket, josta voit ostaa irtonaisia hedelmiä tai sadan gramman "pakkauksia" voita. Ostoskoriisi on helppo laittaa 1365 kiloa omenoita, kun taas voita voi ostaa vain 100 tai 200 tai 300 grammaa sen mukaan, kuinka monta pakkausta ostoskoriin laitat. Hiukkasten maailma ennakoi, että energiaa ja ainetta ei ole saatavilla irtotavarana, vaan ainoastaan pakettien muodossa. Näitä paketteja kutsutaan "kvanteiksi".

Siksi hiukkasten maailmassa energiaa ja ainetta ei voida vähentää "kvanttia" pienemmiksi arvoiksi. Tämä tarkoittaa, että ne ovat saatavilla vain perusarvona tai perusarvon kerrannaisina. Kuten on helposti ymmärrettävää, kvantilla on erittäin pieni arvo.

Kaikki maailmankaikkeudessa koostuu kvanteista, jopa kirja, jota luet. Syy siihen, miksi et tunne sen "rakeisuutta" koskettamalla, on se, että kvantit ovat niin pieniä, etteivät aistimme pysty havaitsemaan niitä, aivan kuten emme havaitse yksittäisiä atomeja tai edes yksittäisiä molekyylejä selvästi.

Yksi ensimmäisistä tutkituista tapauksista on energian kvantisointi: esimerkiksi atomin elektroneilla voi olla vain tiettyjä energia-arvoja, joten ne voivat pyöriä ytimen ympäri vain tietyillä kiertoradoilla. Samoin fotonit ovat sähkömagneettisen kentän kvantteja: ne ovat jakamattomia valopaketteja

Kvantisoitu atomi.

Käsite "kvantti" on erittäin tärkeä aineen toiminnalle äärimmäisen pienissä eli atomeissa, mutta näin ollen myös koko maailmankaikkeudessa. Ymmärtääkseni sitä paremmin voin ehdottaa samankaltaisuutta joidenkin jokapäiväisessä elämässä yleisesti käytettyjen laitteiden kanssa. Kuvitellaan esimerkiksi perinteistä kaasuliesi, joka on varustettu ylemmälle keittotasolle sijoitetuilla polttimilla ja sisäänrakennetulla uunilla. Keittiön säätimet on sijoitettu etupaneeliin ja ne koostuvat säädettävistä nupeista, joiden avulla voit lähettää kaasun vastaaviin polttimiin.

.

Kuva 28 - Albert Einstein, luultavasti aikamme tunnetuin fyysikko ja matemaatikko. Hän kiisti Niels Bohrin ja Kööpenhaminan koulukunnan kvanttiteoriat suunnittelemalla EPR-kokeen osoittamaan niiden epäjohdonmukaisuuksia. Myöhemmät tutkimuskehitykset sen sijaan johtivat niiden vahvistukseen.

Suurin osa nupeista voidaan pyörittää lineaarisesti vasemmalta oikealle. Nuppi sulkee kaasun syötön, kun se käännetään kokonaan vasemmalle. Kääntämällä nuppia oikealle kaasua lähetetään polttimeen kasvavassa määrin, kunnes se saavuttaa "rajan" eli suurimman sallitun. Päättelemme, että nuppi mahdollistaa lineaarisen (tai jatkuvan) kaasun määrän lisäämisen.

Yksi nupeista, erityisesti uunin nuppi, toimii kuitenkin eri tavalla. Tämä nuppi ei voi pyöriä jatkuvasti, vain nykäyksiä. Tällä tavalla se mahdollistaa kaasun virtauksen määrätyissä määrissä, jotka sopivat jokaisella nupin napsautuksella ilmaistun lämmön saamiseksi celsiusasteina ilmaistuilla arvoilla: 120 °C, 180 °C, 270 °C tai vastaavat arvot. Tässä tapauksessa kaasu ei voi kasvaa jatkuvasti, vaan "diskreetti" tavalla, eli vain kiinteillä ja määrätyillä määrillä.

Jos haluamme olla tarkkoja, meidän on myönnettävä, että myös muut nupit toimivat "diskreetissä" tilassa, eivät jatkuvasti. Ongelmana on, että pisteen ja toisen väliset vaihtelut ovat niin pieniä, että ne antavat meille vaikutelman lineaarisesta noususta tai laskusta. Yksinkertaisesti sanottuna aistimme eivät pysty poimimaan vaihtelun napsautuksia, koska ne ovat liian pieniä.

Aineen ulottuvuuksien keskitasolla, eli tasolla, jolla aistimme toimivat, kaikki näyttää meistä kasvavan (tai pienenevän) lineaarisesti. Valon diffuusio aamunkoitteessa tai iltahämärässä, lähestyvän tai poistuvan auton ääni, ympärillämme surinaa kärpänen. Sanoisimme kaiken tuosta kärpäsestä, mutta emme todellakaan sanoisi, että se lentää nykivästi.

Tämä antaa meille jälleen kerran mittauksen siitä, kuinka petollisia aistimme ovat, koska todellisuudessa mikään ei liiku lineaarisesti, vaan kaikki tekee sen diskreetillä tavalla, toisin sanoen energiamäärien eli "kvanttien" mukaan.

Ero makroskooppisen tasomme ja hiukkasten mikroskooppisen tason välillä on se, että arvioimme liikkeitä ja energioita pitämällä niitä lineaarisina.

Periaatteessa fysiikassa käytetyn sopimuksen mukaan materiaalikappaletta makroskooppisella tasolla voidaan tutkia jatkuvana kappaleena, koska hiukkasten erittäin suuri lukumäärä, koheesio ja keskinäinen riippuvuus poistavat kaiken rakeisuuden.

Sen sijaan äärettömän pienessä tätä ominaisuutta ei enää voida jättää huomiotta, koska subatomisten kappaleiden mitat ovat herkkiä kvanttirakeudelle.

Lopuksi voidaan todeta, että kvanttimekaniikassa kvantti (latinan sanasta quantum, joka tarkoittaa määrää) on diskreetti ja jakamaton suure. Laajennuksena termiä käytetään joskus synonyyminä ilmaisulle "hiukkanen".

Kvanttimekaniikan aloittivat pääasiassa Niels Bohr, Louis-Victor de Broglie, Paul Dirac, Albert Einstein, Enrico Fermi, Wolfgang Pauli, Erwin Schrödinger, Richard Feynman ja Werner Heisenberg.

Aineen kvantisoinnin intuitio syntyi vuonna 1900 Max Planckin työstä, joka hyväksyi tämän sopimuksen vahvistaakseen teoriansa mustan kappaleen sähkömagneettisesta emissiosta. Käytännössä Planck totesi, että hänen musta kehon hypoteesi toimisi vain kvantisoidun energian läsnä ollessa. Planck oli kuitenkin hyvin haluton pitämään tätä mahdollisuutta todellisena. Vaikka hän oli ensin teoretisoinut tämän todellisuuden, hän oli aina haluton pitämään sitä pätevänä.

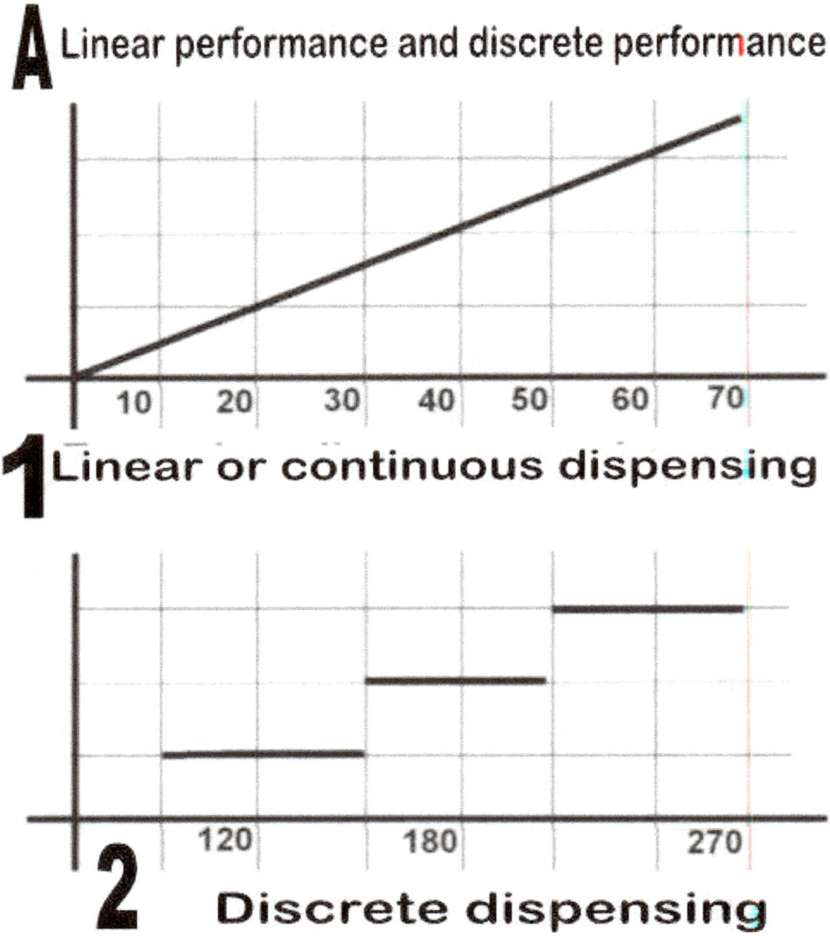

Kuva 29
Lineaarinen trendi ja diskreetti trendi.
1 Lineaarinen tai jatkuva toimitus.
2 Toimitus erillisillä arvoilla
- Lineaarinen trendi olettaa (melkein) äärettömän määrän välitasoja. Diskreetti trendi sen sijaan ennakoi vain muutamia suunniteltuja korotuksia.

Tämän fyysisen todellisuuden vahvistivat vasta myöhemmin muut tutkijat, jotka määrittelivät energiakvantin arvon. Tämä arvo otti nimen Planckin vakio, koska tiedeyhteisö halusi rehellisesti tunnustaa sen työn, joka oli ensin intuitiivinen ja käyttänyt sitä.

Planckin vakio eli "kvantin" suuruus on merkitty kirjaimella h ja se on 6,6×10−34Js, eli käsittämättömän pieni arvo.

Hypoteesi mekaanisen energian rakeisesta rakenteesta sai täyden ja lopullisen vahvistuksen Einsteinin vuonna 1907 laatimassa kiinteiden aineiden ominaislämmön teoriassa

"Elektronin kvanttihyppy".

Viitaten jälleen atomin perinteiseen esitykseen, eli ytimeen, jota ympäröivät sen ympärillä pyörivät elektronit, voimme mennä askeleen pidemmälle ymmärtääksemme sen toimintaan liittyvän näkökohdan, jota kutsutaan "kvanttihyppyksi".

Ensinnäkin on huomattava, että elektronit eivät voi pyöriä anarkkisessa järjestelmässä, mutta niiden on noudatettava tiettyjä sääntöjä. Ensimmäinen sääntö on Paulin poissulkemisperiaate, joka koskee "fermioneja", hiukkasluokkaa, joka sisältää protoneja, neutroneja ja elektroneja.

Tämä periaate lähtee siitä käsityksestä, että atomin ympärillä on vain muutama "sallittu vyöhyke" ja että kaksi identtistä fermionia ei voi olla samanaikaisesti samassa vyöhykkeessä (tai kvanttitilassa).

Siksi kiertoradalla voi olla enintään kaksi elektronia, jos niillä on vastakkaiset "spinsit".

Toinen ehto on, että jokainen rata ei voi olla satunnaisen etäisyyden päässä ytimestä.

Niels Bohrin ehdottaman atomimallin mukaan elektroni pyörii ytimen ympäri ympyräradalla; jokainen elektroni, jolla on negatiivinen varaus, vastaa erittäin tarkkaa kiertorataa, koska sen täytyy liikkua nopeudella, joka on riittävä vastustaakseen houkuttelevaa sähkövoimaa, jonka positiivisesti varautunut ydin kohdistaa siihen. Pyöriminen estää elektronien imeytymisen ytimeen, mutta sen on tapahduttava niiden etäisyyteen verrannollisella energialla.

Mitä kauempana elektroni on ytimestään, sitä enemmän energiaa se tarvitsee. Mutta sen täytyy olla tasapainoista energiaa. Oikean energiamäärän tulee estää elektronia putoamasta ytimeen tai päinvastoin joutumasta atomin vaikutusalueen ulkopuolelle.

Koska tiedämme, että energia elektronien tasolla mitataan kvantteina, niin kiertoradat voivat olla vain kvantin etäisyydellä tai kvantin kerrannaisia.

Yksikään elektroni ei koskaan pyöri kiertoradalla, joka vaatii muun energia-arvon kuin kvantin tai sen moninkertaisen.

Siksi sisäisellä kiertoradalla pyörivän elektronin (kutsutaanko sitä E-Inneriksi) ja toisen, joka pyörii ulkopuolisella kiertoradalla (kutsutaanko sitä E-ulkoiseksi) välillä on energiaero: E-External tarvitsee enemmän energiaa kuin E. -sisäinen.

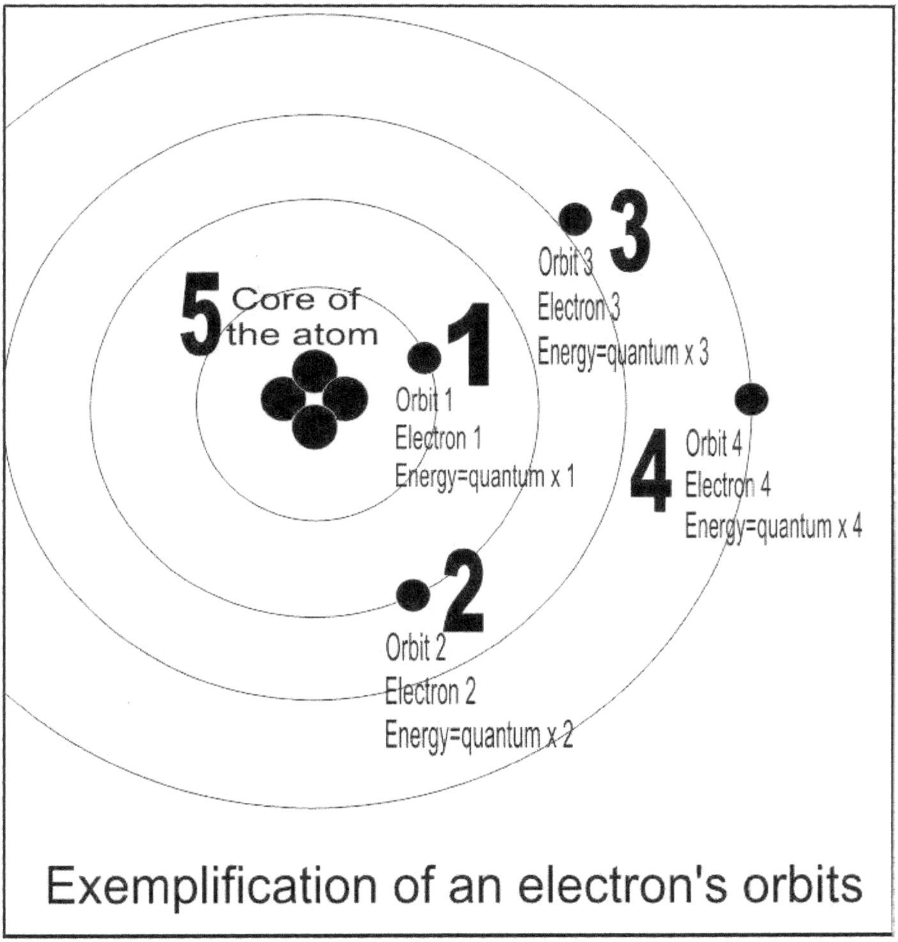

Kuva 30 - Esimerkkikuva atomista, jossa on neljä elektronia ja neljä protonia. Jokainen elektroni pyörii erillisellä kiertoradalla ja sillä on määrä energiaa, joka voidaan mitata kvantteina.

1 Ratalla 1 olevan elektronin energiamäärä on 1 kvantti.

2 Elektronilla kiertoradalla 2 on 2 energiakvanttia.

3 Ratalla 3 olevalla elektronilla on 3 energiakvanttia.

4 Elektronilla kiertoradalla 4 on 4 energiakvanttia.

5 Atomin ydin.

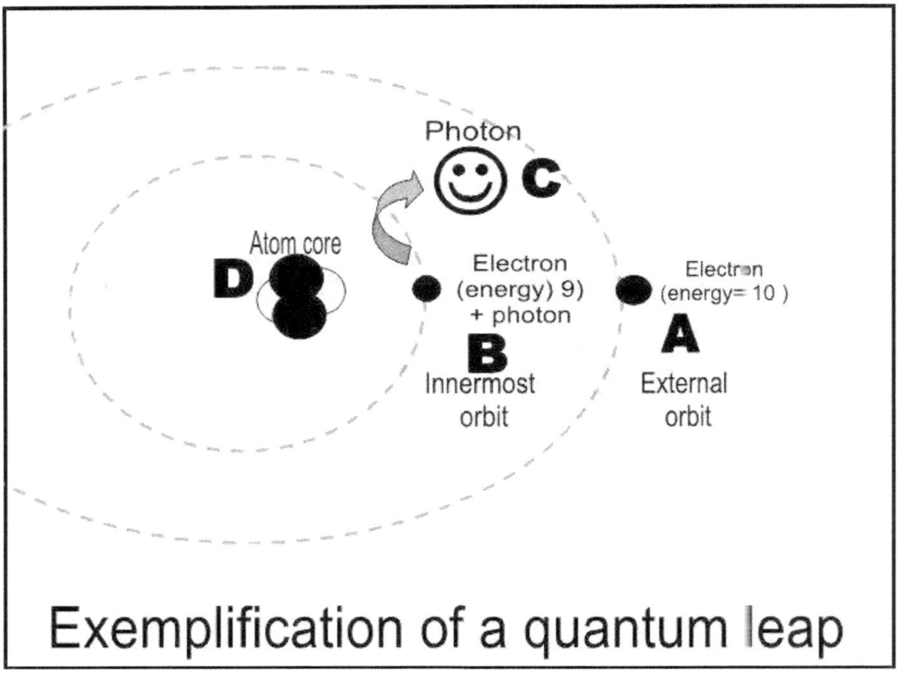

Kuva 31 - Esimerkki kvanttihyppystä.

A. Ulkoiselle kiertoradalle sijoitetun elektronin A energia on kymmenen kvanttia.

B. Elektroni hyppää sisäiselle kiertoradalle. Täällä se tarvitsee vähemmän energiaa (9 kvanttia), joten se vapauttaa kvantin.

C. Vapautuneesta kvantista tulee fotoni.

D. Atomin ydin.

Esimerkkinä voidaan sanoa, että jos sisäinen elektroni tarvitsee yhden energiakvantin, ulkoinen elektroni tarvitsee kaksi pysyäkseen kiertoradalla. Ei voi olla ratoja, jotka vaativat puolitoista kvanttia, koska kvantti on pienin mahdollinen koko.

Niin suuren järjestyksen keskellä meidän on otettava huomioon, että elektronit ovat melko kurittomia ja joskus vain heille tiedossa olevista syistä haluavat hypätä ulkopuolelta sisäiselle kiertoradalle. Siten, jos elektroni, jolla on kaksi energiakvanttia, haluaisi hypätä sisäiselle kiertoradalle (joka vaatisi vain yhden energiakvantin), sen olisi luovuttava yhdestä kvantistaan. Mitä tälle vapautuneelle energialle tapahtuu? Se ottaa fotonin muodon, kun elektroni suorittaa niin sanotun "kvanttihypyn".

Kuva 31 esittää "kvanttihyppyä". Pisteessä A mille tahansa kiertoradalle sijoitetun elektronin energia on yhtä suuri kuin kymmenen kvanttia (esimerkkiarvo). Pisteessä B elektroni on hypännyt sisäiselle kiertoradalle. Nyt tarvittava energia on yhtä suuri kuin yhdeksän kvanttia. Kvantti, jota ei enää tarvita, on siirretty fotonin muodossa, eli siitä on tullut valon kvantti.

Kuten tulemme näkemään myöhemmin, fyysikot ovat käyttäneet tätä ominaisuutta hyväkseen stimuloimalla elektroneja tekemään kvantti-kaksoishypyn kaksoisfotonien tai korreloitujen fotonien tuottamiseksi; heidän käyttäytymisensä tutkiminen on johtanut kvanttikietoutumisen ilmiön löytämiseen.

Aalto-hiukkasdualismi.

Kvanttifysiikan perusominaisuus on se, että se pystyy esittämään säteilyä tai ainetta sekä aaltoilmiön muodossa että hiukkaskokonaisuuden muodossa. Tämä on toisin kuin klassinen fysiikka, jossa esimerkiksi valo kuvataan yksinomaan aaltoksi ja elektroni yksinomaan hiukkaseksi.

Tätä täysin odottamatonta ominaisuutta kutsutaan "aalto-hiukkasdualismiksi". Se, että tämä ominaisuus ei ollut tiedossa, oli syy kaikkien klassisten atomin toiminnasta aiemmin kehitettyjen teorioiden epäonnistumiseen. Kvanttifysiikan ratkaiseva ominaisuus on komplementaarisuus, jonka mukaan kahta aspektia, aaltoa ja hiukkasta ei voida havaita samanaikaisesti saman kokeen aikana. Tämä käsite on formalisoitu Heisenbergin epävarmuusperiaatteeseen. Heisenberg toteaa, että ei ole mahdollista mitata samanaikaisesti ja äärimmäisen tarkasti ominaisuuksia, jotka määrittelevät alkuainehiukkasen tila. Jos esimerkiksi voisimme määrittää sen sijainnin absoluuttisella tarkkuudella, meillä olisi suurin epävarmuus sen nopeudesta.

Kvanttifysiikan tulo aiheutti hämmennystä ja sekasortoa tiedeyhteisössä, joka näki sen maailmankäsityksen perustan kyseenalaistuneen ja mullistavan.

Einstein itse, kun hän tuli tietoiseksi kvanttifysiikan uudesta todellisuudesta, kutsui sitä "pahanteelliseksi toiminnaksi etäältä".

Kuten kirjassa "Albert Einstein Scientist and Philosopher" kerrotaan, Einstein kirjoitti päiväkirjaansa seuraavasti:

> "Kaikki yritykseni sovittaa fysiikan teoreettiset perusteet näihin oletuksiin epäonnistuivat. Tuntui kuin olisimme menettäneet maan jalkojemme alta, eikä missään näkynyt kiinteää pistettä, jolle rakentaa."

Kvanttifysiikan löydöt vaativat peruskäsitteiden, kuten aineen, ajan, tilan ja syy-seuraussuhteiden uudelleen tarkastelua, jotka kaikki ovat välttämättömiä maailman ymmärtämiselle sellaisena kuin me sen havaitsemme. Varmasti tarve muuttaa niitä aiheutti syvällisiä kulttuurikriisejä tiedeyhteisössä. Vielä tänä päivänäkään ei ole mahdollista täysin määritellä, mikä tarkka näkemys fyysisestä todellisuudesta on, ellei tarkastelemalla sitä erikseen eri tasoilla: keskiulottuvuuksien eli herkkätasomme ja subatomisten ulottuvuuksien tasoilla.

Kaksoisraon kokeilu.

Modernin fysiikan saavutukset ovat provosoineet merkittävä muutos tieteellisessä kuvassamme maailman: he ovat horjuttaneet luonnonlakien absoluuttista pätevyyttä ja muuttaneet sen suhteelliseksi pätevyydeksi. Luonnonlait ovat tilastollisia totuuksia, eli ne ovat niin sanotusti täysin päteviä vain silloin, kun käsitellään makrofysikaalisia suureita. Sen sijaan minimimäärien alalla tapahtuvan ennustaminen muuttuu epävarmaksi ja mahdottomaksi, koska hyvin pienet määrät eivät enää toimi tunnettujen luonnonlakien mukaisesti.
(Carl Gustav Jung)

Yksi tunnetuimmista kvanttifysiikan kokeista (luultavasti kaikkien aikojen tunnetuin) auttaa meitä ymmärtämään paremmin alkuainehiukkasten luonnetta. Kokeen merkitys perustuu sen muinaiseen alkuperään: ensimmäisen version teki yli kaksi vuosisataa sitten, vuonna 1801, Thomas Young. Myöhemmin kokeilu säilytti arvokkuutensa, mikä teki siitä ajankohtaisen monissa myöhemmissä uudelleenehdotuksissa. Luonnollisesti kokeilua päivitettiin, kun tekniikka mahdollisti uudemmat versiot. Se edustaa tällä hetkellä yhtä tärkeimmistä avaimista kvanttifysiikan ja siihen liittyvien ilmiöiden, mukaan lukien sotkeutumisen, ymmärtämiseen. Yritän siksi havainnollistaa tätä kokeilua, jotta se olisi helposti omaksuttavissa ei-ammattilaisten lukijalle; tässä suhteessa vältän matemaattisia kaavoja.

Kokeilu ei ole käsitteellisesti monimutkainen, ja aion ehdottaa esimerkkiä, jonka uskon ymmärtävän jokainen, joka poikana nautti kivien heittämisestä kaikenlaisiin kohteisiin tai niiden heittämiseen veteen nähdäkseen tyypilliset samankeskiset ympyrät.

Nosta kätesi, joka ei ole koskaan heittänyt kiveä. Kaikkien kiviä heittäneiden, vaikka he eivät olisi enää nuoria, tulisi valmistautua heittämään enemmän.

Peli koostuu tukevan esteen asettamisesta eteen, johon olemme tehneet reiän tai raon. Halkeama on riittävän suuri, jotta sen suuntaan heitetty kivi pääsee kulkemaan läpi. Aivan esteen taakse asetamme erittäin ohuen metallilevyn. Tässä esimerkissä, kun kivi kulkee reiän läpi, se osuu metallilevyyn ja painaa sitä jättäen jäljen törmäyksestä.

Kuva 32 Thomas Young (Milverton, 13. kesäkuuta 1773 - Lontoo, 10. toukokuuta 1829) oli brittiläinen tiedemies, joka kuului valoa ja kiinteiden aineiden mekaniikkaa koskevista tutkimuksistaan sekä panoksestaan fysiologiaan ja egyptologiaan.

Kuva 33. Werner Karl Heisenberg (Würzburg, 5. joulukuuta 1901 - München, 1. helmikuuta 1976) oli saksalainen fyysikko. Hän oli yksi tärkeimmistä kvanttimekaniikan arkkitehdeistä, joka tunnettiin epävarmuusperiaatteen selittämisestä vuonna 1927. Hän sai fysiikan Nobelin palkinnon vuonna 1932.

Tässä vaiheessa koe voidaan suorittaa kuvan 34 mukaisesti. Seisotaan muutaman metrin päässä ja heitetään niin monta kiviä kuin haluamme yrittää saada ne kulkemaan raon läpi. Otamme huomioon vain kivet, jotka kulkevat halkeaman läpi ja osuvat vastaanottavaan näyttöön, ja jätämme huomiotta kivet, jotka ohittavat ja jotka este hylkää.

Jokainen vastaanottimen näyttöön osuva kivi muodostaa yhden lommo (kuva 34-1).

Jos avaamme toisen raon esteeseen (kuva 34-2), onnistuneet laukaisut kulkevat toisen tai toisen raon läpi ja aiheuttavat vastaanottimen näytölle kolhuja ristikkäisen raon mukaisesti.

Yhteenvetona voidaan todeta, että tässä kokeen osassa voimme ymmärtää, että yksittäiset kiinteät ammukset ylittivät esteen yksinkertaisesti tarkkailemalla vastaanottimen näytölle syntyneitä kolhuja. Nyt voimme siirtyä kokeilumme toiseen osaan. Upotamme laitteen eli esteen raolla ja vastaanotinnäytöllä vettä sisältävään astiaan siten, että rako on puoliksi veden alla, kuten kuvassa 35.

Tällä kertaa emme heitä kiveämme suoraan halkeamaan, vaan veteen jonkin matkan päässä esteen edestä. Kivi tuottaa tyypillisiä vesiympyröitä, jotka me kaikki tiedämme. Nämä ympyrät etenevät estettä kohti, ylittävät raon ja ilmestyvät uudelleen vastakkaiselle puolelle muodostaen uusia etenemisaaltoja, jotka vastaanottava näyttö estää.

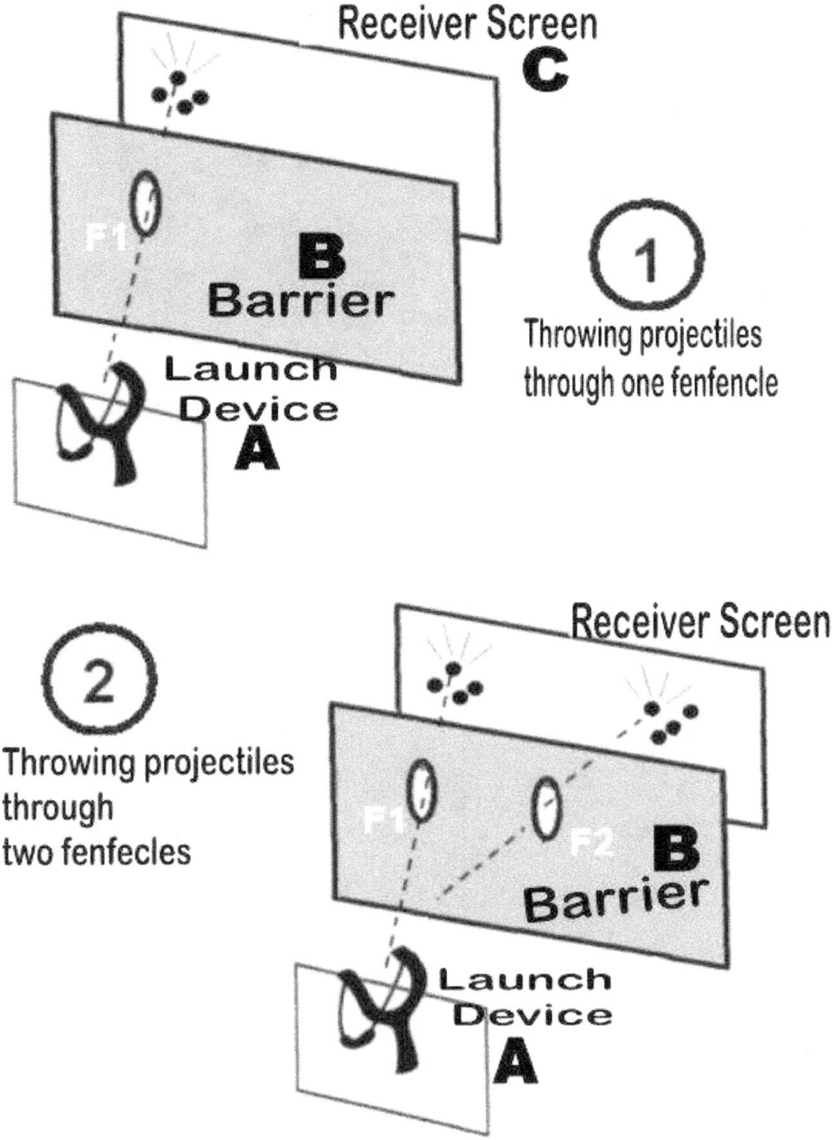
Receiver Screen
C
F1
B
Barrier
Launch
Device
A
1
Throwing projectiles
through one fenfencle
2
Throwing projectiles
through
two fenfecles
Receiver Screen
F1
F2
B
Barrier
Launch
Device
A

Kuva 34 - Simulaatio kaksoisrakokokeesta. 1) Ammusten heittäminen halkeaman läpi. 2) Ammusten heittäminen kahden raon läpi.

1) Heitto tapahtuu esteen läpi, jossa on halkeama.

A. Kantoraketti

B. este

C. Vastaanottimen näyttö

2) Heitto tapahtuu esteen läpi, jossa on kaksi rakoa.

A. Kantoraketti

B. Este

C. Vastaanottimen näyttö.

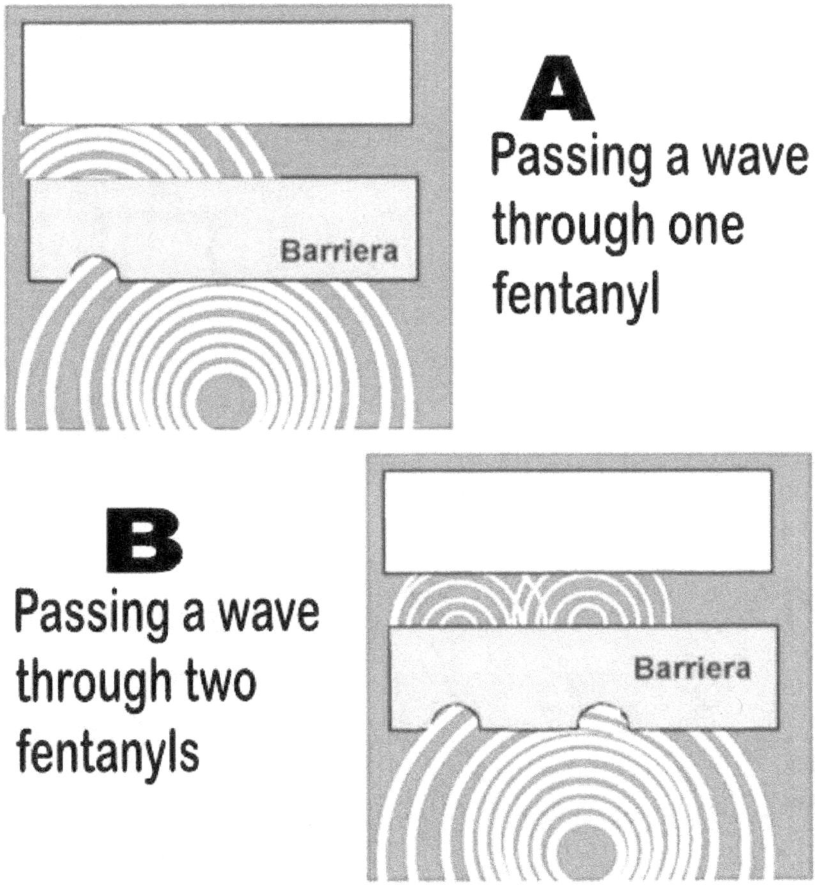

Kuva 35 - Kahden raon läpi kulkeva aalto tuottaa kaksi puoliaaltoa, jotka risteäessään summautuvat yhteen.
A) Vesiaallon kulku yhden aukon läpi.
B) Superpositiovaikutus, joka syntyy, kun aalto ylittää kaksi rakoa.

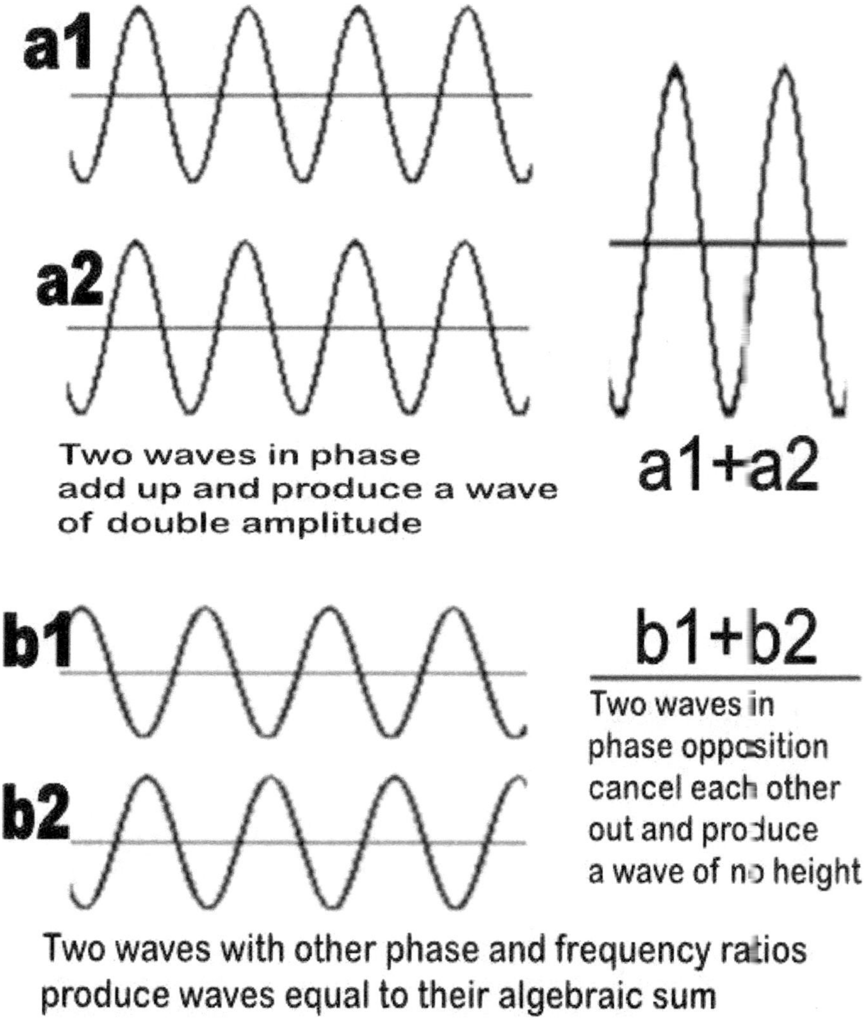
a1
a2
Two waves in phase
add up and produce a wave
of double amplitude
a1+a2
b1
b2
b1+b2
Two waves in
phase opposition
cancel each other
out and produce
a wave of no height
Two waves with other phase and frequency ratios
produce waves equal to their algebraic sum

Kuva 36 - Eri amplitudeilla, taajuuksilla ja vaiheilla olevien aaltojen summa

A) Kaksi aaltoa a1-a2 ovat samassa vaiheessa. Niiden amplitudit summautuvat ja tuottavat kaksinkertaisen amplitudin aallon a1+a2.

B) Kaksi aaltoa b1-b2 ovat vaiheoppositiossa. Niiden amplitudit summautuvat ja tuottavat negatiivisen tuloksen, nollaamplitudin b1+b2-aallon.

Jos kaksi aaltoa eivät ole täsmälleen samassa vaiheessa tai vaiheoppositiossa, ne tuottavat aallon, joka on yhtä suuri kuin niiden algebrallinen summa.

Kuvitellaan nyt toisen raon avaamista ja toisen kiven heittämistä, kuten kuvassa 35 .

Yhden kiven muodostamat vesiympyrät, jotka leviävät esteen eteen, ylittävät molemmat halkeamat. Kaksireikäisen esteen takaosaan ilmestyminen tuottaa kaksi uutta vesiympyrää. Nämä edelleen leviävät ympyrät häiritsevät toisiaan ja laskevat yhteen.

Tähän mennessä sanotun perusteella voimme tehdä joitain yksinkertaisia johtopäätöksiä:

- Jos laukaistamme ammuksia kohti kaksirakoista estettä, ammukset menevät toisen tai toisen raon läpi. Voimme varmistaa tämän katsomalla vastaanottimen näytön kolhuja.
- Jos heitämme kiven veteen kahdella raolla olevaa estettä kohti, muodostamme ryhmän vesiympyröitä. Nämä ympyrät kulkevat molempien halkeamien läpi ja muodostavat kaksi uutta sarjaa vesiympyröitä esteen takaosaan. Nämä kaksi ryhmää sulautuvat ja muodostavat häiriökuvion.

Olemme siis nähneet eron kiven heittämisen ja aallon heittämisen välillä: heittokivistä syntyy kolhuja, kun taas heittelevät etenemisaallot tuottavat interferenssikuvioita.

Kun tiede halusi ymmärtää, koostuuko valo hiukkasista vai aalloista, joku kuvitteli heittävän "valon välähdyksiä" kohti juuri kuvatun kaltaista laitetta. Kokeessa pyrittiin varmistamaan, mitä vaikutuksia vastaanottimen näytölle syntyisi, "lommoja" tai "häiriöitä".

Thomas Young

Thomas Young oli brittiläinen tiedemies, joka on tunnettu valoa ja kiinteiden aineiden mekaniikkaa koskevista tutkimuksistaan, mutta myös panoksestaan egyptologiaan.

Hän syntyi Milvertonissa 13. kesäkuuta 1773 ja kuoli Lontoossa vuonna 1829.

Hän oli ensimmäinen kveekariperheen kymmenestä sisaruksesta. Häntä kuvataan ihmelapsiksi, ja hän varmasti olikin. Todellakin, hän tiesi jo kaksivuotiaana lukea. Kuuden vuoden iässä hän oli jo oppinut latinan ja lukenut koko Raamatun kahdesti. Hän oppi pian muita kieliä ja 14-vuotiaana hän osasi kreikan, ranskan, italian ja heprean lisäksi monia itämaisia kieliä, kuten kaldeaa, syyriaa, samarialaista, arabiaa, persiaa ja turkkia.

Young valmistui fysiikasta vuonna 1796 Göttingenissä, ja vuonna 1799 hän aloitti lääkärin vastaanotolla Welbeck Streetillä Lontoossa. Ovessa oleva kyltti muistuttaa tätä yhteistyötä edelleen. Sillä välin hän julkaisi tieteellisiä kirjoituksiaan nimettömänä, koska hän pelkäsi seurauksia maineeseensa lääkärinä.

Vuonna 1802 Young liittyi Royal Societyn neuvostoon, jonka jäsen hän oli ollut vuodesta 1794.

Fysiikassa Young on tunnettu optiikka-alan töistään, koska hän oli kirjoittanut tutkimuksen aalto-hiukkasten kaksinaisuudesta. Myös valon interferenssiilmiön löytäminen pitäisi lukea Youngin ansioksi. Itse asiassa vuonna 1801 hän suunnitteli kaksoisrako-kokeen.

Diatribe valon luonteesta sai alkunsa Newtonista, joka uskoi sen olevan luonteeltaan korpuskulaarinen.Myöhemmin tämä hypoteesi kyseenalaistettiin, joten vuonna 1801 Young suunnitteli ja toteutti kuuluisan kokeensa.

Young lähetti valonsäteitä kohti estettä, johon oli porattu kaksi reikää. Esteen taakse sijoitetulla vastaanottimen näytöllä hän sai häiriökuvion. Näin ollen Young päätteli, että esteen olivat ylittäneet aallot hiukkasten sijaan, ja vahvisti valon aaltoluonteen. Mutta onko valo todella aalto?

Kaksoisraon kokeen kehitys.

1900-luvun alussa alkoi syntyä epäilyksiä, jotka aiheuttivat Planckin tutkimukset mustista kappaleista ja joistakin Einsteinin korostamista seikoista fotonin käyttäytymisessä, joka näytti hyvin paljon hiukkaselta, jos sitä tutkittiin valosähköisessä vaikutuksessa. .

Vuonna 1916 amerikkalainen Robert Millikan oletti fotonin olemassaolon hiukkasena, minkä myöhemmin vahvisti Compton-ilmiön löytö vuonna 1922.

Tämä loi suuren ongelman fysiikassa, sillä valossa näytti olevan salaperäinen kaksinaisuus, joka sai sen näyttämään aaltona tai hiukkasena erilaisissa erilaisissa kokeissa.

Vuonna 1924 ranskalainen fyysikko ja matemaatikko Louis de Broglie muotoili hypoteesin, jonka mukaan ei vain fotoneilla, vaan kaikilla aineellisilla kappaleilla ja erityisesti kaikilla hiukkasilla oli myös aaltojen tyypilliset fysikaaliset ominaisuudet. Tämä hypoteesi sai pian kokeellisen vahvistuksen ja antoi perustavanlaatuisen sysäyksen kvanttimekaniikan kehitykselle. Kokeellisen todisteen aaltohiukkasten kaksinaisuudesta saivat vuonna 1927 Clinton Davisson ja Lester Germer Bell Laboratoriesissa Murray Hillissä, New Jerseyn osavaltiossa Yhdysvalloissa. Nämä tutkijat ampuivat elektronisäteen nikkelikiteeseen ja havaitsivat diffraktiokuvioita. Tämä teki mahdolliseksi käyttää hiukkassäteitä kahden raon häiriökokeiden suorittamiseen, aivan kuten Young oli tehnyt.

Moderni versio kaksoisrakokokeesta

Kaksirakoisen kokeen suoritti ensimmäisen kerran nykyaikaisessa muodossa elektroneja käyttäen Claus Jönsson Tübingenin yliopistossa Baden-Württembergin osavaltiossa Saksassa. Sen toistivat sitten vuonna 1974 CNR:n LAMEL-instituutissa Bolognassa Pier Giorgio Merli LAMELista sekä Gian Franco Missiroli ja Giulio Pozzi, molemmat Bolognan yliopiston fysiikan osastolta.

LAMEL-instituutilla oli huippuluokan mikroskooppi, Siemens Eliskop 101, joka kalibroitiin ja sovitettiin toimimaan interferenssielektronimikroskooppitilassa.

Mikroskooppia käytettiin sekä interferometrinä että elektronien lähteenä, jotka kuljetettiin yksi kerrallaan kaksoiselektroniprisman läpi ja lähetettiin sitten kohti valokuvauslevyä.

Kuvaus kokeesta, joka perustuu yhden fotonin laukaisuun

Nyt haluamme tarkastella yksityiskohtaisesti kokeilua sen klassisessa modernissa versiossa, joka perustuu yksittäisten fotonien tai valon kvanttien käyttöön. Kuvittelemme siksi laitetta, joka pystyy laukaisemaan yksittäisiä fotoneja yksi kerrallaan, este, jossa on yksi tai kaksi rakoa ja sen takana oleva näyttö. Takaruutu koostuu pimeästä huoneesta, jossa on valokuvafilmejä. Filmin "merkitsevät" siihen osuvat fotonit, koska fotonit ovat valoa kuljettavia elementtejä.

Yksirakoisessa konfiguraatiossa oleva laite on esitetty kuvassa 37. Esteen hylkäämiä fotoneja ei oteta huomioon. Raon läpi kulkevat fotonit merkitsevät valokuvafilmiin pisteen, joka on selvä merkki siitä, että ne ovat käyttäytyneet kuin hiukkaset. Toistaiseksi ei mitään poikkeuksellista; fotonit käyttäytyvät kuten kivemme, ja koe viittaa siihen, että fotonit ovat hiukkasia.

Kuva 38 havainnollistaa yhden fotonin laukaisua kohti estettä, jossa on kaksi rakoa. Kysymysmerkki symboloi kysymystä: minkä raon läpi fotoni kulkee?

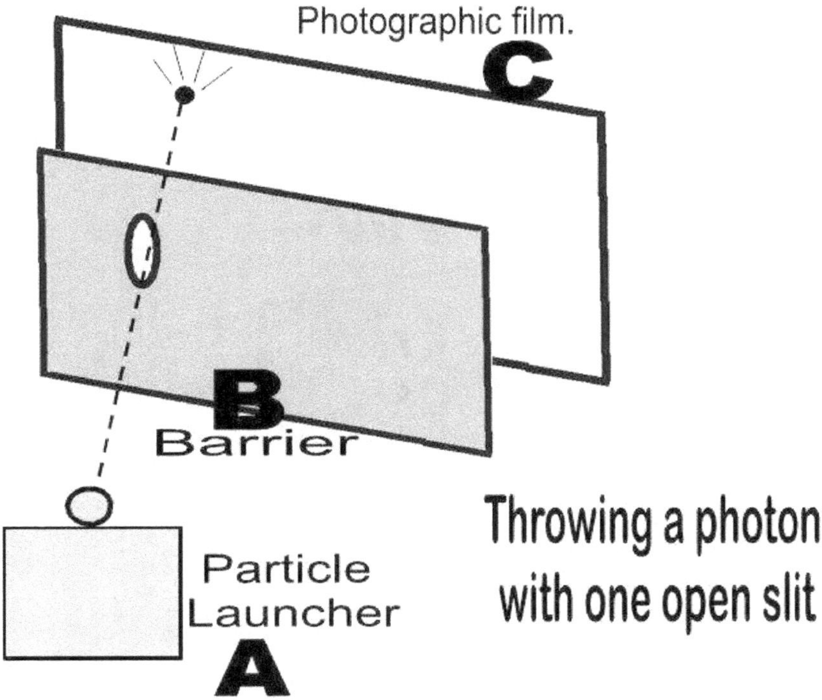

Kuva 37 - Yhden fotonin laukaisu kohti estettä, jossa on rako. Fotoni kulkee raon läpi ja vaikuttaa takavalokuvalevyn pisteeseen. Siten fotoni käyttäytyy kuin hiukkanen.

A) Heittolaite.

B) Este, jossa on halkeama.

C) valokuvafilmi.

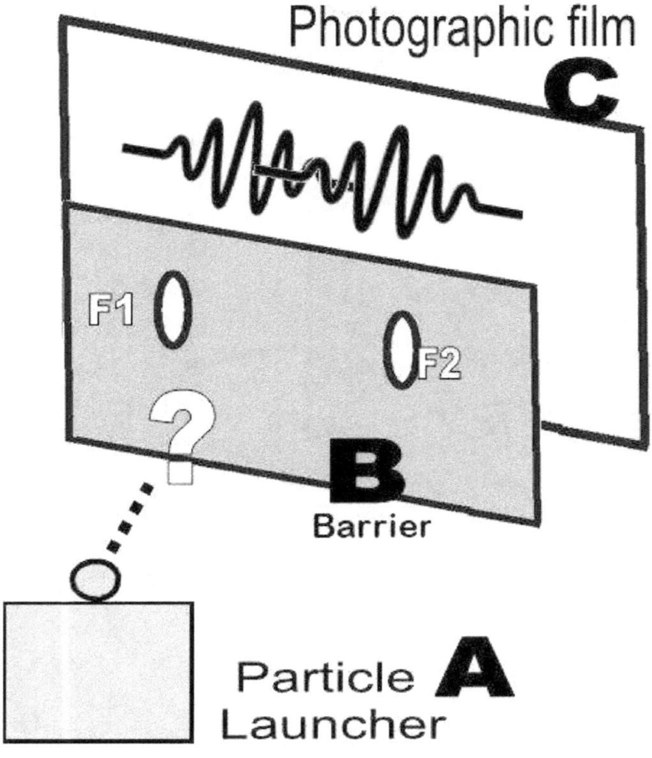

Throwing a photon with TWO open slits

. Kuva 38 - Jos laukaistaisimme yhden fotonin kohti estettä, jossa on kaksi rakoa, tämä hiukkasena läpäisi vain yhden, kun taas aallona se kulkisi molempien läpi.

A) Heittolaite.

B) Suoja kahdella aukolla.

C) valokuvafilmi

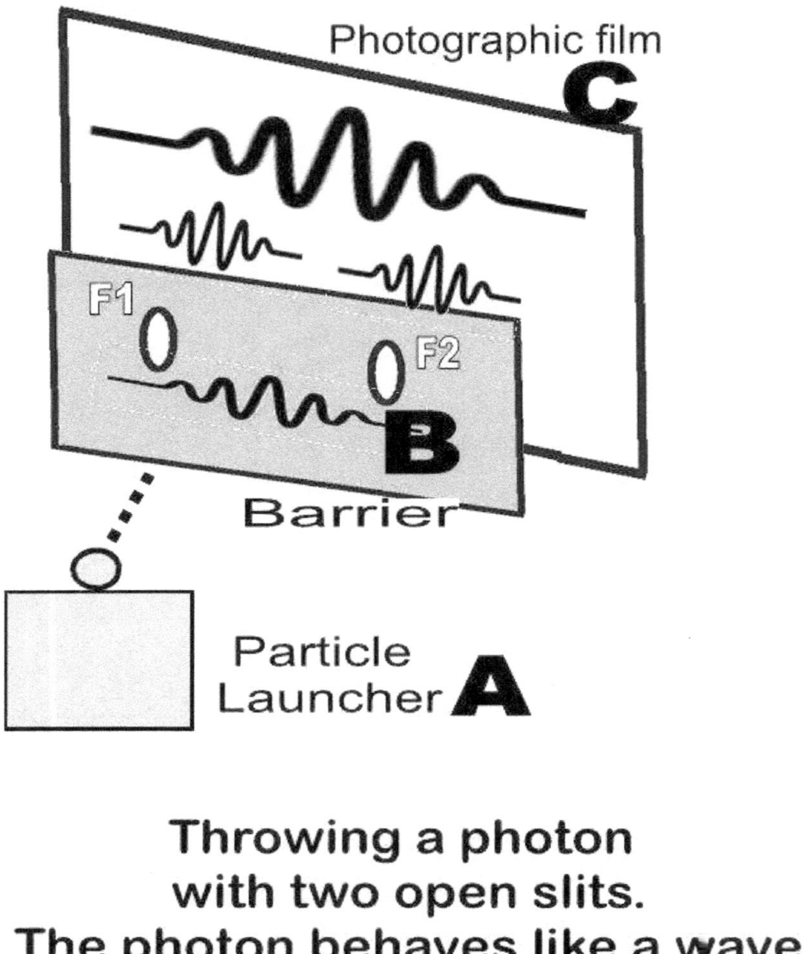

Kuva 39 - Itse asiassa yksittäinen fotoni käyttäytyy kuin hiukkanen, jos se kohtaa vain yhden raon; jos sillä on kaksi edessä, se käyttäytyy kuin aalto.
A) Käynnistysohjelma.
B) Yhdellä aukolla oleva este.
C) valokuvafilmi.

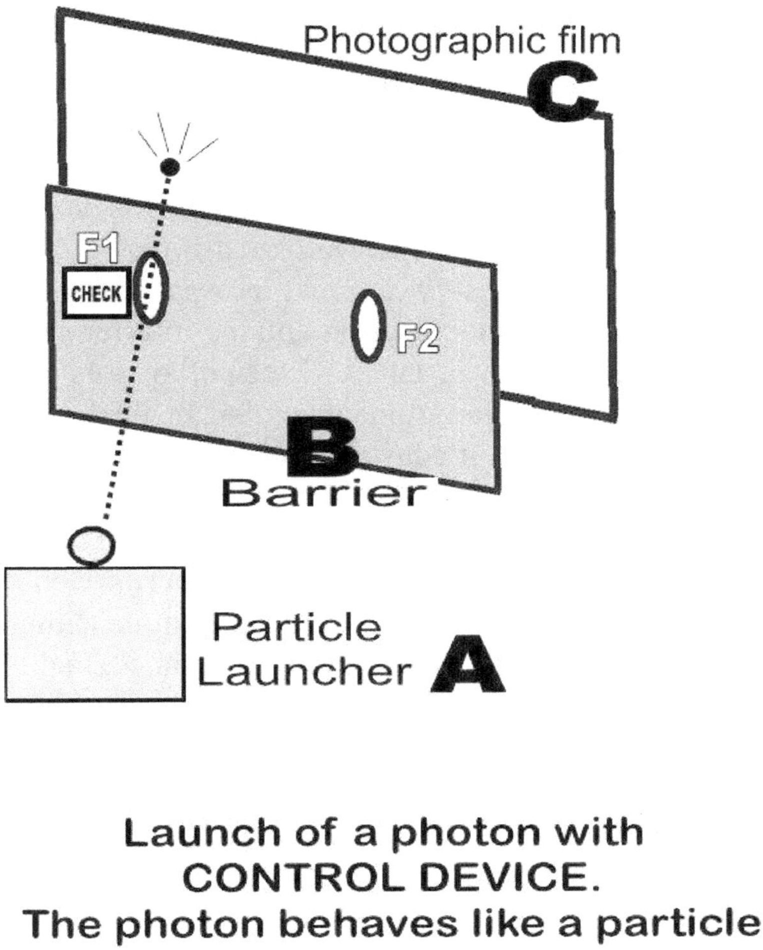

Kuva 40 - Jos heitämme fotonin estettä vasten, jossa on kaksi rakoa, joista toinen on varustettu ohjauslaitteella, jolla varmistetaan fotonien kulku, fotonimme valitsee ohjatun raon ja käyttäytyy kuin hiukkanen.

A) Heittolaite.

B) Yhdellä aukolla oleva este.

C) valokuvafilmi.

TARKISTA) Laitteen tarkistus.

Vastaus näkyy selvästi kuvassa 39: yksi fotoni meni molempien rakojen läpi.

Todellakin, yhden raon edessä fotoni käyttäytyy kuin hiukkanen, kun taas kahden raon edessä se käyttäytyy kuin aalto ja ylittää ne molemmat.

Ensimmäisessä tapauksessa palautteen antavat yksittäiset kirkkaat pisteet, jotka näkyvät valokuvafilmissä. Toisessa tapauksessa tähän ilmestyy tummat ja vaaleat palkit, eli kummankin raon ylittäneen aallon antama interferenssiluku muodostaen kaksi lähtevää aaltoa. Esteen ulkopuolella nämä kaksi aaltoa häiritsevät ja summaavat toisiaan algebrallisesti. Tummat tai vaaleat palkit edustavat tulosta (kuva 39).

Ensimmäinen huomio, joka voidaan tehdä, on, että fotonit (mutta ei vain, ominaisuus on yhteinen kaikille alkuainehiukkasille) käyttäytyvät tapauksesta riippuen kuten hiukkaset tai aallot. Tämä näkyy työkaluillemme. Ilmeisesti hiukkaset ovat samanaikaisesti sekä hiukkasia että aaltoja.

Tämä mahdollistaa sen, että yksi fotoni kulkee molempien rakojen läpi samanaikaisesti.

Mutta yllätykset eivät ole vielä ohi. Kuvitellaan, että kokeen suorittaja päättää tarkistaa, kuinka fotoni kulkee raon läpi, alkaen periaatteesta, että fotoni on joka tapauksessa hiukkanen ja jossain sen täytyy kulkea.

Siten kokeilija sijoittaa instrumentin aivan toisen kahden raon taakse. (kuva 40).

No, tässä tapauksessa, kun fotonin kulkua ohjataan instrumentilla, tapahtuu jotain uskomatonta, melkein kuin fotoni kieltäytyisi yhteistyöstä. Vaikka on olemassa kaksi avointa rakoa, fotoni kulkee vain instrumentilla varustetun läpi ja jättää pisteen takanäytölle. Jos molempia rakoja valvotaan, se kulkee vain yhden läpi käyttäytyen silti hiukkasena. Mutta jos otat työkalut pois, se alkaa käyttäytyä kuin aalto.

Käytännössä fotoni haastaa kokeen tekijän todistamalla hänelle, että se on hänelle ratkaisematon mysteeri.

Leon Max Lederman, yhdysvaltalainen fyysikko, kirjoittaa kirjassaan "Kvanttifysiikka runoilijoille" seuraavasti:

> ”Näyttää siltä, että yksi elektroni kulkee kuin taianomaisesti kahden raon läpi samanaikaisesti, jos kukaan ei havaitse sitä, kun taas valitsee mahdollisen polun, jos joku tai jokin katsoo sitä! Tämä on mahdollista, koska elektronit eivät ole hiukkasia eivätkä aaltoja: ne ovat jotain muuta, täysin uutta. Hiukkaset ovat "kvanttitiloja".

On sanottava, että kokeilu, joka alun perin rajoittui alkuainehiukkasiin, suoritettiin sitten myös monimutkaisilla kappaleilla. Wienin yliopistossa Anton Zeilinger ja hänen kollegansa käyttivät "bucky-palloja" kokeiluissa. Nämä ovat molekyylejä, jotka koostuvat kuudestakymmenestä tai useammasta hiiliatomista, jotka on koottu muodostamaan geodeettista kupolia muistuttavan rakenteen; tämän järjestelyn teki tunnetuksi amerikkalainen arkkitehti Richard Buckminster, ja se nimettiin hänen mukaansa. On selvää, että 60 atomia sisältävästä molekyylistä tulee jättimäinen rakenne verrattuna yhteen fotoniin. Siitä huolimatta kaksirakoisessa kokeessa, jossa käytettiin "bucky-palloja" fotonien sijasta, saatiin samat tulokset.

Tällä on todistettu, että ainemolekyyli voi tuottaa aaltoilmiöitä kuin energiahiukkanen. Myös näillä ainemolekyyleillä on siksi kaksinkertaisen läsnäolon lahja, eli molempien rakojen läpi kulkemalla niillä on kyky löytää itsensä samanaikaisesti kahdesta eri paikasta.

Onko läsnäolo kahdessa eri paikassa mahdollista?

Onko mahdollista tulevaisuudessa suorittaa kokeilu monimutkaisemmilla kappaleilla, jotka koostuvat miljardeista molekyyleistä, kuten ihmiskeho voisi olla? Tässä tapauksessa olisi tieteellinen vahvistus kiistanalaisille ilmiöille, kuten tuplaantumiselle, astraaliprojektiolle, kehon ulkopuoliselle matkalle tai bilokaatiolle, eli kaikille kehon ulkopuolisille kokemuksille, jotka tunnetaan myös lyhenteellä OBE.

Jälkimmäinen ilmiö tunnetaan englanninkielisellä termillä "out of body experience". Ne ovat kaikki kokemuksia, joiden tulkinta on edelleen kiistanalainen ja joissa ihminen kokee "lähdön" fyysisestä kehostaan, eli projisoivansa oman tietoisuutensa kehon rajojen ulkopuolelle. Nämä kokemukset kuuluvat parapsykologisten tieteenalojen alaan, joita tieteellinen ja akateeminen maailma ei tunnusta, mutta joita esiintyy monissa sekä länsimaisissa että itämaisissa kulttuureissa.

Bilokaatioilmiö on ollut osa vedalaista ja buddhalaista perinnettä vuosisatojen ajan. Ilmeisesti tämä kulttuuri voisi välittää tietyn taipumuksen omaaville aiheille filosofisen ja hengellisen tiedon perusteet, jotta he voisivat hankkia pitkän harjoittelun kautta bilokaatiokyvyn.

Tunnettu intialainen filosofi Paramahansa Yogananda todistaa kirjoissaan erittäin yksityiskohtaisesti myös itseään koskevia jaksoja.

Robert Allan Monroe on amerikkalainen kirjailija, joka perusti samannimisen "ihmistietoisuutta tutkivan instituutin" vuonna 1978. Kirjassaan "My travels out of the body" hän kuvailee itämaisia tieteenaloja ja suosittelee hyödyllisiä tekniikoita tämän kyvyn edistämiseksi. .

Kristinuskossa on monia hagiografisia todistuksia bilokaatiosta, jotka koskevat mm. Pyhää Antoniusta Padovalaista, Pyhää Franciscus Assisilaista, Pyhää Alphonsus Maria de' Liguoria, Pyhää Josephia Cupertinolaista, Pyhää Franciscus Paolalaista ja Pyhää Johannes Boscoa

Subatomisten hiukkasten prekognitiiviset kyvyt.

Kaksoisrakokokeesta voimme tehdä johtopäätöksiä, jotka saavat kokeneimmatkin fyysikot hämmästymään ja jotka liittyvät todennäköisesti enemmän fysiikan filosofiaan kuin itse fysiikkaan.

Kuvittelemme hetkeksi, että fotonilla on oma omatuntonsa ja se pystyy "päättämään" käyttäytymisestään eri tilanteissa, joihin se on osallisena.

Käytännössä kysytään: kun fotoni laukaistaan estettä kohti, mistä se tietää, onko esteessä yksi vai kaksi avointa rakoa?

Koska itse asiassa fotonin pitäisi tietää, kuinka monta rakoa sen edessä on vasta esteen ylityksen jälkeen, mutta ilmeisesti fotoni tietää tämän ensin. Itse asiassa fotoni päättää kohdata esteen hiukkasen tai aallon muodossa ennen sen ylittämistä.

Ei vain; fotoni tietää ennen kuin menee reiän läpi, tarkkaileeko tätä reikää instrumentilla, joka pystyy varmistamaan sen läpikulkua. Fotoni tietää, mitä kahdesta reiästä laite tarkkailee, ennen kuin se kulkee sen läpi. Olemassaolonsa hyvin lyhyinä hetkinä laukaisun ja esteen kohtaamisen välillä fotoni saa tiedon siitä, mikä sitä odottaa. Hän tietää, löytääkö hän halkeaman tai kaksi ja valvotaanko niitä vai ei.

Koska fotonilla ei ole mieltä eikä tietoisuutta, meidän on kysyttävä, mistä on peräisin sen kyky "tietää etukäteen", mikä sitä odottaa lähitulevaisuudessaan. Tämän luvun provosoiva otsikko, joka käsittelee fotonin esikognitiivisia ominaisuuksia, viittaa siihen, että niitä todella on olemassa.

Luultavasti kyllä. Fotoni "tietää", koska se vastaanottaa tietoa, todellakin, se on osa universaalia viisautta. Fotoni on osa tietoa, joka yhdistää koko kosmoksen. Fotoni tietää, koska koko kosmos tietää, eikä tällä tiedolla ole aika-, tila- tai kokorajoituksia.

Hiukkanen ei "tiedä ennen", se tietää, koska se on osa tietoa.

Fotoni "tietää", koska se on osa universaalia kosmista tietoa, joka on asetettu kaikkien rajojen ja aineen määräämien velvoitteiden yli. Hänen tietonsa on tietoa ja älykkyyttä puhtaalla psyykkisellä tai henkisellä tasolla. Tuo yksittäinen fotoni ja kaikki muut maailmankaikkeuden hiukkaset eivät "näke tulevaisuutta", se on osa sitä.

Sitten herää toinen kysymys: miksi meillä ihmisillä, jotka pohjimmiltaan koostuvat hiukkasista, ei ole samaa tietoa?

Luonnollisesti kaikilla hiukkasilla, jotka muodostavat kehomme, on tämä tieto, jokaisella erikseen; meillä, joita pidetään äärettömän määrän hiukkasten aggregaattina, pitäisi omistaa kokonaistieto, kaikkien hiukkastemme tiedon summa.

Yksittäisen hiukkasen ja hiukkaskokonaisuuden välillä on suuri ero. Ensinnäkin hiukkaset ovat universaalin tiedon jäseniä ilman välitystä. Hiukkaset ovat suoraan osa sitä. Sen sijaan kehoomme, joka on hiukkaskokonaisuus, vaikuttavat voimakkaat välittäjät, joista itse asiassa tulee erottimia.

Näillä negatiivisilla välittäjillä on yhteinen nimi "minä". Tietoisuutemme ja persoonallisuutemme suorittavat kosmisen tiedon erottimena. Todellakin, vaikka hiukkaset ovat nöyriä jäseniä, jotka noudattavat kuulevasti tätä tietoa, asetamme itsemme maailmankaikkeuden keskipisteeseen. Kaikki, mikä meitä ympäröi, mitä ympärillämme tapahtuu, menneisyyden muistot ja tulevaisuuden odotukset keskittyvät ehdottomasti omaan henkilökohtaiseen kosmoksemme.

Tämä tekee meistä selvästi epämukavampia emmekä kovin läpäiseviä sellaisen tiedon suhteen, joka ei ole lainkaan keskittynyt meihin.

Tämän kaltaiset pohdinnat herättävät vaistomaisesti Jumalan läsnäolosta karkotetun Luciferin kauhean huudon: "En palvele sinua!". Ehkä me itse olemme langenneita enkeleitä, koska emme todellakaan halua palvella mitään muuta kuin egoamme ja tämä syöksee meidät eksistentiaaliseen yksinäisyyteen, joka koostuu itsekkyydestä ja itseviittauksesta.

Samoin raamatullinen myytti Aadamista ja Eevasta kertoo karkotuksesta Eedenistä tottelemattomuuden vuoksi. Jumala oli istuttanut hedelmätarhan, josta pariskunta sai täyden hyödyn, yhtä poikkeusta lukuun ottamatta:

> "Jokaisesta puutarhan puusta voit syödä; mutta hyvän ja pahan tiedon puusta älä syö; sillä sinä päivänä, kun syöt siitä, sinä varmasti kuolet."

Tieto hyvästä ja pahasta muuttaa Aadamin ja Eevan subjektiksi, jotka kykenevät muotoilemaan tuomioita, mutta valitettavasti tätä kykyä tahraa kunnianhimo halu olla samanlainen kuin Jumala.

Tästä huolimatta on monia näkökohtia, jotka pitävät meidät yhteydessä, vaikkakin heikosti, "kosmiseen tietoon". Vaikka tämä tieto on salattu meiltä, meillä on siruja tietoisuudesta sen olemassaolosta. Ensinnäkin meillä on aavistus itseämme paremmasta läsnäolosta, jonka intuitioimme ja joskus tunnemme tarpeelliseksi, kuten se voisi olla kaukaisten tai kadonneiden vanhempien muistoksi. Ajatuksissamme leijuu mystisesti tuntemattoman vanhemman varjo, jonka halattua voi tuntea. Tämä varjo kiehtoo meitä.

Tätä tunnetta monet kutsuvat "Jumalan kaipuuksi". Se on kaukaa tulevaa nostalgiaa, jonka herättävät tapahtumat, jotka eivät usein ole osa elämänkokemustamme; se on nostalgiaa, joka ammentaa muistoja ennen fyysistä olemassaoloamme.

Sitten ovat ekstrasensoriset havainnot, eli ne valon välähdykset, jotka välillä valaisevat ja tekevät polun, joka yhdistää meidät kosmiseen tietoon, käytännössä. Tiedostamattomuksemme onnistuu muodostamaan yhteyden kollektiiviseen alitajuntaan, ja vaikkakin mutkikkaasti, tiedon välähdyksiä virtaa universaalista tietoisuudesta yksilölliseen tietoisuuteen. Kun näin tapahtuu, "tiedämme ja näemme" muutaman lyhyen hetken asioita, joita emme normaalisti näe aineeseen kahlitun orjien tilamme vuoksi. .

Mutta konkreettisimman yhteyden kosmoksen viisauteen löydämme synkronisaatioista. Synkronisuudet ilmenevät olemassaolossamme, mutta niihin liittyy usein välinpitämättömyytemme. Huolimatta siitä, että olemme uppoaneet langenneiden enkelien kuiluun, käsi ojentaa meitä nostaakseen meidät kuopasta ja opastaakseen meitä kohti henkistä ja kulttuurista evolutionaarista lunastusta. Synkronisaatiot ovat todisteita siitä, että "Tieto" ei pidä meitä ikuisesti kirottuina ja näkee meissä tuon evankelisen tuhlaajapojan, jota isänsä ei palattuaan hylkää, vaan joka otetaan ilolla vastaan.

Atomi, kuten se yleensä esitetään.

Klassisessa atomin esityksessä elektronilla on hyvin määritelty määrä energiaa, joka pystyy pitämään sen tietyllä kiertoradalla. Tätä energiaa kutsutaan "kiertoradan energiatasoksi". Näin ollen kiertorata edustaa polkua, jonka elektroni kulkee ytimen ympäri, kun taas energiataso edustaa energian määrää, joka riittää pitämään sen tällä kiertoradalla. Kuten olemme nähneet, kvanttimekaniikka pystyy kuvaamaan hyvin pienten hiukkasten, kuten elektronien, käyttäytymistä, ja olemme myös nähneet, että klassisen fysiikan säännöt eivät päde näihin hiukkasiin. Kvanttivisiossa on otettu käyttöön uusi, monimutkaisempi atomimalli, jossa ei puhuta enää "kiertoradasta" vaan "Orbital Cloudista".

"Orbit" ja "Orbital Cloud"

Kvanttimekaniikka on osoittanut runsaasti, että elektronin liikeradan määrittäminen ei ole mahdollista, joten termi "kiertorata" ei ole sopiva. On välttämätöntä luopua elektronin kulkeman kiertoradan käsitteestä ja korvata se "kiertoratapilvellä", joka määritellään myös "todennäköisyyden pilveksi". Tämä tapahtuu, koska emme voi varmuudella määrittää, mikä on elektronin sijainti atomin sisällä tietyllä hetkellä tai sitä seuraavalla hetkellä. Monimutkaisten matemaattisten funktioiden avulla on mahdollista saada tietoa elektronin sijainnista, mutta vain sen todennäköisyyden suhteen, että se on läsnä tietyssä tilassa ytimen ympärillä (kuva 41).

Toisin sanoen, vaikka "kiertorata" on määritelty liikerata, "kiertoratapilvi" on matemaattinen funktio, jonka avulla voimme määrittää, missä se todennäköisimmin löytää elektronin atomia ympäröivästä tilassa.

Kaikki tämä on suoraa seurausta saksalaisen fyysikon Werner Heisenbergin löytämästä kvanttimekaniikan perusperiaatteesta "epävarmuusperiaatteesta" tai "Heisenbergin periaatteesta", jonka mukaan elektronin sijaintia ja nopeutta ei ole mahdollista tietää samanaikaisesti. Tämä vahvistaa alkuainehiukkasten käyttäytymisen erikoisuuden verrattuna kappaleiden käyttäytymiseen makroskooppisella tasolla, eli mittamme ja kokemuksemme tasolla.

Meidän tasollamme on itse asiassa mahdollista laskea kiven liikerata ja nopeus äärimmäisen tarkasti jo ennen sen heittämistä, aivan kuten lasketaan taivaankappaleiden reitti tai avaruussatelliittien matkareitti. Subatomitasolla tämä kyky tulee kuitenkin mahdottomaksi. Heisenbergin periaate vahvistaa jälleen kerran hiukkasten käyttäytymisen salaperäisen monimuotoisuuden.

Mitä tulee elektronin lisäksi mihin tahansa muuhun alkuainehiukkaseen, voimme määrittää vain tietyn avaruuden alueen, jossa hiukkanen saattaa löytyä; Juuri tätä avaruuden aluetta kutsutaan "kiertoratapilveksi", ja sen määrää hiukkasen hallussa oleva energia.

Voimme kuvitella "Orbitaalipilven" kompromissiksi niiden välisten eri elektronien hylkimisen ja ytimen vetovoiman välillä. Siksi mitä enemmän protoneja ja elektroneja atomissa on, sitä monimutkaisempi on vetovoiman ja hylkimisen sisäisten suhteiden tilanne; atomista tulee hornetin pesä, jossa ampiaiset liikkuvat käsittämättömillä nopeuksilla todennäköisyyksiä pitkin.

Näissä olosuhteissa ainoa tapa tietää hyvin likimääräisesti, missä elektroni on ja kuinka nopeasti se liikkuu, on käsitellä sitä aaltona; elektroni on missä tahansa sitä kuvaavan aallon pisteessä X. Tämän periaatteen määrittelee matemaattinen funktio, "aaltofunktio", itävaltalaisen fyysikon ja matemaatikko Erwin Schrödingerin kehittämä käsite.

Tämä funktio ei itse asiassa määrittele elektronin tarkkoja koordinaatteja, vaan rajaa tilan, josta se löytyy suuremmalla todennäköisyydellä.

Nykyään tiedämme, että kvanttilakeja voidaan soveltaa paitsi elektroniin, myös atomien, protonien ja neutronien ytimissä oleviin hiukkasiin.

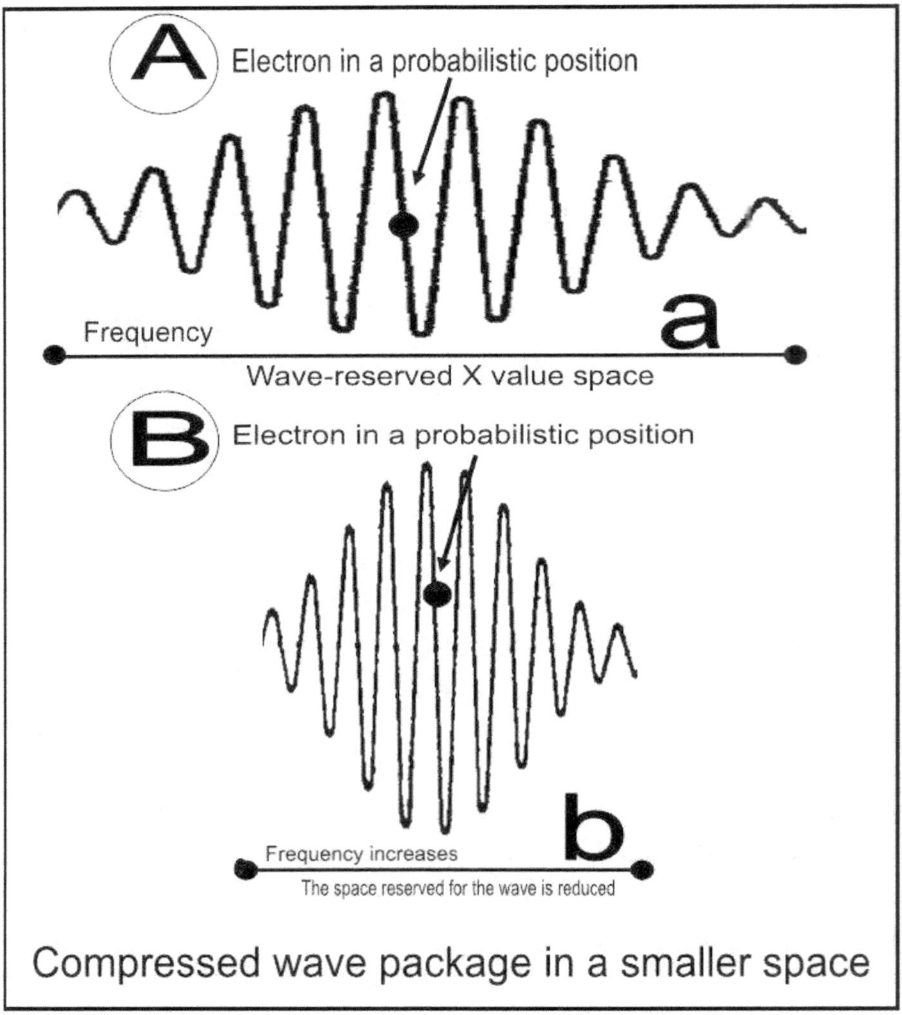

Kuva 41 - Puristamalla aallon avaruusaluetta sen taajuus kasvaa ja siten hiukkasen pyörimisnopeus.

A. Arvon "X" avaruudessa aallon taajuudella on arvo "a".

B. Kapeammassa tilassa aallon taajuudella on arvo "b", suurempi kuin "a".

Dynaaminen näkymä atomista.

Tähän mennessä sanottu tarjoaa paljon dynaamisemman kuvan atomista kuin klassinen. Itse asiassa, kun elektronia pidetään hiukkasena, emme voi tietää tarkalleen missä se on, paitsi että se sijaitsee missä tahansa sitä kuvaavan aaltofunktion kohdassa (kuva 41A).

Moderni fysiikka on tullut käsittämään maailmankaikkeuden erottamattomana verkostona, jonka sisällä suhteet ovat ehdottoman dynaamisia, eivät staattisia. Kvanttimekaniikassa tätä dynaamista aspektia, mikäli mahdollista, tehostetaan ja se on suora seuraus hiukkasten aaltoluonteesta. Näin ollen subatomisten hiukkasten ominaisuudet voidaan ymmärtää vain niiden dynamiikan yhteydessä.

Se, että hiukkaset ovat myös aaltoja, aiheuttaa näennäisen omituisen käyttäytymisen, joka on otettava huomioon. Jos pakotamme hiukkasen tiettyyn tilaan, se reagoi liikkumalla siinä tilassa. Ravistaminen on nopeampaa, kun tilaa on pienempi.

Tämä ominaisuus tulee ymmärrettäväksi tarkastelemalla kuvaa 41.

Yläosassa on kuvattu elektronin aaltofunktio suljettuna X-arvoisen avaruuden alueelle elektronin ollessa todennäköisyysasemassa.

Kuvan 41B alaosassa, rajoittamalla käytettävissä olevaa tilaa, aalto värähtelee korkeammalla taajuudella ja tämä aiheuttaa elektronin nopeuden kasvua. Mitä pienempi raja-alue, sitä enemmän elektronin liike kasvaa.

Hiukkasten taipumus reagoida jokaiseen avaruuden kaventumiseen nopeutta lisäämällä saa aikaan subatomiselle maailmalle tyypillisen aineen agitaatiotilan.

Loppujen lopuksi edes ytimessä ei todellakaan ole liikkumattomuutta, jos mahdollista, kiihtymys saa kohtauksellisen korotuksen muotoja. Voimme ymmärtää tämän, jos otamme huomioon, että ytimen tilavuus on biljoona kertaa pienempi kuin atomin kokonaistilavuus. Itse asiassa, kuten olemme jo maininneet, jos ytimen mitat olisivat 3-4 millimetriä, uloin elektroni pyörisi pallomaisessa tilavuudessa, jonka halkaisija on noin 100 metriä. Tällaisen uskomattoman pienen ytimen avaruuden tilavuudessa vaikuttaa kaksi voimaa: toisaalta protonien välinen repulsio, joilla kaikilla on positiivinen sähkövaraus, pyrkii "räjäyttämään" ytimen avaruudessa. Toisaalta peliin tulee vahva ydinvuorovaikutus, joka saa aikaan vetovoimaa kaikkien kvarkeista koostuvien hiukkasten välillä. Siksi ydin värähtelee ikuisessa konfliktissa, joka koostuu vastenmielisyydestä ja vetovoimasta, nopeudella, jota sen hyvin pienet mitat korottavat eksponentiaalisesti.

Onko olemassa "asioita" tai tapahtumia?

Koska hiukkaset ovat osa suurempia rakenteita, kuten molekyylejä ja suurempia ainemöykkyjä, myös näillä suuremmilla rakenteilla on taipumus liikkua ikuisessa tanssissa, ts. ne ovat luonnollisesti kiihtyneitä. Kvanttimekaniikka osoittaa, että aine ei ole koskaan inerttiä, vaan jatkuvasti liikkeessä. Vaikka esineet näyttävät meistä makroskooppisella tasolla liikkumattomilta ja kiinteiltä, ne kuhisevat intiimissä koostumuksessaan kiihkeästi.

Päivittäisen todellisuutemme esineet koostuvat atomeista, jotka liittyvät toisiinsa muodostaen kaikki tuntemamme molekyylirakenteet. Nämä värisevät sopusoinnussa ympäristön lämpötilan kanssa. Elektronit sitoutuvat atomeihin sähköisillä veto- ja hylkimisvoimilla, jotka puristavat niitä kohti ydintä aiheuttaen erittäin suuren pyörimisnopeuden. Samassa ytimessä protonit ja neutronit pelkistyvät niin pieniksi tilavuuksiksi, että ne aiheuttavat niiden sekoittumisen tuskin kuviteltavissa olevilla nopeuksilla.

Mitä pidemmälle atomin tutkimukseen mennään, sitä selvemmäksi käy, että se ei ole aineen perimmäinen komponentti, kiinteä ja tiivis, kuten Newton ehdotti, vaan joukko toimintoja, eli hiukkasten aiheuttamia värähtelyjä. Mutta nämä hiukkaset ovat samanaikaisesti aaltoja ikuisessa hurjassa liikkeessä enimmäkseen tyhjässä tilassa.

Karl Raimund Popper, itävaltalainen filosofi ja tutkija, joka tutkii menetelmiä, joilla saavutetaan tietty ja tieteellinen tieto asioista, pitää metafysiikkaa, jos se oikein ymmärretään, edistävän edistystä. Popper kiistää fyysisen determinismin voimakkaasti sekä tieteellisestä näkökulmasta että totalitarismin oletuksena. Teoksessaan "Ego ja sen aivot" Popper ilmaisee ajatuksensa aineellisesta maailmankaikkeudesta seuraavasti:

> ”Kiinteä aine osoittautuu erittäin väkeväksi energiaksi, muunnettavissa muuksi energiamuodoksi ja siten prosessiluonteiseksi, koska se voi muuttua muiksi prosesseiksi, kuten valoksi ja tietysti liikkeeksi ja lämmöksi. Voimme sitten sanoa, että modernin fysiikan tulokset viittaavat tarpeeseen hylätä ajatus aineesta tai olemuksesta.
>
> Nyt (kuten A. N. Whitehead erityisesti korosti) universumi ei näy asioiden kokoelmana, vaan vuorovaikutteisten tapahtumien ja prosessien sarjana.

Siksi moderni fyysikko voi hyvin sanoa, että fysikaalisilla asioilla - kappaleilla, aineella - on atomirakenne. Mutta atomeilla on puolestaan rakenne, jota tuskin voi määritellä "materiaaliksi" eikä varmastikaan "olennaiseksi":(...)

Materialismin ja erityisesti atomismin historiassa idealistifilosofit, kuten Berkeley ja Hume, katsoivat aineen todellisuutta epäilevästi. Mutta myös Machin kaltaiset fyysikot pitivät sitä tällä tavalla, aivan kuten kvanttiteoria oli syntymässä."

Fyysikko Richard Feynman mainitsee kvanttielektrodynamiikan teoriassaan Heisenbergin epävarmuusperiaatteen. Hän väittää, että tämän periaatteen perusteella. kvanttityhjiö, jota kutsutaan myös "nollapistekenttään", läpäisee vaihtelujen meri. Nämä vaihtelut luovat virtuaalipartikkeleiden ja antihiukkasten pareja, jotka tuhoavat toisensa ajassa, joka on kääntäen verrannollinen niiden energiaan.

Einsteinin kuuluisa kaava E=mc2 sanoo, että aine ja energia ovat muunnettavissa keskenään. Siksi energialla voi olla monia muotoja: se voi olla klassisesti mekaanista kahdella tavalla, kineettinen tai potentiaalinen. Myös energia voi olla kemiallista, sähkömagneettista, gravitaatiota, lämpöä, ydinvoimaa. Kaikki nämä energian ilmaisut ovat saman globaalin energian komponentteja, jotka voivat muuttaa muotoaan, mutta eivät voi kiertää sääntöä, jonka mukaan määrä pysyy aina samana. Muuttumattomuudessaan ja muunnettavuudessaan energialla on rooli, joka yhdistää kaikki fyysiset ilmiöt muutosten verkostoon, mutta minkä tahansa fysikaalisen muutoksen on välttämättä huolehdittava siitä, että energian määrä ennen ja jälkeen pysyy samana. Siksi energiaa ei voi tuhota, vaan se voi olla eri muodoissa. Mikä parasta, se on jatkuvassa muutoksessa.

Paikallisuus ja ei-paikallisuus.

Paikallisuus määrittelee alueen, jolla esiintyy klassisen fysiikan lakien rajoittamia energioiden ja tapahtumien ilmenemismuotoja. Paikallisessa todellisuudessa on "syy-yhteyttä" tai "determinismia" (jokainen tapahtuma määräytyy aiemman tapahtuman perusteella); Lisäksi koko todellisuus on ajan nuolen alainen, joka liikkuu vain eteenpäin. Joka tapauksessa ei ole mahdollista ylittää valon nopeutta. Tämä raja estää välittömän tiedonsiirron pitkiä matkoja. On muistettava, että minkä tahansa energian, samalla kun se kuljettaa tietoa, teho heikkenee mitä kauemmas se siirtyy lähteestä. Esimerkkinä voidaan mainita, mitä tapahtuu valolle tai äänelle, joka muuttuu yhä himmeämmäksi etäisyyden kasvaessa.

Toisaalta "ei-paikallisessa" alueella on tapahtumia ja ilmenemismuotoja, jotka eivät ole paikallisen toimialueen tyypillisten rajoitusten alaisia: niitä ei rajoita aika tai etäisyys. Ei-paikallisella tasolla ei ole eilinen ja tänään, ennen ja jälkeen, vaan vain "nyt ja aina". Samoin ei-paikallisuudessa ei ole korkeaa ja matalaa, lähellä ja kaukana, vaan vain "täällä ja kaikkialla".

Kvanttikietoutuminen.

"Ketkeytymiseen" osallistuvat entiteetit, hiukkaset tai fotonit, ovat yhteydessä toisiinsa, koska ne on tuotettu prosessilla, joka sitoi ne yhteen erityisellä tavalla. Esimerkiksi kaksi saman atomin lähettämää fotonia. Tällaiset fotonit tai hiukkaset pysyvät "kietoutuneina" eli kytkettyinä ikuisesti. Jos jompaankumpaan näistä kahdesta joutuu jollakin tavalla toimimaan, myös sen "kaksoset", missä tahansa universumissa se on, reagoi välittömästi. (Amir Dan Aczel, israelilainen matemaatikko ja fyysikko)

Aineen aaltomainen käyttäytyminen on toisen yllättävän kvanttiilmiön, joka tunnetaan nimellä "kvanttikietoutuminen", taustalla. Kietoutuminen edustaa yhtä salaperäisimmistä ja edelleen olennaisesti selittämättömimmistä ilmiöistä koko modernissa fysiikassa. Erwin Schrödingerin, yhden kvanttimekaniikan perustajista, mukaan se on epäilemättä koko teorian tunnusmerkki.

Kietoutumisella on niin uskomattomia ominaisuuksia, että ne saivat Einsteinin epäilemään ilmiön todellisuutta. Vuonna 1935 hän muotoili yhdessä Boris Podolskyn ja Nathan Rosenin kanssa kuuluisan "EPR-paradoksin" (niin kutsutaan kolmen tiedemiehen sukunimien alkukirjaimista), joka pyrki korostamaan takertumisen ilmiötä paradoksaalisena.

Itse asiassa EPR-paradoksi, jota alun perin pidettiin sotkeutumisen pätevänä kumoamisena, sisälsi perustavanlaatuisen virheen, jonka John Stewart Bell korosti vuonna 1964 ja vahvisti vuonna 1982 Alain Aspectin kokeilla. Myöhemmin, vuonna 1998, Anton Zeilinger ja muut paransivat Aspectin kokeita ja vahvistivat hänen tulokset.

Nykyään voimme päätellä, että lukemattomissa tutkimuksissa kvanttifysiikka on osoittautunut kykeneväksi tuottamaan oikeita kokeellisia ennusteita aina ennen saavuttamattomaan tarkkuuteen asti, ja hiukkasten väliset korrelaatioilmiöt, jotka ovat tyypillisiä kvanttiketuutumiseen, on todella havaittu. Tällä hetkellä tämä teoria on pohjana nouseville teknologioille, kuten kvanttitietokoneille ja kvanttisalaukselle, ja se on mahdollistanut teleportaatioon liittyvien kokeiden suorittamisen, joihin teknologisen maailman odotukset keskittyvät.

Kvanttisuperposition periaate.

Tarkasteltaessa kaksoisrakokoetta, joka tehtiin lähettämällä vain yksi hiukkanen kerrallaan, havaitsimme, että hiukkanen kulkee molempien rakojen läpi ja luo interferenssiilmiön. On ilmeistä, että partikkeli, joka on ainoa läsnä oleva, häiritsee itseään. Tämä on hämmästyttävä mutta todellinen ilmiö, joka saa nimen "Valtioiden superposition kvanttiperiaate".

Superpositioperiaate vahvistaa, että kaksi tai useampia kvanttitilaa voidaan "asettaa päällekkäin" eli laskea yhteen. Superponoitujen tilojen summa on toinen kelvollinen kvanttitila.

Jotain samanlaista kuin päällekkäiset aallot vedessä tapahtuu.

Siksi järjestelmän tila voi koostua kahdesta tai useammasta tilasta, jotta jaetaan joitakin kunkin sen muodostavan tilan ominaisuuksia.

Jos merkitsemme A:lla ja B:llä saman hiukkasen kaksi eri ominaisuutta, kuten:

tila A: hiukkanen on paikassa F1

tila B: hiukkanen on paikallaan F2

silloin hiukkasen tilojen superpositio voidaan kirjoittaa muodossa A+B, koska sillä on jotain yhteistä sekä tilan A että tilan B kanssa (kuva 42).

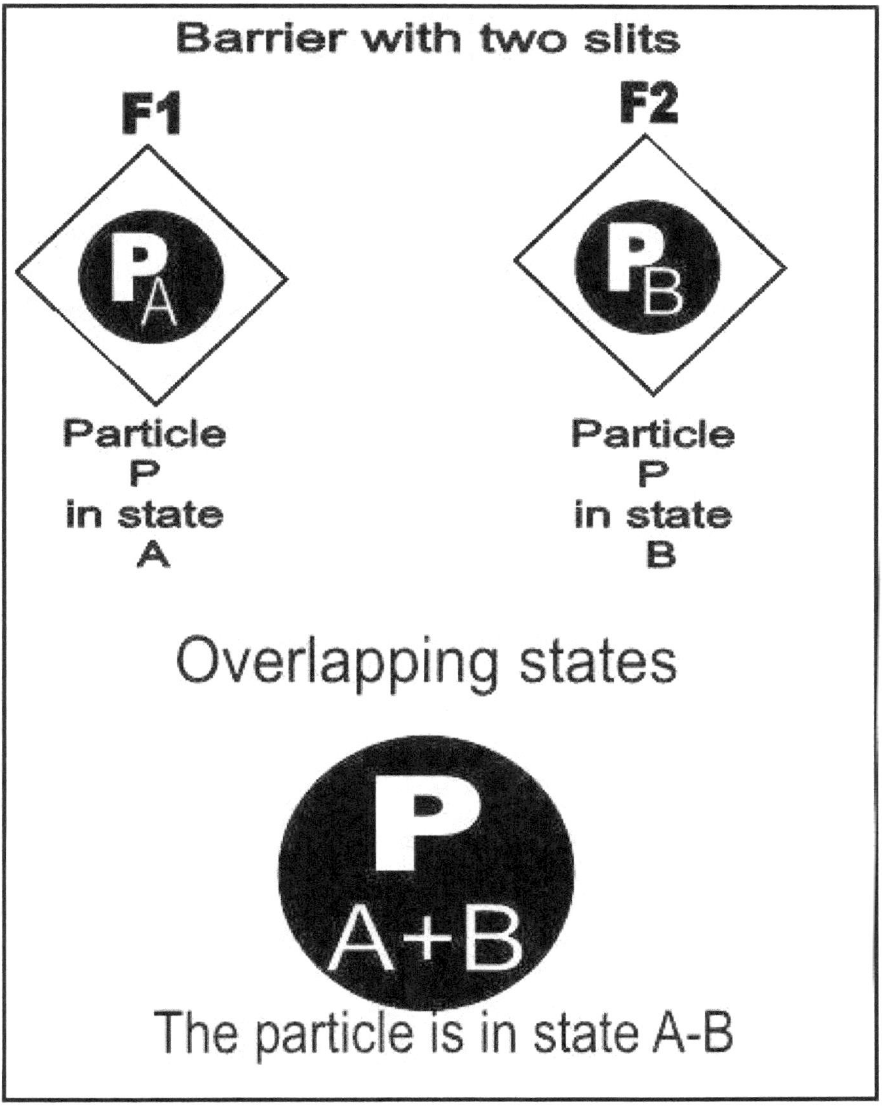
Barrier with two slits
F1
F2
PA
PB
Particle
P
in state
A
Particle
P
in state
B
Overlapping states
P
A+B
The particle is in state A-B

Kuva 42 - P-hiukkanen, joka kulkee molempien rakojen läpi, on "kvanttisuperpositiossa".

F1 Partikkeli P kulkee raon F1 läpi ja sen tila on Pa

F2 Sama hiukkanen P kulkee myös raon F2 läpi ja sen tila on Pb

Partikkeli on "tilojen superpositiossa". Sen tila on P(a+b)

Hiukkanen on tilassa A, kun se kulkee raon F1 läpi, ja tilassa B, kun se kulkee raon F2 läpi. Koska hiukkanen kulkee molempien rakojen läpi samanaikaisesti, se on samanaikaisesti molemmissa tiloissa, eli superpositiotilassa, joka on kirjoitettu A+B ja on näiden kahden tilan yhdistelmä.

"Partikkeli on tilassa A"

"Partikkeli on tilassa B".

Jos tarkkailemme hiukkasta sen ylittäessä esteen, näkisimme sen kulkevan vain toisen kahdesta raosta, emmekä saaneet häiriöilmiötä; Jos emme toisaalta havaitse sitä, se kulkee molempien rakojen läpi, muodostaa päällekkäisyyden tilan ja signaloi sen tuottamalla häiriöluvut takanäytölle.

Superpositioperiaate on yksi kvanttifysiikan suurimmista mysteereistä, ja se on välttämätön avain sotkeutumisilmiön ymmärtämiseen.

Subatomisten hiukkasten korrelaatio.

Korrelaatiota voidaan pitää sotkeutumisen tuloksena. Kahden hiukkasen, jotka on "kietoutunut" toisiinsa, sanotaan "korreloivan". Tämä tarkoittaa, että hiukkaset ovat yhteydessä toisiinsa kudottuiksi järjestelmiksi ja että ne reagoivat yhdessä, kukin toisiinsa vaikuttaviin tapahtumiin. He toimivat aivan kuten kaksoset, kuten ne, joiden tarinat esitin tämän kirjan alussa.

Siksi kahta toisiinsa liittyvää hiukkasta voidaan pitää kaksosina. Aivan kuten ihmiskaksoset ovat mukana samassa syntymässä, alkeishiukkaset sotkeutuvat, kun ne joutuvat heitä kiinnostavaan ilmiöön ei-triviaalilla tavalla.

McWhirterien veljien ja Furnessin sisarusten tapauksia voidaan pitää poikkeuksellisina, koska päähenkilöt reagoivat tapahtumiin, jotka vaikuttivat heidän kaksokseensa ilman näkyvää syytä, mikä horjutti kausaalisuuden periaatetta, jonka mukaan minkä tahansa universumissa tapahtuvan tapahtuman on oltava syynä. toisesta aiemmin tapahtuneesta tapahtumasta. Itse asiassa jopa korreloidut hiukkaset reagoivat tapahtumiin, jotka vaikuttavat toiseen (tai muihin) ilman mitään kausaalista yhteyttä. Itse asiassa toisen kaksosten reaktio tapahtuu, kun hän ei ole täysin tietoinen siitä, mitä toiselle tapahtuu.

Sama tapahtuu myös kietoutuneiden hiukkasten tapauksessa: tilan vaihtelut eivät ole peräkkäin, vaan tapahtuvat samanaikaisesti, samassa hetkessä; ja tämä, muistakaa, millä tahansa etäisyydellä hiukkaset ovat.

Tämä tilanne on todellinen arvoitus fyysikoille, koska se voi tarkoittaa vain kahta asiaa:

- hiukkaset kommunikoivat keskenään lähettämällä signaaleja käytännöllisesti katsoen äärettömällä nopeudella ja joka tapauksessa korkeammalla kuin valon nopeus,

- On olemassa toinen kommunikaatiomuoto, joka jättää huomioimatta tilaa ja aikaa. Se on siis puhtaasti psyykkinen muoto, samanlainen kuin ajatus. pystyvät liikkumaan välittömästi kaikissa universumin paikoissa, menneisyydessä tulevaisuudessa, ilman fyysisiä rajoituksia.

Tämäkin esimerkki on kuitenkin epätäydellinen, koska se ennustaisi, että toinen kahdesta hiukkasesta käynnistäisi "puhelun" toiselle joka tapauksessa, vaikkakin ajatuksen nopeudella.

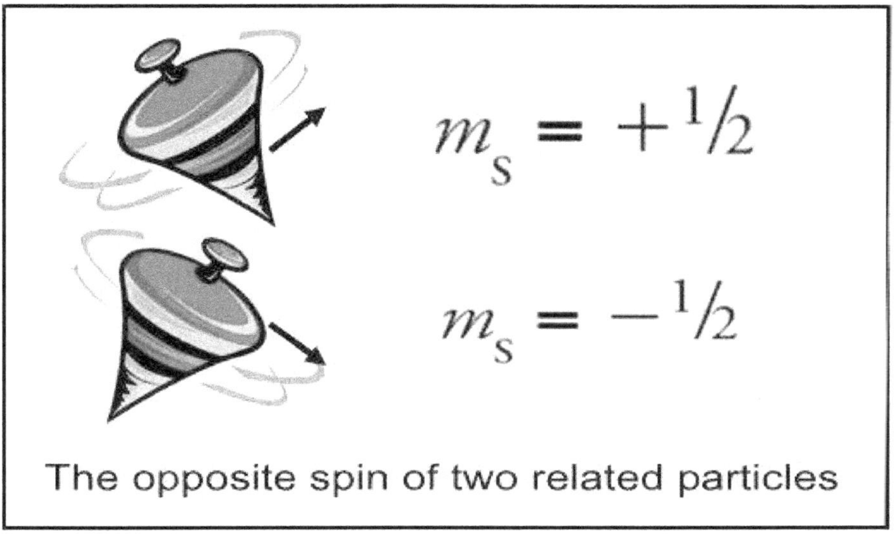

Kuva 43 – Spin (kierto) otettiin alun perin käyttöön suhteessa elektronin "sisäiseen magneettiseen momenttiin".

Sen sijaan kaksi hiukkasta päättävät vaihtelunsa samanaikaisesti; kumpikaan hiukkanen ei päätä sitä ensin. Jos näin tapahtuisi, kausaalisuus palaisi peliin, vaikkakin äärimmäisellä nopeudella. Näin ei ole: hiukkaset käyttäytyvät aivan kuin ne olisivat yksi hiukkanen.

Kietoutuminen on "yhtenäisyysrajoitus". Jos esimerkiksi kaksi fotonia, joilla on vastakkaiset spinit, korreloivat ja muodostavat kietoutuvan järjestelmän, toisen spinin vaihtelu (kuva 43) tapahtuu samanaikaisesti toisen spinin vaihtelun kanssa. Ei ole mahdollista varmistaa, mikä muunnelma tuli ensin.

Kuva 31 havainnollistaa menetelmää, jota käytetään laboratorioissa korreloitujen hiukkasten saamiseksi. Pisteessä A mille tahansa kiertoradalle asetetun elektronin energia on 10 (esimerkkiarvo). Pisteessä B elektroni on hypännyt sisäiselle kiertoradalle; nyt tarvittava energia on pienempi, ja voimme pitää sen yhtä suurena kuin 9. Tarpeettoman suuren (kvantin) avulla muodostettiin fotoni.

Kahden korreloivan fotonin saamiseksi elektroni hypätään kaksoishypyllä.

Kuvitellaan, että tällä tavalla olemme saaneet kaksi korreloivaa fotonia ja tutkitaan niiden välisiä suhteita..

Kahden hiukkasen superpositio.

Oletetaan, että kumpikin kahdesta hiukkasesta (P1 ja P2) voi olla kahdessa paikassa samaan aikaan ja siksi sillä on kaksi tilaa. Hiukkasella P1 on tilat P1A ja P1B, kun taas hiukkasella P2 on tilat P2Y ja P2Z. Muista, että tilat A, B, Y ja Z edustavat eri paikkoja, joissa hiukkaset voivat olla (kuva 44).

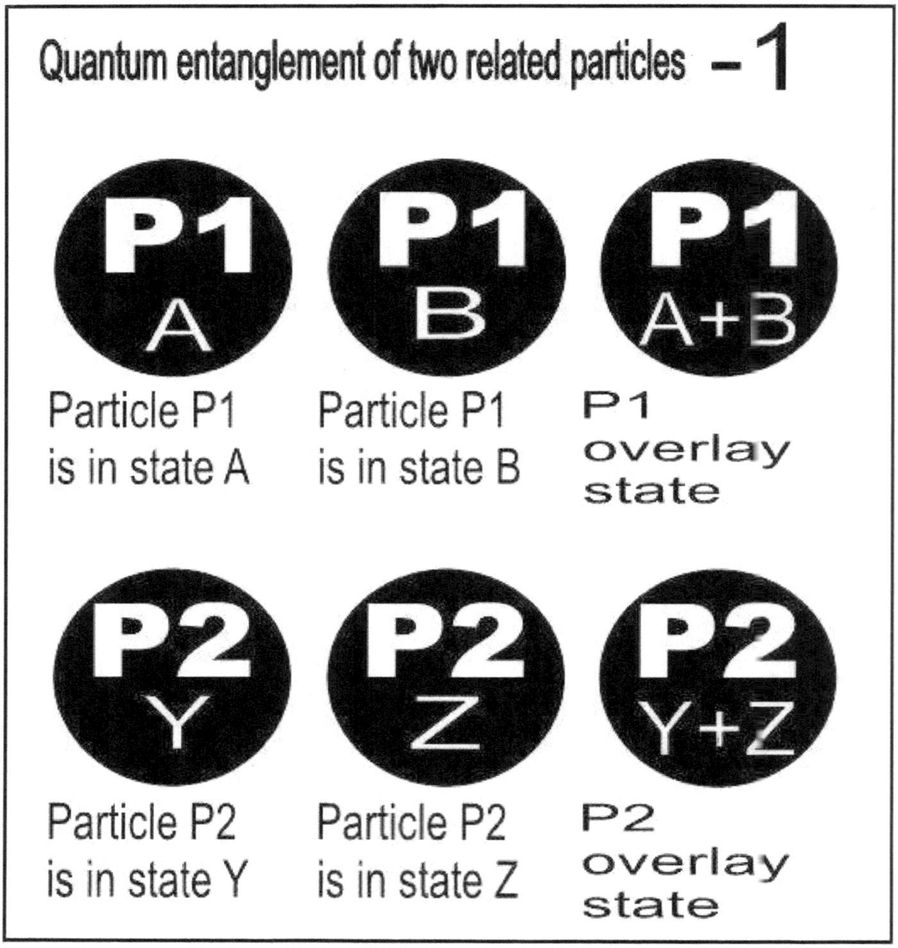

Kuva 44 -
Kahden toisiinsa liittyvän hiukkasen "kvanttikietoutuminen". (Ensimmäinen vaihe)
Molemmilla hiukkasilla P1 ja P2 on kaksi tilaa.
Hiukkanen P1 on superpositiossa (P1(a+b)
Hiukkanen P2 on superpositiossa (P2(a+b)

Kahdella toisiinsa liittyvällä hiukkasella on ominaisuus, että niillä on kaksi tilaa. Kuvitellaan nyt, että hiukkanen P1 on tilassa A ja hiukkanen P2 on tilassa Y. Tuloksena on kahden hiukkasen järjestelmä, jonka tila on AY, jota kutsutaan "tuotetilaksi". Jos taas oletetaan, että hiukkanen P1 on tilassa B ja hiukkanen P2 on tilassa Z, tuloksena on tulotila BZ (kuva 45).

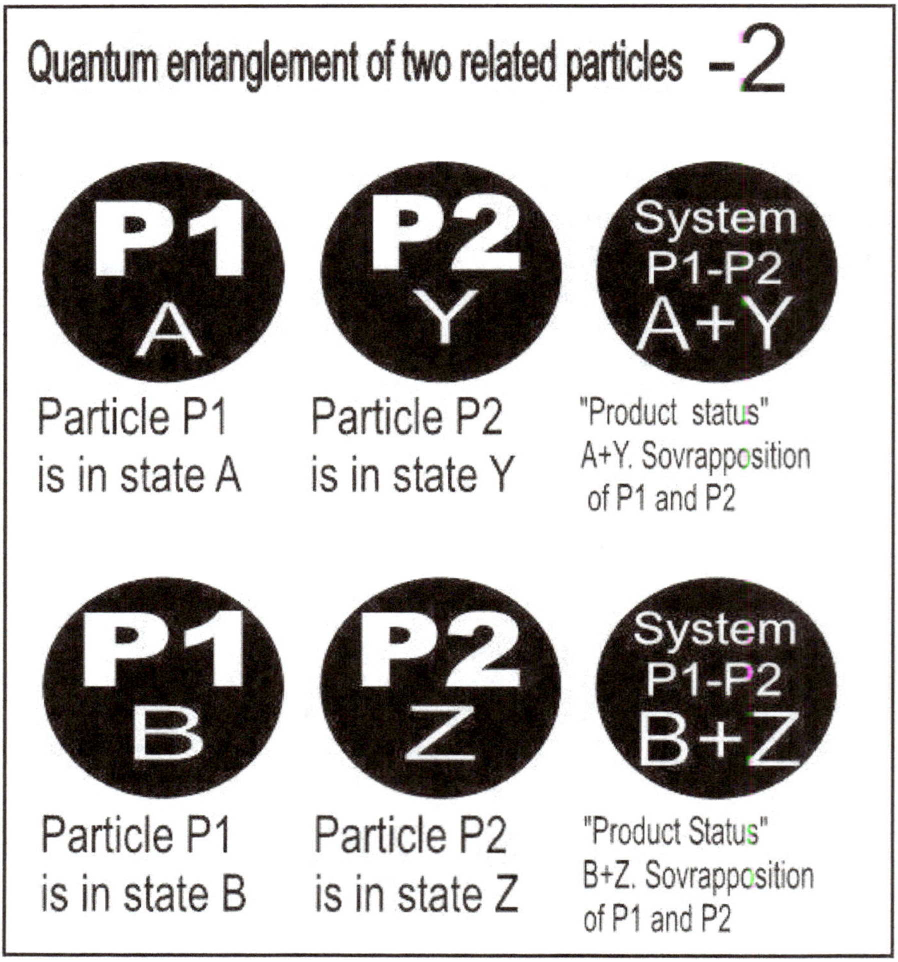

Kuva 45 -
Kahden toisiinsa liittyvän hiukkasen "kvanttikietoutuminen". (Toinen vaihe)
Muihin liittyvien hiukkasten P1 ja P2 "tuotetila".
Kaksi hiukkasta P1a ja P2y tuottavat superpositiotilan P1-P2(a+y)
Kaksi hiukkasta P1b ja P2z tuottavat superpositiotilan P1-P2(b+z)

Tässä vaiheessa voidaan soveltaa superpositioperiaatetta kahden järjestelmän AY + BZ joukkoon.

Tätä tilaa kutsutaan "kietoutuneeksi tilaksi" (kuva 46).

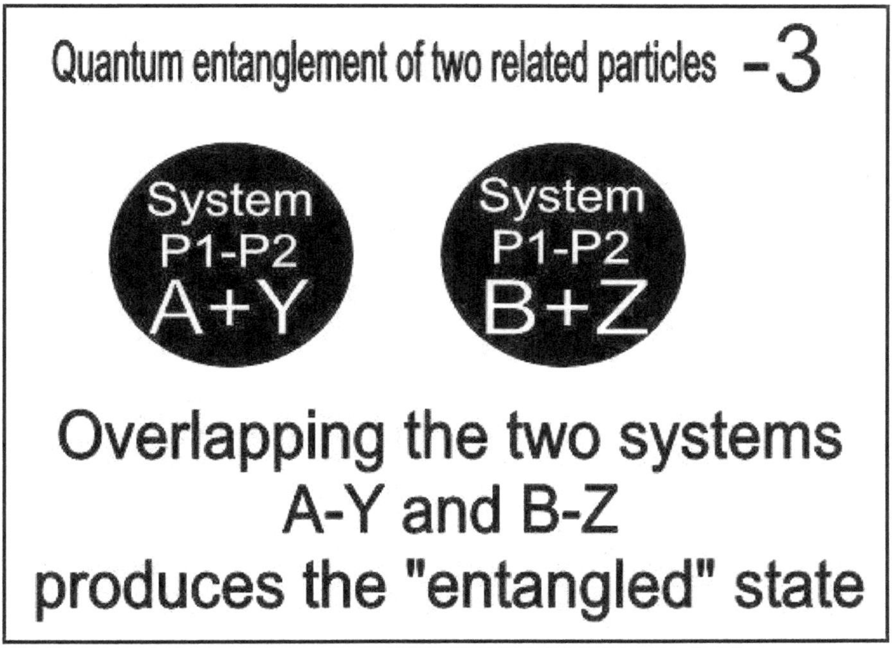

Kuva 46 – Kahden toisiinsa liittyvän hiukkasen "kvanttikietoutuminen". (Kolmas vaihe).

Kahden järjestelmän AY ja BZ päällekkäisyys tuottaa "kietoutuneen" tilan".

Kahden järjestelmän päällekkäisyyttä kutsutaan "kietoutumiseksi". "Tuotteen tila" AY osoittaa, että hiukkanen P1 on tilassa A ja hiukkanen P2 tilassa Y.

Samoin tuotetila BZ osoittaa, että hiukkanen P1 on tilassa B ja hiukkanen P2 tilassa Z.

Kietoutunut tila AY + BZ, joka edustaa tilojen superpositiota, osoittaa, että molemmista hiukkasista on tehtävä pakollisia johtopäätöksiä.

Todellakin, jos tehdään mittaus, joka osoittaa, että hiukkanen P1 on tilassa A, niin hiukkasen P2 on välttämättä oltava tilassa Y ja päinvastoin.

Samoin jos mittausta suorittamalla havaitaan, että hiukkanen P1 on tilassa B, niin hiukkasen P2 on välttämättä oltava tilassa Z.

Toisin sanoen, kun kaksi hiukkasta ovat kietoutuneessa tilassa, ei ole mahdollista tarkastella toista erikseen toisesta riippumatta. Lopulta kietoutunut tila on seurausta kahden "tuotetilan" päällekkäisyydestä.

Kun kaksi hiukkasta korreloivat, niiden välille muodostuu kietoutunut tila, joka ei ota huomioon aikaa tai tilaa. Mikä tahansa puuttuminen toiseen kahdesta hiukkasesta samanaikaisesti aiheuttaa vastavuoroisen muutoksen toiseen, olipa se sitten missä tahansa universumissa.

Tanskalainen fyysikko Niels Bohr, erittäin kuuluisan Kööpenhaminan koulun perustaja, antoi perustavanlaatuisen panoksen atomin rakenteen ymmärtämiseen ja kvanttimekaniikkaan, ja tästä hän sai Nobelin fysiikan palkinnon vuonna 1922. Mitä tulee hiukkasten korrelaatioon. hän sanoi:

> "Vaikka kaksi korreloitua fotonia olisi kahdessa eri galaksissa, ne pysyisivät aina yhtenä kokonaisuutena, ja toisen fotonista suorittama toiminta vaikuttaisi myös toiseen."

Tällä kietoutuminen julistaa juhlallisesti, että kaikki maailmankaikkeus ei ole klassisen fysiikan lakien alainen, mutta ainakaan subatomitasolla nämä lait eivät ole enää voimassa.

Se tosiasia, että nämä kaksi "kietoutunutta" hiukkasta käyttäytyvät edelleen sopusoinnussa niiden välisestä etäisyydestä riippumatta, aiheuttaa ilmeisen ratkaisemattoman ongelman.

Miten nämä kaksi hiukkasta kommunikoivat keskenään? Varmasti ei klassisilla menetelmillä lähetetyillä signaaleilla; nämä itse asiassa haalistuvat etäisyyden kasvaessa, eivätkä ne missään tapauksessa voisi ylittää valon nopeutta. Ei-fyysisen kommunikoinnin mahdollisuus täytyy varmasti olla olemassa.

Ei-paikallisuus ja ekstrasensoriset ilmiöt.

Yllättävin ja kiehtovin piirre, joka tähän mennessä sanotusta ilmenee, on se, että subatomiset hiukkaset pystyvät vaihtamaan tietoa välittömästi, eli ne ovat yhteydessä toisiinsa epäpaikallisella tavalla; yksinkertaisemmin sanottuna informaatio ei kulje minkään fyysisen paikan läpi yhdistääkseen nämä kaksi hiukkasta; ei-paikallinen taso on puhtaasti psyykkinen taso (välttääkseni termin henkistä käyttöä), eli se koostuu puhtaasta tiedosta tai älykkyydestä.

Voidaan myös väittää, että nämä kaksi hiukkasta ovat vain näennäisesti erillisiä, vaikka ne ovat itse asiassa yhdeksi, koska juuri niin ne käyttäytyvät. Tämä ei ratkaise ongelmaa. Jos nämä kaksi hiukkasta olisivat kuitenkin yksi, koko maailmankaikkeuden pitäisi olla yksi, eli se ei koostuisi erillisistä objekteista (paitsi makrofysikaalisella tasolla), kun taas subatomitasolla se olisi yksi todellisuus

Ehkä puhumme "Unus Mundus" -konseptista, joka syntyi Jungin ja Paulin yhteistyöstä, tai ehkä puhumme David Bohmin teoretisoimasta implisiittisestä universumista. Tässäkin tapauksessa kosmoksen hallitsemiseen tarvittaisiin kuitenkin yksi universaali älykkyys.

Albert Einstein vastusti jyrkästi ei-lokaalisuuden periaatetta, koska se rikkoi hänen itsensä laatimia fyysisiä lakeja, jotka kaikki perustuivat paikallisuuteen. Hän yritti jatkuvasti elämässään kehittää teoriaa, joka kykenee yhdistämään klassisen fysiikan käsitteet kvantin käsitteisiin; valitettavasti hän ei onnistunut.

Vuonna 1982 Alain Aspectin suorittamien kokeiden jälkeen sotkeutumisteoria ja sen myötä käsite ei-paikallisuudesta vahvistettiin lopullisesti. Siitä lähtien olemme tienneet, että "paikallinen realismi", jonka havaitsemme ulottuvuudessamme, ei ole absoluuttinen luonnonlaki.

Tässä vaiheessa on mahdollista kuvitella, että tila ja aika ovat epäjohdonmukaisia ja olemassa vain havaintotasolla. Aspectin koe osoitti meille, että hiukkasten välillä on yhteys, joka ylittää aika-avaruuden. Lisäksi, koska koko maailmankaikkeus koostuu hiukkasista, voimme kysyä itseltämme, pitäisikö ei-lokaalisuuden ilmiö rajoittua vain subatomiseen todellisuuteen vai voiko se ilmetä myös suurempien esineiden tai jopa elävien olentojen keskuudessa.

Onko mahdollista, että biologiset organismit, kuten ihmiset, pääsevät ei-paikalliselle tasolle? Jos vastaus olisi kyllä, voisimme kuvitella informaation vaihdon eri organismien välillä epätavallisin keinoin tuon salaperäisen ulottuvuuden kautta, joka on ei-paikallinen.

Itse asiassa tätä mahdollisuutta ei pidä sulkea pois, päinvastoin se on olemassa ja on hyvin laajalle levinnyt ja tunnettu. Sitä kutsutaan telepatiaksi.

Telepatian ominaisuus on, että se toimii paremmin ihmisten välillä, joita yhdistävät erityiset kiintymys- tai sukulaissiteet, kuten äitien ja lasten, eli "kietoutuneiden" heidän välilleen emotionaalisesti.

Aivomme pystyvät varmasti käsittelemään haluja olla yhteydessä lähimpien ihmisten kanssa. Ehkä ei-paikallisuus edustaa tähän asti tuntemattomia keinoja, joilla tällainen viestintä voi todella tapahtua. Vaikka ihmiset eivät osaakaan käyttää telepatiaa täysin, heillä on silti keinot siihen, nimittäin mieli, joka pystyy käsittelemään ajatuksia ja haluavat välittää niitä. Joskus tämä tapahtuu spontaanisti, toisin sanoen se tapahtuu, vaikka emme osaa selittää, kuinka se tapahtuu.

Telepatia koostuu luultavasti mielien välisestä korrelaatioilmiöstä. Tietoisuus, käyttäessään kykyään kehittää aikomuksia, voi korreloida kaksi aivoa asettamalla ne sotkeutuneeseen tilaan.

Toinen näkökohta, joka voitaisiin yhdistää ei-paikallisuuteen, on se, joka liittyy ennakoinnin ja aavistuksen ilmiöihin.

Todellakin, ei-paikallisella tasolla voitaisiin tunnistaa suuria vastaavuuksia kollektiivisen alitajunnan kanssa,

Jungin teoretisoima kosminen taso, joka sisältää kaiken ihmiskunnan historian ja viisauden sen evoluutiossa. Ei-paikallisella tasolla kehittyvän "kietoutumisen" mahdollisuus on sama kuin kollektiivisen tietoisuuden tason mahdollisuus ja tekee uskottavaksi, että yksittäiset omattunto voivat päästä käsiksi sen menneeseen, nykyiseen ja tulevaan sisältöön.

Tässä mielessä Alain Aspectin ja hänen yhteistyökumppaneidensa kokeita voitaisiin pitää myös kvanttimetafysiikan kokeina. Osoittamalla ei-paikalisuuden he osoittivat myös aika-avaruuden todellisuuden ylittävän tason olemassaolon ja kumosivat hypoteesin puhtaasti aineellisesta universumista.

Brian Josephson on walesilainen fyysikko, syntynyt Cardiffissa vuonna 1940. Vain 22-vuotiaana hän löysi Josephson-ilmiön, ja sen seurauksena hän sai vuonna 1973 fysiikan Nobelin palkinnon.

Josephson on yksi tunnetuimmista tiedemiehistä niiden joukossa, jotka kannattavat mahdollisuutta, että parapsykologiset ilmiöt ovat todellisia. Hän uskalsi erityisesti tutkia itämaista mystiikkaa ja sen mahdollisia seurauksia suhteessa tieteellisten ilmiöiden tulkintaan mystisessä tai metafyysisessä avaimessa.

Erityisesti Josephson toteaa, että yksi hänen ohjaavista menetelmistään on: "nullius in verba" (älä luota kenenkään sanoihin) viitaten siihen, että:

> "...jos kaikki tiedemiehet hylkäävät idean, sitä ei välttämättä pidä pitää todisteena siitä, että edellä mainittu ajatus on absurdi; päinvastoin, on tarpeen tutkia huolellisesti näiden mielipiteiden motiivit,

arvioida, tukevatko ne huolellisen tutkijan tarkastelua. tutkimus."

Kietoutunut universumi

Brian Greene on yhdysvaltalainen fyysikko, yksi merkkijonoteorian tärkeimmistä tutkijoista. Hän julkaisi kirjan "Kosmoksen kangas. Avaruus, aika, todellisuus".

Tässä kirjassa, jossa keskitytään ajan hämmennykseen, Greene toteaa, ettei mikään fyysinen sääntö vahvista ajatusta, että aika virtaa mihinkään tiettyyn suuntaan. Lisäksi tämän kirjan aiheiden joukosta löytyy "merkkijonoteorian" perusesityksen lisäksi kvanttiketujen käsittelyä. Se on pohjimmiltaan analyysi todellisuuden luonteesta ja retkiä aiheista, kuten aika-avaruudesta, kosmologiasta ja maailmankaikkeuden alkuperästä (ns. kaiken teoria).

Greene uskoo itse asiassa, että maailmankaikkeus on kokonaisuus, joka on itsessään kietoutunut ja johdonmukainen itsensä kanssa.

Toinen arvovaltainen vahvistus tulee kirjasta "The Non-Local Universe: The New Physics and Matters of the Mind", kahden fyysikon, Robert Nadeaun ja Menas Kafatosin, kirjoittamasta tekstistä. Tässä on usein lainaus tästä tekstistä:

> "Kaikki hiukkaset kosmoksen historiassa ovat olleet vuorovaikutuksessa muiden hiukkasten kanssa Aspectin kokeiden havaitsemalla tavalla. Käytännössä kaikki välittömässä fyysisessä ympäristössämme koostuu kvanteista, jotka ovat olleet tällä tavalla

vuorovaikutuksessa muiden kvanttien kanssa alkuräjähdyksestä nykyhetkeen. (...) On myös otettava huomioon, että kvanttikettuminen kasvaa eksponentiaalisesti alkuperäiseen kvanttitilaan osallistuvien hiukkasten lukumäärän myötä ja että näiden kietoutuneiden hiukkasten lukumäärällä ei ole teoreettista rajaa.

Jos näin on, maailmankaikkeus voisi hyvin perustasolla olla valtava hiukkasten verkosto, joka pysyy yhteydessä toisiinsa kaikilla etäisyyksillä ja nollaajassa ilman energian tai tiedon siirtoa. Tämä viittaa kuinka oudolta tai oudolta tämä näyttääkin, että koko fyysinen todellisuus on yksi kvanttijärjestelmä, joka reagoi yksimielisesti lisävuorovaikutuksiin."

Itse asiassa, jos otamme huomioon alkuräjähdyksen teorian, jonka kuvasin aiemmin, sen perusoletus osoittautuu erittäin voimakkaaksi noin 15 miljardia vuotta sitten tapahtuneeksi pistemäisen energian "singulaarisuuden" räjähdykseksi. Tästä "singulaarisuudesta" olisi syntynyt koko maailmankaikkeus, kiitos vielä käynnissä olevan laajentumisen. Tämä tarkoittaa, että koko universumi puristettiin alun perin lähes äärettömän tiheyden todellisuuteen. Se tosiasia, että kaikki hiukkaset olivat niin läheisesti yhteydessä toisiinsa ja että ne kaikki syntyivät samasta räjähdystapahtumasta, tekee perusteltua ajatella, että kaikki maailmankaikkeuden hiukkaset ovat todella kietoutuneet toisiinsa.

Sen lisäksi, että on mahdollista olettaa, että kaikki maailmankaikkeuden hiukkaset säilyttävät muiston ystävyyssuhteestaan kaikkien muiden hiukkasten kanssa.

Tämä tarkoittaa, että "erillisiin asioihin" pirstoutunut todellisuus on vain illuusio. Ero johtuu tavasta, jolla havaitsemme maailmankaikkeuden makroskooppisen tason. Todellisuudessa maailmankaikkeus, vaikka se on laajentunut miljardeiksi galakseiksi miljardien vuosien päässä toisistaan, on silti yksi asia, koska se on syvyydestään yhdistetty ei-paikallisiin sidoksiin kaiken avaruuden ja kaiken ajan ulkopuolella. Jos tämä intuitio voitaisiin osoittaa tieteellisesti, se osoitettaisiin, että me kaikki elämme valtavassa kokonaisvaltaisessa todellisuudessa, jossa jokainen osa on kokonaisuuden arvoinen, koska se sisältää kokonaisuuden.

Varmasti on vielä monia asioita, joita emme tiedä ja jotka voivat jopa ylittää mielikuvituksemme.

Kokeelliset vahvistukset takertumisesta.

Einstein oli väärässä sanoessaan: "Jumala ei pelaa noppaa." Itse asiassa mustien aukkojen tutkiminen viittaa siihen, että Jumala sen lisäksi, että hän pelaa noppaa, joskus hämmentää meitä heittämällä niitä paikkoihin, joissa emme näe niitä.
(Stephen Hawking)

Luultavasti joku muistaa "Noeinin". Se on Satelight-studion tuottama vuoden 2005 tieteis-animaatiosarja, joka koostuu 24 jaksosta ja jonka on suunnitellut ja ohjannut Kazuki Akane.

Noein, hahmo, josta sarja on saanut nimensä, on katoava hahmo, jolle on ominaista kultainen naamio yhdellä silmällä. Hän on se, joka kutoo tapahtumien juonen alusta alkaen. Noein on syvästi täynnä kvanttimekaniikan teorioita.

Noein käsittelee ajan käsitettä ulottuvuutena, joka resonoi muiden aikajanojen kanssa. Erityisesti hän näkee maailmankaikkeuden haarautuvan äärettömään määrään todennäköisyyksiä, mikä suosii Hugh Everettin tulkintaa "monista maailmoista". Noein sisältää kuitenkin myös monia näkökohtia Bohrin ja Kööpenhaminan koulukunnan tulkinnasta, jonka mukaan tarkkailijan läsnäolo on välttämätöntä todennäköisyysaallon romahtamisen määrittämiseksi mitattavissa olevassa tilanteessa.

Harukalla, naishahmolla, on "tarkkailijan" voima multiversumissa, voima, jonka avulla hän voi määrittää toiminnan lopputuloksen yksinkertaisesti "seuraamalla".

Jaksossa "Overlays" Uchida selittää Schrödingerin kissaparadoksia henkivartijalleen Koriyamalelle. Tämä paradoksi on esimerkki ihanteellisesta tilanteesta, jossa vain tarkkailija pystyy vahvistamaan kissan kuoleman, kun hän avaa laatikon. Samassa jaksossa viitataan myös lauseeseen "Jumala ei pelaa noppaa", Albert Einsteinin kuuluisa lainaus.

> "Jumala ei pelaa noppaa, tiesitkö sen? Oletetaan, että heität noppaa, ja siihen heittoon tulee numero kuusi."
>
> "Pidän mieluummin numero ykköstä, koska se on ensimmäinen."

"Okei, yksi tai kuusi on sama. Joten sanotaan, että numero yksi ilmestyi. Numero viisi voisi myös ilmestyä tai numero neljä. Heillä on sama todennäköisyys, eikö?

"Itseasiassa kyllä."

"Voitko kuvitella maailman, jossa numero viisi ilmestyi ja toisen maailman, josta numero neljä ilmestyi? Onko mahdollista, että on olemassa lukemattomia maailmoja, joissa lukemattomat kopiot sinusta heittävät äärettömän määrän noppaa?"

"Jumala ei pelaa noppaa".

Tämä lainaus on yksi Einsteinin kuuluisimmista mielipiteistä. Hän toisti sen useaan otteeseen useaan otteeseen. Tiedemies käytti tätä metaforaa vastakohtana kvanttimekaniikan ei-deterministisille vaikutuksille, joita Niels Bohr ja hänen Kööpenhaminan koulukunta puoltavat.

Se tosiasia, että elektronin sijaintia ja nopeutta ei voitu määrittää varmuudella ja että nämä tiedot voitiin ilmaista vain todennäköisyydellä, loukkasi suuresti Einsteinin tiukasti tieteellistä järkeä, joka perustuu lujasti paikallisuuden ja determinismin varmuuteen.

Bohrin teorian mukaan, jos elektronia "havaitaan" useita kertoja samoissa koeolosuhteissa, ei aina saada samaa tulosta. Tämä riippuu siitä, että sen lentorata on aina todennäköisyyden "epävakaan pilven" alainen.

Kuvittele, että heittäisit noppaa pöytään monta kertaa samalla mekaanisella laitteella. Luuletko saavasi aina saman numeron? Ilmeisesti näin ei tapahdu, koska lukuisat muunnelmat vaikuttavat nopan heittoon. Esimerkiksi laitteen karkeus, ympäristön lämpötila ja kosteus.

Aforismillaan Einstein tarkoitti, että kvanttimekaniikkaa ei voitu pitää samanlaisena kuin nopanheitto, mutta sen oli välttämättä annettava erittäin tarkat tulokset laskelmissaan.

On monia lainauksia, joissa Einstein ilmaisee voimakkaasti epäilyksensä. 4. joulukuuta 1926 hän kirjoitti nämä sanat päiväkirjaansa

> "Kvanttimekaniikka on kaiken kunnioituksen arvoinen, mutta sisäinen ääni kertoo minulle, että se ei ole vielä oikea ratkaisu. Se on teoria, joka kertoo meille monia asioita, mutta ei anna meidän tunkeutua syvemmälle "Jumalan" salaisuuteen. joka tapauksessa olen vakuuttunut siitä, että "suuri vanha mies" ei leiki noppaa maailman kanssa."

Vuonna 1942 Einstein sanoi kirjoittaessaan Cornelius Lanczosille, unkarilaiselle matemaatikolle ja fyysikolle ja hänen suurelle ystävälleen:

> "Kuinka vaikeaa onkaan katsoa Jumalan kortteja. Mutta en usko hetkeäkään, että Hän pelaa noppaa tai käyttää "telepaattisia" menetelmiä nykyisen kvanttiteorian mukaan."

Erityisesti tunnetaan lukuisat näkemystenvaihdot Einsteinin ja kahden vastakkaisen teesin kannattajan Niels Bohrin välillä. Monet todistajat ja itse Bohr muistavat sanallisen vastakkainasettelun, joka tapahtui Solvayn kongressin 1927 yhteydessä. Bohr kirjoittaa seuraavasti:

"Omaltaan Einstein kysyi meiltä leikkimielisesti, voisimmeko todella uskoa, että jumalallinen Providence oli "pelannut noppaa". Vastasin, että muinaiset ajattelijat olivat varoittaneet meitä olemaan erittäin varovaisia määrittämään Providencen ominaisuudet tavallisella kielellä."

Myös Werner Heisenberg oli paikalla tuossa tilaisuudessa ja muistaa Einsteinin vitsin, johon Bohr vastasi:

"Mutta se ei ole meidän asiamme kertoa Jumalalle kuinka saada maailma toimimaan!".

Vuonna 1944, 7. syyskuuta, Einstein kirjoitti Bohrille seuraavasti:

"Tieteelliset näkökulmamme ovat nyt erillään toisistaan. Sinä uskot, että Jumala leikkii noppaa maailman kanssa; minä sen sijaan uskon, että kaikki noudattaa lakia. Uskon objektiivisten todellisuuden maailmaan ja yritän tarttua niihin raivokkaasti spekulatiivisella tavalla. Toivon että joku löytää realistisemman tavan kuin minun. Edes kvanttiteorian suuri alkumenestys ei onnistu vakuuttamaan minua siitä, että satunnaisuus on kaiken perusta.

Tiedän kuitenkin, että nuoremmat kollegat pitävät tätä asennetta skleroosini vaikutuksena. Eräänä päivänä tiedetään, kumpi näistä kahdesta vaistomaisesta asenteesta oli oikea."

Einsteinin opinnäytetyö perustui piilomuuttujien käsitteeseen. Jos Kööpenhaminan koulukunnan kvanttimekaniikan versio olisi antanut ei-deterministisiä tuloksia, hänen mukaansa se riippui varmasti siitä, että jokin tärkeä parametri oli laiminlyöty.

EPR-paradoksi.

Kööpenhaminan tulkinnasta peräisin olevaa kvanttiketutumista pidettiin paradoksaalisena, koska sitä pidettiin ristiriidassa erityissuhteellisuusteorian kanssa, joka pitää valon nopeutta maksimina, jolla kaikentyyppinen informaatio voi kulkea. Lisäksi kvanttisekoittuminen oli ristiriidassa paikallisuuden periaatteen kanssa. Tästä johtuu Einsteinin usko, että kvanttiteoria oli epätäydellinen. Hänen mukaansa teoria oli puutteellinen johtuen "piilomuuttujista", eli parametreista, joita ei ollut otettu huomioon laskelmissa.
Vuonna 1935 Einstein ehdotti yhdessä Boris Podolskyn ja Nathan Rosenin kanssa ajatuskokeilua esseellään "Voidaanko fyysisen todellisuuden kvanttimekaanista kuvausta pitää täydellisenä?"
Essee julkaistiin "Physical Review" -julkaisussa XLVII, 1935, s. 777-780).
Tässä teoksessa, joka tunnetaan nimellä "EPR Paradox" niiden nimien alkukirjaimista, kolme luojaa halusivat osoittaa, että kvanttimekaniikka johti päteviin tuloksiin, mutta tuotti paradoksaalisia seurauksia. Heidän mukaansa se ei siis ollut täydellinen fysikaalinen teoria.

Viisi kuukautta myöhemmin Niels Bohr vastasi julkaisemalla artikkelin samalla nimellä samassa lehdessä (Physical Review XLVIII, 1935, s. 700).

Todellisuudessa näiden kahden tiedemiehen yhteenotossa ei tuolloin ollut voittajia ennen kaikkea siksi, että sen ajan instrumentit eivät mahdollistaneet tuettujen teesien todellista kokeellista todentamista. Kuten edelleen käytetään, ehdotettuja "kokeita" kutsuttiin "mentaalisiksi kokeiksi" tai "Gedankenexperimentiksi" tanskalaisen fyysikon Hans Christian Ørstedin keksimän saksalaisen termin mukaan. Ajatuskokeen tarkoituksena on edelleen testata, vahvistaa tai kumota hypoteesi tai teoria. Valitettavasti tällä kokeella on kuvitteellinen ja ei-empiirinen luonne. Tämä johtuu siitä, että käytännön rajoitukset tekevät siitä käytännössä mahdotonta.

On myös sanottava, että kolmen tiedemiehen suunnittelema EPR-koe oli niin monimutkainen, että siitä tehdyt johtopäätökset olivat kyseenalaisia.

Tästä huolimatta Einstein ei ollut ainoa, joka epäili, vaan myös muut tutkijat korostivat töissään kvanttimekaniikan Kööpenhaminan.

Schrödingerin kissan paradoksi.

Vuonna 1935 itävaltalainen fyysikko Erwin Schrödinger, joka oli saanut Nobel-palkinnon vuonna 1933, julkaisi artikkelin, jossa hän kuvaili kuuluisaa "kissaparadoksia" yrittäessään osoittaa, kuinka outoa tilojen päällekkäisyyden teoria oli. Todellisuudessa Schrödinger, joka ehdotti tätä paradoksia, aikoi Einsteinin tavoin osoittaa kvanttifysiikan rajat, vaikka hän itse olikin tämän tieteen perustajien joukossa. Kuten jo mainittiin, kvanttifysiikan mukaan alkuainehiukkasen käyttäytymistä ei voida ennustaa tarkasti, vaan vain todennäköisyydellä.

Kuva 47 - Yllä Erwin Schrödinger vintage-kuvassa ja itävaltalaisessa muistopostimerkissä. Alla leikkisä postaus kuuluisasta kissan paradoksista, blogista "Cenacolo Jung-Pauli".

Tämä ei päde makroskooppisiin eli miljoonista aggregaattiatomeista koostuviin järjestelmiin: kun tiedoista tiedetään, voidaan laskea tarkasti, mitä niissä tapahtuu ja milloin se tapahtuu.

Schrödingerin ajatuskoe on melko monimutkainen. Siinä kissa on lukittu radioaktiivista ainetta sisältävään laatikkoon. Tiedämme varmasti, että yksikin tämän aineen atomi lähettää säteilyä, mutta emme voi sanoa tarkasti, milloin tämä tapahtuu.

Laatikossa yhdessä kissan kanssa on laite, jolla radioaktiivisen aineen päästäessä säteilyä tämä aiheuttaa syanidipullon repeämisen, joka tappaa kissan.

Varmasti ajat ovat muuttuneet ja tiedemies, joka ehdotti tänään tällaista koetta, löytäisi välittömästi laboratorionsa eläinoikeusaktivistien piirittämänä. Tiedämme kuitenkin, että Schrödinger ei koskaan laittanut kissaa mihinkään laatikkoon, ja luultavasti hän omisti kissan, josta hän piti kovasti.

Palaten kokeeseen, tiedämme, että pienen eläimen kuolema tapahtuu vain, jos radioaktiivinen aine lähettää säteilyä, mutta emme tiedä tapahtuuko näin tai milloin se mahdollisesti tapahtuu.

Laatikko pidetään suljettuna tunnin ajan. Kun tiedämme, että atomi hajoaa 50 prosentin todennäköisyydellä tämän tunnin sisällä, voimme päätellä, että meillä on yhtä suuret mahdollisuudet löytää kissa kuolleena tai elossa, kun avaamme laatikon.

Kööpenhaminan tulkinnan kvanttimekaniikan mukaan, jos atomin käyttäytymistä ei tarkkaan eksplisiittisesti havaita, atomin käyttäytyminen on tilojen superpositiossa, eli se on hajonnut, mutta samalla se ei ole hajonnut; atomi pysyy tässä superpositiossa, kunnes joku avaa laatikon, joka aiheuttaa "aaltofunktion romahtamisen".

Schrödingerin paradoksia soveltaen kvanttimekaniikkaan, niin kauan kuin laatikko pysyy suljettuna, meillä on sekä rappeutunut että hajoamaton atomi, kokonainen ja rikkinäinen syanidipullo sekä kuollut ja elävä kissa.

Kuitenkin, kun laatikko avataan, järjestelmä romahtaa tiettyyn tilaan. Tämä on samanlainen kuin kaksoisrakokokeessa: kun fotoni heitetään estettä kohti, se käyttäytyy aallon tavoin, kulkee molempien rakojen läpi ja aiheuttaa interferenssiilmiön. Jos sen sijaan asetamme instrumentin toiseen kahdesta raosta tarkkailemaan sen kulkua, aaltofunktio romahtaa ja fotoni käyttäytyy kuin hiukkanen, joka kulkee yhden raon läpi.

Siksi radioaktiivisesta atomista, syanidipullosta ja kissasta koostuva järjestelmä saa yhden, koherentin ei-päällekkäisen tilan vasta avattaessa laatikon.

Voidaan vitsillä sanoa, että tässä tilanteessa olisimme tietoisia siitä, että laatikon avaamalla voisimme määrittää kissan kuoleman.

Sen sijaan kissa pysyisi hengissä (tai ainakin sekä kuolleena että elossa) niin kauan kuin laatikko pysyy suljettuna.

Ilmeisesti Schrödingerin kissaparadoksi kuvaa tilannetta, joka on aivan kaukana todellisuudesta. Kvanttifysiikan puolustamiseksi voidaan sanoa, että tietyssä mielessä Schrödinger petti yhdistämällä kaksi todellisuutta, kvantti- ja makroskooppisen. Luonnollisesti emme ole vielä saavuttaneet näiden kahden tason fyysisten lakien yhdistämistä.

John Stewart Bellin epätasa-arvo.

Erwin Schrödinger ei ollut yksin tukemassa Einsteinin epäilyjä. Monet muut tutkijat suhtautuivat käsitteellisesti kriittisesti Kööpenhaminan koulun opinnäytetyöhön. Suurin osa tiedeyhteisöstä kuitenkin vähitellen vakuuttui siitä, että Einsteinin kanta oli väärä. Väite oli vähitellen hylätty, ja vaikka todisteita ei ollutkaan, enemmistö tiedemiehistä tunnusti Bohrin "ei-paikallisen" teorian pätevyyden.

Asian herätti henkiin John Stewart Bell (kuva 48), hiljainen punatukkainen pisamiainen nuori mies, joka syntyi Belfastissa Pohjois-Irlannissa vuonna 1928.

Bell oli valmistunut kokeellisesta fysiikasta Queen's University of Belfastissa vuonna 1948. Useiden eri instituuteissa vietettyjen vuosien jälkeen hän oli alkanut työskennellä CERNissä (Euroopan ydintutkimusjärjestö) maailman suurimmassa hiukkasfysiikan laboratoriossa, joka sijaitsee Sveitsin ja Ranskan rajalla Geneven kaupungin länsilaidalla Meyrinin kunnassa.

CERNissä vietettyjen vuosien aikana Bell kehitti teoreettisen fysiikan tutkimustaan ja työskenteli hiukkaskiihdyttimien parissa. CERN-kompleksi käsittää tällä hetkellä seitsemän suurta kiihdytintä, jotka on rakennettu eri aikoina laitoksen perustamisen jälkeen

.

Kuva 48 - John Stewart Bell ehdotti Alain Aspectin vuonna 1982 toteuttamaa koetta, joka osoitti Einsteinin yhdessä Podolskin ja Rosenin kanssa ilmaisemien epäilysten epätarkkuuden (EPR-paradoksi). Alain Aspect vahvisti kvanttikettumuksen.

Hiukkaskiihdytin on kone, joka pystyy tuottamaan suurella kineettisellä energialla ionisäteitä tai subatomisia hiukkasia, mukaan lukien elektroneja, positroneja, protoneja ja antiprotoneja. Näitä koneita käytetään teollisiin ja lääketieteellisiin tarkoituksiin sekä materiaalien rakenteen tutkimiseen. Teoreettisen kokeilun tasolla hiukkasfysiikassa niiden käyttö mahdollistaa suurienergisten hiukkasten säteiden saamisen, joita käytetään hyvin pienikokoisten esineiden tutkimiseen. Erityisesti "Large Hadron Collider" (LHC) Genevessä, joka otettiin käyttöön 10. syyskuuta 2008, ulottuu 27 kilometrin ympärysmittaan. LHC suunniteltiin kiihdyttämään protoneja, jotta niitä voitaisiin tutkia olosuhteissa, jotka ovat samankaltaisia kuin maailmankaikkeuden ensimmäisinä elämän hetkinä heti alkuräjähdyksen jälkeen.

Vaikka Bell oli uppoutunut näihin sitoumuksiin, hän löysi myös aikaa omistautua kvanttiteorian peruskysymyksille, jotka oli unohdettu. Vuonna 1964, noin kolmekymmentä vuotta EPR-paradoksia käsittelevän esseen jälkeen, Bell avasi uudelleen keskustelun tästä aiheesta, joka näytti jääneen hyllylle, ja kirjoitti artikkelin Physics-lehteen nimeltä "On the Einstein-Podolsky-Rosen paradox". Artikkelissa Bell käsitteli piilomuuttujien ongelmaa.

Bellin esittämä kysymys oli, tarvitseeko kvanttiteoria piilomuuttujia, kuten Einstein väitti, jotta se voitaisiin vakuuttavasti sijoittaa determinististen ilmiöiden kategoriaan. Hän uskoi, että tämä oli välttämätöntä kvanttifysiikan poistamiseksi ei-paikalisuuden umpikujasta, eli mahdollisuudesta, että kaksi hiukkasta voisivat kommunikoida toistensa kanssa ei-paikallisella tavalla, vaikuttaen toisiinsa ilman tilan ja ajan rajoituksia. .

Kuten olemme jo nähneet, Einstein, vaikka oli yksi kvanttiteorian perustajista, epäili sen täydellisyyttä. Hänen mielestään täydellisemmän teorian olisi pitänyt ennakoida todellisuuden elementtien eli piilomuuttujien olemassaolo paikallisuuden käsitteen säilyttämiseksi. Lisäksi ei-paikallisuus olisi ollut ristiriidassa hänen suhteellisuusteoriansa kanssa. Itse asiassa suhteellisuusteoria sulkee pois sen, että fyysisen toiminnan vaikutukset voidaan havaita välittömästi kaukaa. Tämä olisi johtanut tiedon välittymiseen valon nopeutta nopeammin. Sen sijaan Einsteinin suhteellisuusteorian perustana on erittäin tarkka valonnopeus, joka on 299 792,458 kilometriä sekunnissa. Se on parametri, joka, jos sitä ei otettaisi huomioon, kaataisi koko suhteellisuusteorian.

Valitettavasti silloin, kun Einstein ilmaisi vastalauseensa, työ oli vielä yksinomaan teoreettista, koska tarkastuksia oli mahdotonta suorittaa kokeellisen laitteiston riittämättömyyden vuoksi. Tämän seurauksena Einsteinin "paikallinen realismi", joka oli pätevä teoreettisella tasolla, mutta joka oli vastakohtana yhtä teoreettisesti päteville hypoteeseille, jäi vain filosofisen keskustelun aiheen tasolle.

Tämä umpikuja vapautui, kun vuonna 1964 John Bell asetti kysymyksen takaisin pöydälle esittämällä ongelman kokeilla todettavissa olevin termein. Näiden käytännön kokeiden tarkoituksena oli mitata hiukkasten fysikaalisia ominaisuuksia, jotka ovat kaukana toisistaan, mutta liittyvät toisiinsa (korreloivat) kvanttivaikutusten avulla.

Bell muotoili kuuluisan "Bell-epätasa-arvon". Tämä teoria osoitti, että piilomuuttujien lisääminen ei missään tapauksessa kykenisi toistamaan kaikkia kvanttimekaniikan ennustamia ominaisuuksia, etenkään sotkeutumiseen liittyviä.

Bellin epätasa-arvo korosti vaihtoehdon:

- Einstein oli oikeassa. Kvanttiteoria, joka putosi Einsteinin paikkakunnan sateenvarjon alle piilomuuttujien panoksen ansiosta, oli oikea.

tai:

- Bohr oli oikeassa. Kööpenhaminan koulun kvanttimekaniikka oli oikea ei-paikallisuuksineen.

Todellisuudessa Bell kehitti teoriansa lähtemällä olettamuksesta, että oli olemassa mahdollisuus kuvitella kvanttiteorian integrointi piilotettujen muuttujien kanssa, kuten Einstein oli ehdottanut.

Tässä hän oli samaa mieltä muiden David Bohmin tekemien tutkimusten kanssa, joiden mukaan piilotetut muuttujat olisivat olleet tiedon vektoreita. Toisin sanoen Bohm ehdotti, että hiukkasilla oli jo joukko ohjeita, jotka kertoivat heille etukäteen, mikä heidän käyttäytymisensä tulisi olla kaikissa olosuhteissa.

Bellin epätasa-arvolla oli se etu, että se mahdollisti kokeellisen verifioinnin mittaamalla fotonien polarisaatiota. Myöhemmät kokeet olivat "savuava ase" paikallista realismia vastaan ja osoittivat, että EPR-paradoksiin suunnittelema "hirvittävä toiminta etänä" on kiinteästi osa todellisuutta.

Ennen kaikkea nämä kokeet osoittavat epäilemättä, että jopa piilomuuttujien olemassaolon hypoteesissa "ei-paikalisuuden" periaate olisi joka tapauksessa vahvistettu.

Kirjassaan "Information. The New Language of Science" amerikkalainen akateemikko Hans Christian von Baeyer kirjoittaa:

"Toisin kuin Einsteinin intuitio, Jumala ei vain pelaa noppaa, vaan hän näyttää olevan ainoa, jonka voimme luottaa pelaavan reilusti.".

Kokeet, jotka vahvistavat ei-paikallisuuden.

Vuonna 1969 Bell sai kirjeen nuorelta Berkeley-fyysikolta John Clauserilta, jossa kerrottiin hänelle, että hän oli suunnitellut kokeen testatakseen hänen epätasa-arvoteoriaansa. John Clauser ei ollut yksin suorittaessaan tällaisia kokeita. Kokeellisten tulosten todentamisella pyrittiin varmistamaan todellisen fyysisen maailman paikallinen tai ei-paikallinen luonne. Tekniikan kehitys vuosien varrella on johtanut merkittäviin tehokkuuden parannuksiin, mutta joka tapauksessa kaikki kokeet vahvistivat kvanttiteorian epäpaikallisuudesta ja tuottivat tuloksia, joita ei voitu selittää edes piilomuuttujia lisäämällä.

Vuonna 1972 John Clauser käytti yhteistyössä Stuart Freedmanin kanssa kalsiumatomeja saadakseen elektronin kaksinkertaisella kvanttihypyllä korreloivan fotoniparin. Suorittamalla sarjan mittauksia noin 200 tunnin ajan Clauser ja Freedman saivat vahvistuksen takertumisen ja ei-paikallisuuden ilmiölle. Tämä tulos hämmentyi Clauseria itseään, joka oli taipuvainen todistamaan kvanttiteorian epäjohdonmukaisuuden. Ehkä tästä syystä kokeilu ei saanut ansaitsemaansa huomiota.

Alain Aspectin (kuva 49) suorittamien kokeiden tapaus oli erilainen, syntyi vuonna 1947 Agenissa, pienessä ranskalaisessa kylässä lähellä Bordeaux'ta.

Toisin kuin Clauser, Aspect oli ymmärtänyt, että kvanttiteoria oli saavuttamassa suurta tieteellistä menestystä teoreettisella tasolla ja että Bellin epätasa-arvon ehdottama konflikti paikallisuuden ja ei-lokaliteetin välillä voitaisiin ratkaista kokeilla, jotka kumoaisivat paikkakuntateesin; Aspect oli varma pystyvänsä todistamaan kvanttiteorian ja sen ei-paikalliset vaikutukset.

1970-luvun puolivälissä, kun hän oli vielä tohtoriopiskelija, hän ehdotti todellista koetta, joka perustui kahteen yksittäiseen, mutta korreloivaan fotoniin, koska ne säteilivät yhdessä samasta atomilähteestä. Hänen kokeessaan fotonit olisivat kulkeneet vastakkaisiin suuntiin toistensa suhteen ja niitä olisi seurattu kahdella eri etäisyydellä sijoitetulla ilmaisimella.

Idea oli ehdottomasti alkuperäinen. Bell, pyydettäessä, antoi hyväksyntänsä; mutta varauksin. Ensin hän halusi varmistaa, että nuorella ranskalaisella oli jo kiinteä palkka. Itse asiassa Bell uskoi, että Aspectin idea oli niin outo, että se olisi voinut vaarantaa hänen uransa.

Pitkän valmistelutyön jälkeen Aspect ja hänen työtoverinsa Jean Dalibard ja Gérard Roger, kaksi "Institut d'Optique Graduate Schoolin" tutkijaa, suorittivat kokeen kolme kertaa vuosina 1981-1982. Heidän sitoutumisensa ei vähentynyt taloudellisten vaikeuksien vuoksi. He tekivät muun muassa käsin polarisaattoreita, jotka nopean pyörimisensä ansiosta olisivat voineet antaa vastauksen sijaintikysymykseen. Tällä hetkellä nämä polarisaattorit ovat esillä Institut d'Optiquen historiallisessa vitriinissä, joka mahdollisti kokeiden suorittamisen Orsayn haarassa. Sen sijaan Institutin päätoimisto sijaitsee Palaiseaussa, "University Paris-Saclayn" kampuksella.

Aspektin työ oli onnistunut. Hän ja hänen tiiminsä löysivät kvanttimekaniikassa parhaan mahdollisen vahvistuksen epäpaikallisuudesta ja kielsivät jyrkästi kaikki mahdolliset paikalliset piilomuuttujien teoriat.

Kokeiden seuraukset menivät paljon pidemmälle kuin kvanttimekaniikan pätevyyden osoittaminen, mutta korostivat sotkeutumisen perusroolia. Kuten olemme nähneet, sotkeutuneessa tilassa fotonin tilan tarkkailu antaa meille mahdollisuuden tietää toisen tilan.

Aspectin kokeilla oli valtava resonanssi, ja ne antoivat tietä pitkälle peräkkäiselle teoreettiselle ja kokeelliselle näkemykselle sotkeutumisesta. Voidaan sanoa, että Alain Aspectin kokeet merkitsivät kvanttilaskentatieteen alkua.

Vuonna 2013 Aspect sai arvostetun Balzan-palkinnon seuraavalla motivaatiolla:

"Hänen huippuluokan kokeistaan, jotka vahvistivat kvanttimekaniikan, toisin kuin teoriat, joissa on paikallisia piilomuuttujia. Hänen työnsä tasoittivat tietä sotkeutuneiden kvanttitilojen kokeelliselle ohjaukselle, joka on olennainen osa kvanttilaskentaa."

Vuonna 2022 kolme fyysikkoa, Alain Aspect, amerikkalainen John F. Clauser ja itävaltalainen Anton Zeilinger, saivat Nobel-palkinnon perustan luomisesta informaation ja viestinnän tulevaisuudelle. Heidän kokeilunsa ilmiöstä, jota kutsutaan "kvanttikietoutumiseksi", tasoittivat tietä tehokkaille ja erittäin nopeille kvanttitietokoneille.

Kuva 49 - Alain Aspect, Nobel-palkinto 2022. 1980-luvun alusta hän suoritti John Bellin ehdottaman kokeen useita kertoja vahvistaakseen EPR-paradoksin. Kokeilu päinvastoin vahvisti toisiinsa liittyvien hiukkasten takertumisteorian.

Myöhemmistä kokeista on hyödyllistä mainita Wolfgang Tittel. Tämä tutkija suoritti tohtorin tutkinnon Geneven yliopistosta, työskenteli postdocina Århusin yliopistossa ja Geneven yliopistossa ja vuonna 2006 liittyi Calgaryn yliopistoon (Kanada) teollisuustutkimuksen johtajaksi. Hän on ollut mukana uraauurtavissa kokeissa kryptografiaan sovellettavien kvanttiviestintätutkimusten alusta lähtien.

Vuonna 1988 hän suoritti yhdessä "Geneven ryhmän" kanssa kokeen, jolla hän osoitti, että etäisyys ei vaikuta sotkeutumiseen. Valo lähetettiin valokaapelien kautta useiden kilometrien etäisyyksille ennen analysointia ilman, että tulokset vaihtelivat.

Kymmenen vuotta myöhemmin, vuonna 1998, Gregor Weihs ja hänen Innsbruck-ryhmänsä, jota johti Anton Zeilinger, suorittivat kokeen, joka paransi Aspectin vuoden 1982 kokeilua ja vahvisti samat tulokset.

Valitettavasti Bell kuoli odottamatta vuonna 1990 aivoverenvuotoon saamatta Nobel-palkintoa, johon hänet oli juuri ehdolla.

Kolmas osa. Mitkä ovat näkymät.

Kaikki on "yksi asia".

Jos Jumala loi maailman, emme voi sanoa, että hän välitti paljon sen ymmärtämisen helpottamisesta.
(Albert Einstein)

Alain Aspectin kokeet edustivat lopullista vahvistusta kvanttimekaniikan ja erityisesti epädeterminismin ja ei-lokaalisuuden ennusteille.

Näiden periaatteiden yleisessä hyväksynnässä oli edelleen joitakin tiedemiehiä, jotka erottuivat epäkonformisteista eivätkä halunneet luopua yrityksestä rajata kvanttimekaniikka deterministiseen kontekstiin. Viittaan David Bohmiin. Halussaan järkeistää rationalisoimatonta hän päätyi kuitenkin kehittämään vieläkin metafyysisemmän, jos mahdollista, version ortodoksisesta kvanttiteoriasta.

Tällä Bohm ansaitsi täysin paikkansa tiedefilosofien Olympuksessa.

Tarina, jonka kerron tässä kolmannessa osassa, on äärimmäisen rehellisen ja määrätietoisen miehen uhkarohkeissa tieteellisissä teorioissaan. Hän ei epäröinyt siirtää teorioitaan sosiaalisiksi käyttäytymismalleiksi. Tämä aiheutti hänelle voimakkaita antipatioita aina, kun hän havaitsi toimivansa konformistisissa ja poliittisesti kiihkoilluissa yhteyksissä, kuten hänen aikalleen tyypillisissä yhteyksissä.

David Bohm

David Bohm, yhdysvaltalainen fyysikko ja filosofi, syntyi 20. joulukuuta 1917 Wilkes-Barressa, kaupungissa Yhdysvalloissa, joka sijaitsee Wyomingin laakson keskustassa Luzernen piirikunnassa Pennsylvanian koillisosassa.

Bohm tunnetaan siitä, että hän on kehittänyt kvanttimekaniikan tulkinnan, jossa hän kehittää Louis de

Broglien "pilottiaallon" käsitteen ja esittelee "kvanttipotentiaalin" käsitteen.

Hänen vanhempansa olivat juutalaista alkuperää. Hänen isänsä Samuel Bohm oli unkarilainen emigrantti ja hänen äitinsä oli Liettuasta.

Hänen isänsä omisti huonekaluliikkeen ja oli myös mukana paikallisen rabin avustajana, joten hän järjesti itse Davidin nuorisokoulutuksen. 17-vuotiaana vuonna 1930 David aloitti opinnot Pennsylvania State Collegessa, jossa hän tutustui kvanttimekaniikkaan. Hän kiinnostui välittömästi tästä aiheesta, josta tuli hänen opintojensa kohde. Hän valmistui fysiikasta vuonna 1939.

David jatkoi opintojaan Robert Oppenheimerin johdolla. Muistutimme, että Oppenheimerin maine liittyy ennen kaikkea ensimmäisen atomipommin rakentamiseen osana Manhattan-projektia. Myöhemmin Oppenheimerilla oli omantunnon kriisi ja hän kieltäytyi työskentelemästä vetypommiin.

Ehkä Oppenheimerin opetukset auttoivat edelleen kehittämään Bohmin vahvaa moraalista oikeudentuntoa.

Jatkattuaan opintojaan CalTechissä (California Institute of Technology) Pasadenassa, hän ilmoittautui UC:hen (University of California) Berkeleyssä, jossa hän valmistui tohtoriksi vuonna 1943. Bohm harjoitteli toimintaansa teoreettisena fyysikona tärkeimmissä amerikkalaisissa yliopistoissa.

Vuodesta 1947 vuoteen 1951 hän opetti Princetonin yliopistossa samalla kun hän omistautui plasmatutkimukselle.

Plasma on voimakkaasti ionisoitunut kaasu ja kaiken kaikkiaan sähköisesti neutraali: käytännössä järjestelmä, joka koostuu vapaista, positiivisista ja negatiivisista ioneista, joiden pitoisuus on sama.

Termi "ionisoitunut" osoittaa, että merkittävästi suuri osa elektroneista on irronnut vastaavista atomeistaan.

Plasmaa pidetään aineen neljäntenä tilana, joka eroaa kolmesta klassisesta tilasta, kiinteästä, nestemäisestä ja kaasumaisesta. Tässä mielessä plasman lisääminen toistaa ja täydentää idean neljästä elementistä (tuli, maa, ilma ja vesi), joka historiallisesti juontaa juurensa kreikkalaiselle filosofille Empedokleelle.

Sir William Crookes tunnisti plasman vuonna 1879, mutta nimi "plasma" tulee Irving Langmuirilta, joka loi sen vuonna 1928.

Plasmatutkimukset pysyivät viime vuosisadan loppuun asti enemmän uteliaana, harvoja poikkeuksia lukuun ottamatta, joista mainittakoon Nikola Teslan tutkimukset plasmapurkauksista, plasmalampuista ja otsonin valmistuksessa käytetystä kylmäplasmasta. Vuoden 1920 jälkeen Irving Langmuir tutki plasman vuorovaikutusta sen säiliön seinien kanssa, jossa ne muodostuivat, ja hän sai Nobel-palkinnon vuonna 1932 tästä tutkimuksesta.

Konkreettisempi kiinnostus plasmaa kohtaan syntyi, kun Geneven konferenssi "Atom for Peace" käynnisti tutkimukset ydinfuusion rauhanomaisesta hyödyntämisestä.

Plasmatutkimuksessaan Bohm huomasi välittömästi elektroneille tyypillisen erikoisuuden. Kun elektroneista tulee osa plasmaa, ne menettävät "individualisminsa" ja alkavat käyttäytyä osana suurempaa, toisiinsa liittyvää todellisuutta. Tässä tilanteessa elektronit antavat vaikutelman, että älykkyys, joka pystyy koordinoimaan niiden toimintaa, animoi heitä.

Pian hän löysi yhdessä kollegansa Yakir Aharonovin kanssa Aharonov-Bohm-ilmiön, kvanttimekaanisen ilmiön, jossa sähkömagneettiset kentät vaikuttavat varautuneeseen hiukkaseen alueilla, joilla kentät ovat nolla.

Vuonna 1947 Bohm tutki elektronien käyttäytymistä metalleissa. Sen perusteella, mitä hän havaitsi plasmalle, hän huomasi, että jopa metalleissa yksittäisten elektronien liikkeet voivat tuottaa järjestäytyneitä "kollektiivisia" vaikutuksia.

Filosofisessa tulkinnassaan Bohm tuli tunnistamaan elektronimassojen käyttäytymisen ihmisyhteisöjen käyttäytymiseen. Hän loi yhteyden metallien yksittäisten elektronien koordinoidun käyttäytymisen ja yksilöiden sosiaalisten yhteyksien välille. Bohmin mukaan plasman tyypillinen käyttäytyminen oli pätevä metafora järjestäytyneelle ihmiskäyttäytymiselle. Hän kehitti vakaumuksen, että suurimmat yhtäläisyydet olivat "plasmayhteiskuntien" ja marxilaisten teorioiden mukaan organisoituneiden ihmisyhteiskuntien välillä.

Nämä ajatukset vahvistivat Bohmin marxilaisia ihanteita hänen nuoruudessaan. Myöhempinä vuosina hän kuitenkin hylkäsi nämä ideat päättäväisesti niiden materialistisen perustan vuoksi ja halusi omistautua hengellisemmälle näkemykselle kosmoksesta.

Hänen elektronien käyttäytymistä metalleissa koskevien tutkimusten tulokset vakuuttivat hänen vanhan opettajansa Oppenheimerin sisällyttämään hänet niiden tutkijoiden joukkoon, jotka kutsuttiin työskentelemään Los Alamosissa Manhattan Projectissa, sotilaallisessa tutkimus- ja kehitysohjelmassa, joka johti pommi atomipommi toisen maailmansodan aikana.

Kuva 50 - Fyysikko David Bohm ehdotti kiehtovan holistista kvanttimekaniikan tulkintaa, joka toimi vastakohtana "Kööpenhaminan tulkinnaksi" tunnetulle ortodoksiselle näkemykselle.

Valitettavasti Bohmin poliittinen menneisyys ei ollut tuolloin kovin vakuuttava ja kenraali Leslie Groves vastusti Bohmin osallistumista projektiin hänen nuoruudessaan tunnustamiensa ajatusten vuoksi.

Todellakin, 1940-luvun lopun ja 1950-luvun puolivälin välillä USA koki niin sanotun "noitajahdin" tai "mccarthysmin" kukoistusaikaa. Tämä oli Yhdysvalloissa laajalle levinnyt poliittinen asenne, jolle oli tunnusomaista lisääntynyt epäluuloinen ilmapiiri ja vainoava käyttäytyminen kumouksellisiksi katsottuja ihmisiä tai ryhmiä kohtaan. Se on nimetty senaattori J.R. McCarthy, joka oli epäamerikkalaisen toiminnan tukahduttamiskomission johtaja.

Tuhansia ihmisiä tarkkailtiin ja monet joutuivat henkilökohtaisiin hyökkäyksiin, jotka perustuivat usein perusteettomiin väitteisiin.

Erityistä huomiota kiinnitettiin valtion virkamiehiin, viihdyttäjiin ja kulttuurimiehiin sekä teollisen keskiluokan merkittäviin jäseniin, joita leimattiin "kommunisteiksi, jotka ovat sitoutuneet heikentämään amerikkalaisen yhteiskunnan perustaa".

Tässä ilmapiirissä Bohm kutsuttiin todistamaan vuonna 1948, koska hän liittyi kommunistiseen puolueeseen vuonna 1942, mutta päättyi vain yhdeksän kuukauden kuluttua. Bohm kieltäytyi saapumasta paikalle vetoamalla viidenteen lisäykseen eli oikeuteen vaieta.

Vuoden kuluttua hänet kutsuttiin jälleen suuren tuomariston eteen, mutta hän kieltäytyi jälleen vedoten samaan perustuslain määräykseen.

Siinä vaiheessa painopiste oli kuitenkin hänessä. Vuonna 1949 hänet pidätettiin tuomioistuimen halveksunnasta ja hän vietti muutaman päivän vankilassa, kunnes hänet vapautettiin takuita vastaan.

Vuonna 1950 hänet vapautettiin syytteestä. Valitettavasti hän oli tällä välin menettänyt työpaikkansa Princetonin yliopistossa, mikä oli irtisanonut hänet joidenkin instituuttia rahoittaneiden vaikutusvaltaisten ihmisten painostuksesta.

Tähän mennessä Bohm oli tutkijoiden "kieltoluettelolla", eikä edes Einstein, joka olisi halunnut hänet assistentiksi, pystynyt tarjoamaan hänelle tilaisuutta. Hänet pakotettiin muuttamaan Brasiliaan työskentelemään S. Paolon yliopistoon, mutta hän oli silti Yhdysvaltain kansalainen; siksi Yhdysvaltain suurlähetystö peruutti hänen passinsa peläten hänen menevän Neuvostoliittoon.

Välttääkseen täydellisen eristäytymisen Bohm otti Brasilian kansalaisuuden. Tämä antoi hänelle vuonna 1955 mahdollisuuden lähteä Brasiliasta ja mennä Israeliin kahdeksi vuodeksi Technion Institute -instituuttiin Haifassa. Sieltä hän muutti neljäksi vuodeksi Bristolin yliopistoon Iso-Britanniaan ja lopulta vuonna 1961 hän asettui pysyvästi Lontooseen, missä hänet nimitettiin teoreettisen fysiikan professoriksi Birkbeck Collegeen.

Vuonna 1951 Bohm julkaisi kvanttifysiikkaa käsittelevän tekstin "Quantum Theory", jossa hän analysoi kvanttiteorian tulkintaa ja otti joitakin ideoita EPR-ajattelukokeesta, ja asettui Kööpenhaminan tulkinnan arvostelijoiden joukkoon. Itse asiassa Bohm korosti teorian epäselviä puolia ja kiisti satunnaisuuden ja determinismin laajentamisen mahdottomuuteen kvanttimekaniikan objekteihin. Bohm, kuten Einstein, oli syvästi järkyttynyt tiedeyhteisön asemasta, joka tähän mennessä hyväksyi "passiivisesti" määrittämättömyyden ja epäpaikallisuuden todellisuuden.

Bohm omistautui tehtävälle ottaa käyttöön determinismin muoto, joka toimi jopa erittäin pienissä. Hän tunsi mielihyvää antaessaan kopion kirjastaan Einsteinille.

Kvanttipotentiaali.

Heisenbergin periaate sanoo, että hiukkasen, kuten elektronin, liikeradan määrittäminen ei ole mahdollista, koska sen nopeus ja sijainti olisi tiedettävä samanaikaisesti. Kuten jo mainittiin, ainoa mahdollisuus on laskea aaltofunktio, jonka sisällä hiukkanen on todennäköisyydessä. Kun hiukkaselle tehdään mittaus, syntyy "kvanttiromahdus" ja hiukkanen ilmestyy tarkalleen. Kuitenkin yhden mittauksen ja toisen välillä hiukkanen "katoaa" todennäköisyyksien pilveen.

Tämä ei miellyttänyt Bohmia. Hän torjui ajatuksen, että todennäköisyyspohjainen aaltofunktio voisi olla paras mahdollinen esitys hiukkasesta. Siksi hän päätti tutkia tapaa, jolla elektroni muodostaa liikeradan, jonka sen täytyy kulkea. Yksinkertaisesti sanottuna Bohm yritti ottaa uudelleen käyttöön kausaalisuuden käsitteen tai tunnistaa tarkan mekanismin, joka pystyy ohjaamaan hiukkasia. Tällä tavalla hiukkaset olisivat vapautuneet epämääräisestä ja todennäköisyydestä.

Bohm aloitti Heisenbergin epävarmuusperiaatteesta ja muokkasi kaavan lisäämällä uuden parametrin, "kvanttipotentiaalin". Tällä hän loi uuden kvanttimatematiikan, "Bohmian mekaniikan", josta keskustellaan edelleen paljon sen metafyysisten vaikutusten vuoksi.

"Bohmian mekaniikka" ehdottaa, että hiukkanen ei liiku satunnaisesti, vaan vastauksena voimalle, "kvanttipotentiaalille". Tämä voima antaa hiukkaselle tietoa välittömien eli ei-paikallisten yhteyksien kautta.

Toimiakseen epäpaikallisesti kvanttipotentiaalin on säilytettävä intensiteettinsä etäisyydestä riippumatta. Toisin sanoen kvanttipotentiaalin on toimittava päinvastoin kuin kaikki muut sähkömagneettiset voimat. Kuten tiedetään, muut sähkömagneettiset voimat pienenevät etäisyyden käänteisen neliön verran.

Bohmin mukaan kvanttipotentiaali ohjaa elektronia tavalla, joka ei ole satunnainen eikä mekaaninen, vaan älykäs. Toisin sanoen Bohm väittää informaatiokentän olemassaolon, jonka ansiosta hiukkanen ei ole sattuman salaperäisten oikkujen alainen, vaan on jatkuvasti tietoinen ympäröivästä ympäristöstä ja saa tietoa samasta ympäristöstä. Ilmeisesti Bohm ehdottaa metafyysistä, avaruutta ja ajatonta ympäristöä.

Siksi, kun hiukkaset liikkuvat polullaan (ja muistamme, että hiukkaset ovat jatkuvassa sekoituksessa), ne eivät tee sitä satunnaisesti, vaan ne reagoivat kvanttipotentiaalin tarjoamaan tietopakettiin. Tällä tavalla Bohm palauttaa alkuainehiukkasten deterministisen käyttäytymisen, joka kuitenkin johtuu täysin salaperäisestä voimasta.

Bohm edustaa tätä käsitettä yhdellä kuuluisimmista metaforoistaan, laivan metaforasta.

Laiva (kuva 51) pystyy liikkumaan moottoreidensa tehon ansiosta, mutta sitä ohjaavat navigointilaitteet, joita ilman se ei koskaan pääsisi satamaan ja vaarantaisi törmätä jollekin matalikolle minä hetkenä hyvänsä.

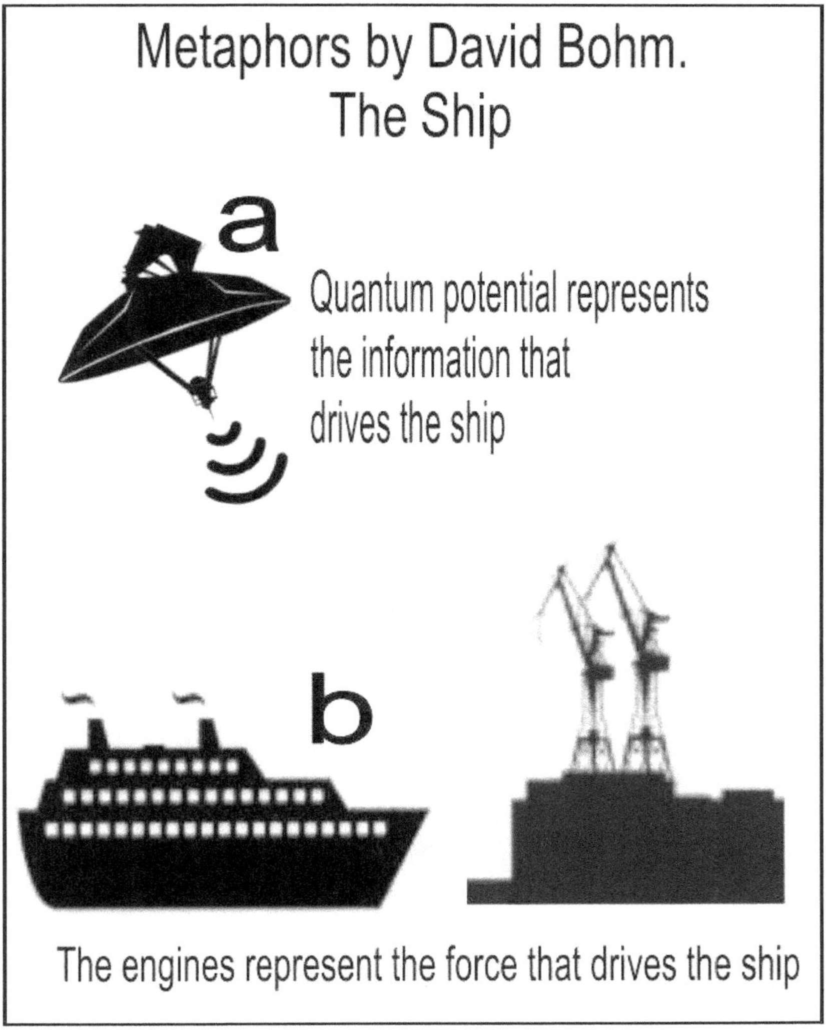
Metaphors by David Bohm.
The Ship
a
Quantum potential represents
the information that
drives the ship
b
The engines represent the force that drives the ship

Kuva 51 - Laivan metaforassa Bohm edustaa hiukkasta laivana, jota "liikuttaa" moottoreiden "raaka voima", mutta jota instrumenttien älykkyys "ohjaa määränpäähänsä". Instrumentointi on kvanttipotentiaalia, joka hyödyntää globaalia tietoa ja välittää sen alukselle.

David Bohmin metaforat. Laiva

A- Kvanttipotentiaali edustaa tietoa, joka ohjaa alusta

B- Moottorit edustavat voimaa, joka työntää alusta

.

Moottorit edustavat sitä voimaa, klassisen fysiikan varmuutta, joka saa laivan liikkumaan merellä. Sen sijaan navigointilaitteet, muinaisesta kompassista nykyaikaiseen tutkaan, ovat tieto, joka määrittää turvallisen reitin ja edustaa kvanttipotentiaalia.

Pieni tutkasignaali, ei liian voimakas, riittää ohjaamaan laivaa. Bohmin mukaan kvanttipotentiaali ei riipu intensiteetistä vaan "muodosta". Se on energiaa, joka, vaikkakin vaatimaton, on erittäin tietoinen ja onnistuu muotoilemaan moottoreiden suuren energian, joka itsessään olisi "raaka" ja "muodoton".

Monet konkreettiset elementit viittaavat siihen, että kvanttipotentiaali ei ole vain Bohmin teoreettinen abstraktio. Klassinen kvanttiteoria itse ennustaa valtavan energiameren olemassaolon, joka läpäisee koko maailmankaikkeuden. Tämä lähes ääretön kerros olisi "kvanttityhjiö", jota usein kutsutaan myös "nollapistekenttään" tai "Casimir-ilmiöksi". Tämä viimeinen määritelmä johtuu siitä tosiasiasta, että hollantilainen fyysikko Hendrik Casimir osoitti "kvanttityhjiön" olemassaolon jo vuonna 1948.

Casimir-ilmiö koostuu vetovoimasta, joka syntyy kahden tyhjiössä sijaitsevan kehon välille, eli missä ei pitäisi olla mitään syytä vetovoimalle. Koska vetovoima on kuitenkin olemassa, se tarkoittaa, että tyhjyys ei ole todella tyhjä. Itse asiassa oletetaan, että on olemassa voima nimeltä "nollapistekenttä". Tämä kenttä syntyy tyhjiön energiasta, jonka määräävät virtuaalihiukkaset, joita jatkuvasti syntyy kvanttivaihteluiden vaikutuksesta, kuten Heisenbergin epävarmuusperiaate ennakoi.

Siten tyhjiöllä on "taustaenergia", joka ylittää aineen todellisuuden.

Tämä "voima" ulottuu jokaiselle "tyhjälle" universumin alueelle. Sen energiatiheys on arvioitu yhtä suureksi kuin valtavia arvoja, jotka muodostavat mittaamattoman epätasapainoisen suhteen tuntemamme kosmoksen kanssa, joka esitetään aineen muodossa.

Jos otamme kuvan atomista, muistamme, että sen katsotaan koostuvan lähes kokonaan tyhjyydestä. No, Casimir-ilmiö ennustaa, että tuo tyhjyys ei ole tyhjä, vaan energia. Tästä ymmärrämme kuinka tyhjiön energia on valtavasti suurempi kuin "ei-tyhjän". Jos annamme kaikelle tälle energialle kyvyn ilmaista itseään kvanttipotentiaalin muodossa, ymmärrämme Bohmin kehittämän käsitteen voiman.

Tarkkailijan rooli.

Kvanttimekaniikka ennustaa, että kosminen todellisuus on seurausta kahdesta tekijästä. Ensimmäinen tekijä on aineelle luontainen "raaka voima". Toinen tekijä on "ohjausjärjestelmä", joka antaa aineelle ohjeita, jotka pystyvät saamaan sen voiman toimimaan älykkäästi.

Ensimmäinen tekijä, raaka voima, luonnehtii makroskooppista tasoa eli keskikokoista tasoa, jolla elämme ja jota tulkitsemme Newtonin fysiikan ja Einsteinin suhteellisuusteorian lakien mukaan.

Tällä tasolla tarkkailijan roolilla ei ole vaikutusta. Itse asiassa jonkun on hyvin vaikeaa pystyä muuttamaan tapahtuman kulkua "katsomalla" sitä. Emme voi siirtää yhtään tuolia katsomalla sitä. Samaan aikaan, jos emme katso tuolia, se ei liiku itsenäisesti useilla todennäköisillä poluilla kvanttiteorian mukaan.

Toinen tekijä eli ohjausjärjestelmä edellyttää, että havainnoitsija on osa itse ilmiötä ja vaikuttaa sen kehitykseen yksinkertaisesti havainnoimalla. Kuten jo mainittiin. tämä tapahtuu fotonien tapauksessa, jotka käyttäytyvät hiukkasina, kun niitä havaitaan, ja aaltoina, kun niitä ei havaita. Subatomitasolla tarkkailijan rooli saa hyvin erityisiä piirteitä. Havaitsijasta tulee osa ainutlaatuista järjestelmää, joka sisältää sekä itsensä että havaittavan kohteen. Tarkkailija ja havaittu tulevat erottamattomiksi ja heillä on vastavuoroinen vaikutus, jota ei voida sivuuttaa.

Kvanttifysiikassa tiedemies ei voi kuvitella olevansa "ulkopuolinen" objektiivinen tarkkailija, koska hänen läsnäolonsa myötävaikuttaa havainnoivansa todellisuuden muotoutumiseen.

John Wheeler oli amerikkalainen fyysikko, karismaattinen fysiikan hahmo 1930- ja 1940-luvuilla; monet kuuluisat fyysikot, mukaan lukien Richard Feynman, koulutettiin hänen ohjauksessaan. Wheeler muun muassa loi termin "madonreikä", joka ilmaisee mahdollisia tunneleita tai avaruuskäytäviä aika-avaruuden eri alueiden välillä.

Wheeler uskoo, että tarkkailijan osallistuminen havaittuun subatomiseen todellisuuteen on jopa kvanttifysiikan tärkein näkökohta, siihen pisteeseen asti, että hän ehdottaa termin "tarkkailija" poistamista korvaamalla sen termillä "osallistuja". Hän ilmaisee tämän uskonsa kuuluisalla lainauksella:

> "Kvanttimekaniikassa mikään ei ole tärkeämpää kuin se, että käsite, joka ymmärretään "jotain ulkopuoliseksi", tuhoutuu.

Tämä pätee myös silloin, kun havainnoija on turvallisella etäisyydellä havaitusta kohteesta erotettuna kahdenkymmenen senttimetrin paksuisilla lasilevyillä. Tarkkaillessaan pientä esinettä, kuten elektronia, havainnoijan on mentävä lasin ulkopuolelle: hänen on "mentävä sisään" asentaakseen valitsemansa mittauslaitteen. Tarkkailijan on valittava, haluaako hän mitata aseman vai liikemäärän. Laitteen asentaminen toisen suuren mittaamiseen estää häntä asentamasta toista laitetta toisen suuren mittaamiseksi.

Lisäksi mittaus muuttaa elektronin tilaa. Mittauksen jälkeen maailmankaikkeus ei ole enää sama. Tapahtuneen kuvaamiseksi vanha sana "tarkkailija" on poistettava ja korvattava uudella termillä "osallistuja". Universumi on tavallaan osallistava universumi."

Ei pirstoutumista.

Bohmin mukaan subatomiset hiukkaset upotetaan kvanttipotentiaalin ansiosta "muotokenttään". Tästä kentästä hiukkaset saavat kaiken tarvittavan tiedon päättääkseen, kuinka liikkua kaikkina aikoina.

Mutta koska makroskooppinen taso koostuu lähes äärettömästä määrästä subatomisia hiukkasia, jokainen elävä olento on muotokentän alainen, joka joka hetki ehdottaa jokaiselle sen kehon hiukkaselle sen mikroskooppisten liikkeiden koordinaatit.

Erona näiden kahden tekijän (makroskooppisen ja mikroskooppisen) välillä on se, että ensimmäinen tarvitsee tilaa ja aikaa kehittyäkseen, eli sillä on paikallisia ominaisuuksia, kun taas mikroskooppinen tekijä eli ajojärjestelmä ei tarvitse tilaa eikä aikaa. Mikroskooppinen taso ilmaistaan ulottuvuudessa, jota kutsutaan "ei-paikalliseksi". Ohjausjärjestelmä on ilmaus "äärettömästä", joka sijaitsee tilan ja ajan ulkopuolella. Ohjaava järjestelmä ei tuota informaatiota vastaanottamalla sitä tietystä paikasta, vaan se omistaa tiedon "universaalina kokonaisuutena", eräänlaisena "tila-etukammiossa", joka sisältää universumin tietoisuuden.

Bohmin mekaniikan yhteydessä järjestelmän hiukkaset ovat "ei-paikallisesti" kytkettyjä kvanttipotentiaalilla. Tämä tapahtuu riippumatta siitä, kuinka kaukana ne ovat. Välittömin seuraus on havainto, että ei ole olemassa erillisiä ja itsenäisiä objekteja, vaan kaikki on yhteydessä toisiinsa muodostaen yhden asian.

Lisäksi, kuten olemme jo nähneet, meidän "ulkopuolellamme" ei ole mitään, mitä voisimme havaita ulkopuolelta. Olemme itse aktiivinen osa kokonaisuutta. Kvanttimekaniikka ilmentää täysin toisiinsa liittyvää maailmankaikkeutta. Se on todellisuutta, jota emme voi hajota alkeellisiin osiin, joilla on itsenäinen elämä. Tutkimalla aineen läheisyyttä tulemme ymmärtämään, että hiukkaset, joista se koostuu, eivät edusta perusrakennuspalikoita Demokritoksen tarkoittamassa mielessä. Hiukkaset ovat puhtaita idealisaatioita, tutkimushypoteesia, jotka pystyvät tarjoamaan ihanteellisia esityksiä todellisuudesta, jota on mahdotonta esittää. Itse asiassa hiukkaset ovat tavanomaisia abstraktioita.

Todellisuudessa on olemassa kosminen yhteys, joka koostuu todennäköisistä värähtelevistä energioista, joita ei voida sijoittaa tarkalleen sellaiseen avaruuteen kuin sen ymmärrämme. Ansioiden osalta Bohm ilmaisee itseään näin esseessä, joka on kirjoitettu yhdessä Basil Hileyn kanssa

"Foundation of Physics" -lehteä varten, joka julkaistiin vuonna 1975 otsikolla "Kvanttiteorian implisiittisestä epälokaalisuuden intuitiivisesta ymmärtämisestä":

> Olemme kumonneet tavanomaisen klassisen käsityksen, jonka mukaan maailman itsenäiset "alkuosat" ovat perustavanlaatuinen todellisuus, ja eri järjestelmät ovat vain näiden osien erityisiä ja satunnaisia muotoja ja järjestelyjä.
>
> Sen sijaan sanomme, että perustavanlaatuinen todellisuus on koko maailmankaikkeuden kvanttiyhteys. Suhteellisen itsenäisesti käyttäytyvät osat ovat vain yksittäisiä ja satunnaisia muotoja tässä kokonaisuudessa.

Ihan kuin sanoisi, että kuningas Milindan vaunut eivät ole pyörien, akselien ja hevosten satunnainen summa, kuten materialismi väittää. Sen sijaan eri osat ovat älykkäästi valittuja elementtejä muodostamaan kokonaisuuden, joka on vaunut.

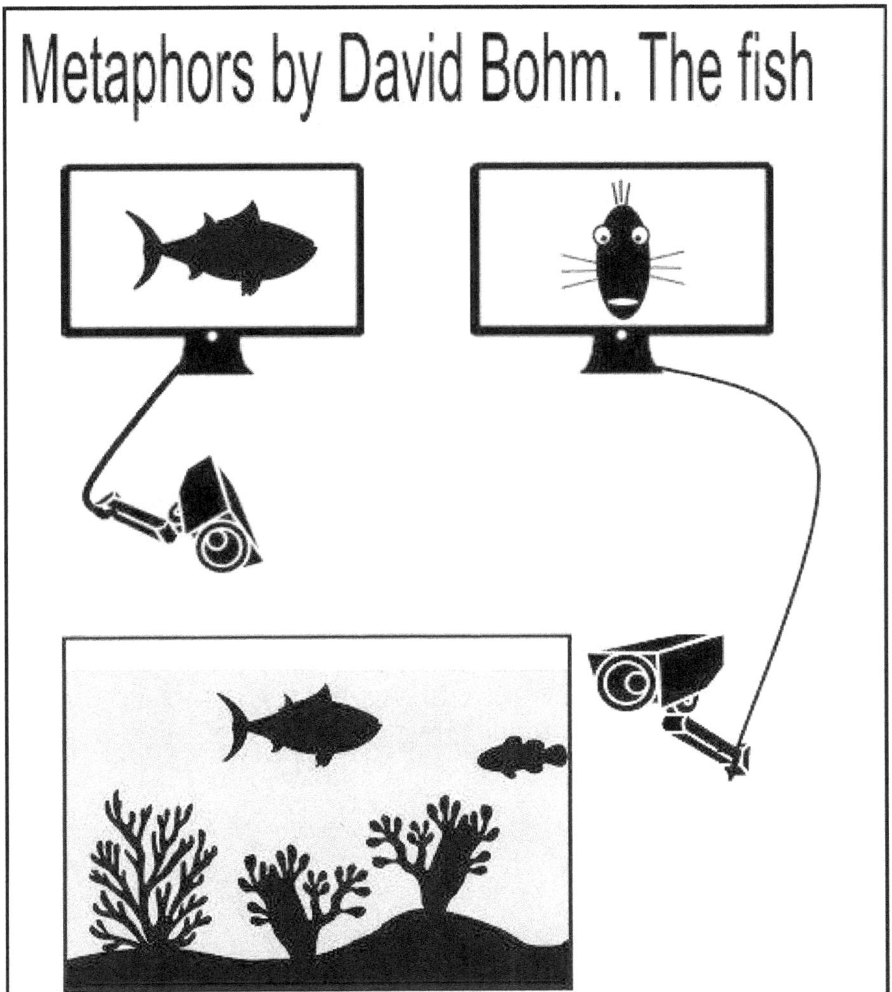

The same fish, observed from different angles, can give the impression that it is two fish

Kuva 52 - Bohmin metafora kvantti superpositiosta.
David Bohmin metaforat. Kala.
Sama kala voi eri kulmista katsottuna antaa vaikutelman, että ne ovat kaksi erilaista kalaa.

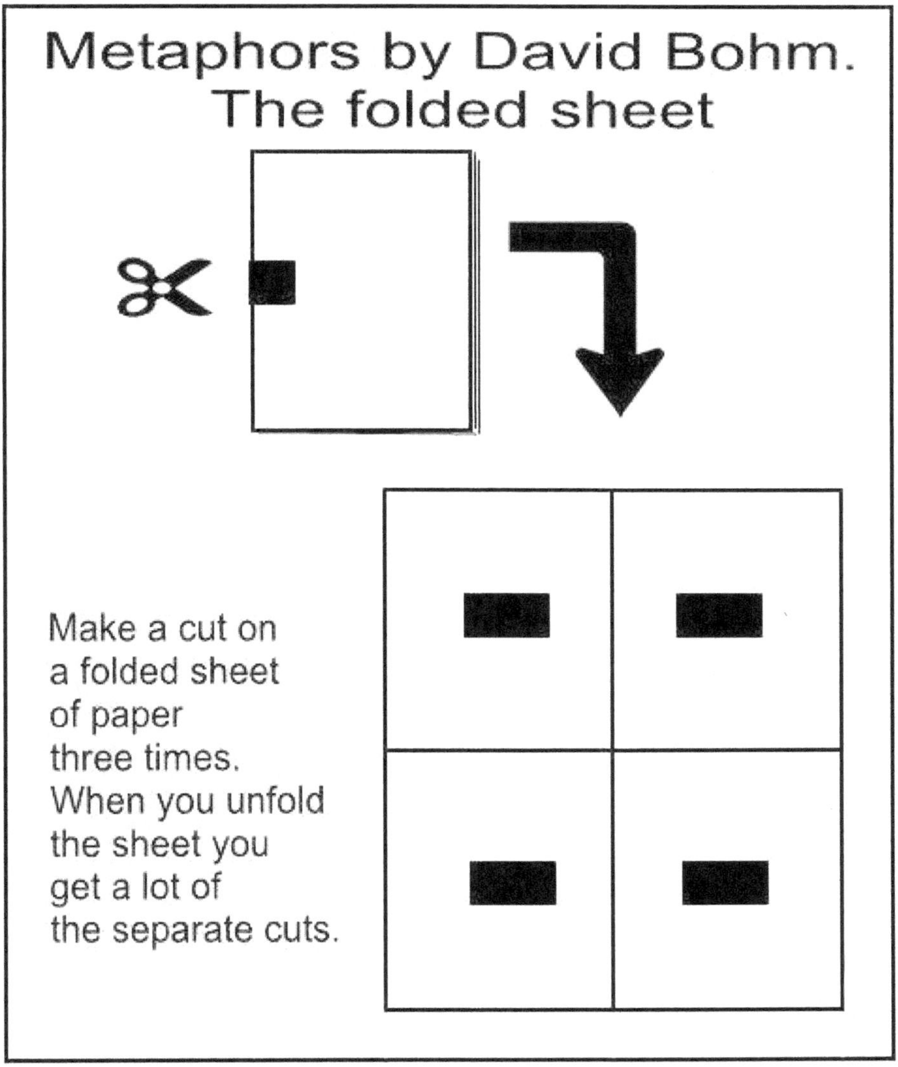
Metaphors by David Bohm.
The folded sheet
Make a cut on
a folded sheet
of paper
three times.
When you unfold
the sheet you
get a lot of
the separate cuts.

Kuva 53 - Taitettuun arkkiin ilmestyvät monet reiät ovat todellisuudessa tulosta yhdestä leikkauksesta.

David Bohmin metaforat. Taitettu paperiarkki.

Tee leikkaus paperiarkille, joka on taitettu kolme kertaa itseensä.

Kun avaat arkin, saat useita erillisiä leikkauksia.

Riippumatta siitä, minkä muotoinen akseli on, kuinka monta pinnoja renkaissa on, mikä tahansa väri tai hevosten määrä, ovat merkityksettömiä yksityiskohtia "vaunun" transsendenttisen projektin kannalta.

Subatomitasolla esineet, joissa kiinteä aine materialisoituu, liukenevat todennäköisyyksien aalloiksi, jotka liittyvät toisiinsa "universaaliksi kokonaisuudeksi".

Ei ole pirstoutumista, vaan vain unicum täynnä värähtelyjä. Jos käytämme kvanttifysiikan laseja, emme voi enää nähdä maailmankaikkeutta kokoelmana erilaisia esineitä siitepölyjyvistä galakseihin, jotka ovat hyvin määriteltyjä ja erottuvia toisistaan. Meille näyttää olevan valtava energioiden verkosto, joka liittyy kokonaisuuteen, joka sisältää myös meidät.

Esseessaan "S-matrix interpretation of Quantum Theory" amerikkalainen fyysikko Henry Pierce Stapp toteaa:

> "Maailma näyttää monimutkaisena tapahtumakudoksena, jossa erilaiset yhteydet vuorottelevat, menevät päällekkäin ja yhdistyvät määrittäen kokonaisuuden rakenteen."

Kalan metafora, joka on otettu eri näkökulmista (kuva 52), kuvaa erinomaisesti käsitettä, jonka mukaan vaikka esineellä on ilmeisesti erilaisia ilmenemismuotoja, jotka saavat uskomaan, että ne ovat useita erillisiä esineitä, itse asiassa ne ovat yksi esine.

"Implicit Order" ja "Explicit Order".

”Hyvin syvällä tasolla aine ja tietoisuus ovat täysin erottamattomia ja yhteydessä toisiinsa, aivan kuten videopelissä pelaajaa ja näyttöä yhdistää osallistuminen yhteiseen prosessiin. Tässä näkemyksessä mieli ja aine ovat "kokonaisuuden", joka on "yksi", kaksi puolta. "Mieli ja aine" eivät ole erotettavissa sen paremmin kuin "muoto ja sisältö". Hyvin syvillä tasoilla ihmiskunnan tietoisuus on yksi.

(David Bohm)

Plasmatutkimuksissaan Bohmia oli kiehtonut se, kuinka pinnallisessa näennäisen kaaoksen tilanteessa saattoi yhtäkkiä syntyä syvemmästä kerroksesta tuleva järjestys. Tämä kokemus vaikutti häneen siinä määrin, että se teki siitä tunnusomaisen elementin kaikkia hänen opintojaan. Jokainen hänen intuitioistaan sai alkunsa mahdollisuudesta, että ilmiö voitaisiin ymmärtää sen intiimimmissä konnotaatioissa alkaen olettamuksesta taustalla olevan tai implisiittisen "sääntelyälyn" olemassaolosta.

Tämä sai hänet teoretisoimaan ajan ja tilan ylittävän järjestyksen olemassaolon, joka on luontainen todellisuuden syvimmille poimuille ja jota hän kutsui "implikoitu järjestys" tai "suljettu järjestys". Bohm oletti, että tämä järjestys ei ollut olemassa vain alkuainehiukkasten maailmassa, vaan koko maailmankaikkeudessa. Kosmoksen piilotetuimmalle osalle tyypillinen implisiittinen järjestys on vastakohtana "selittävän järjestyksen" kanssa. Tämä on asioiden järjestys sellaisina kuin me ne näemme tai sellaisina kuin ne näyttävät meille kokemuksessamme.

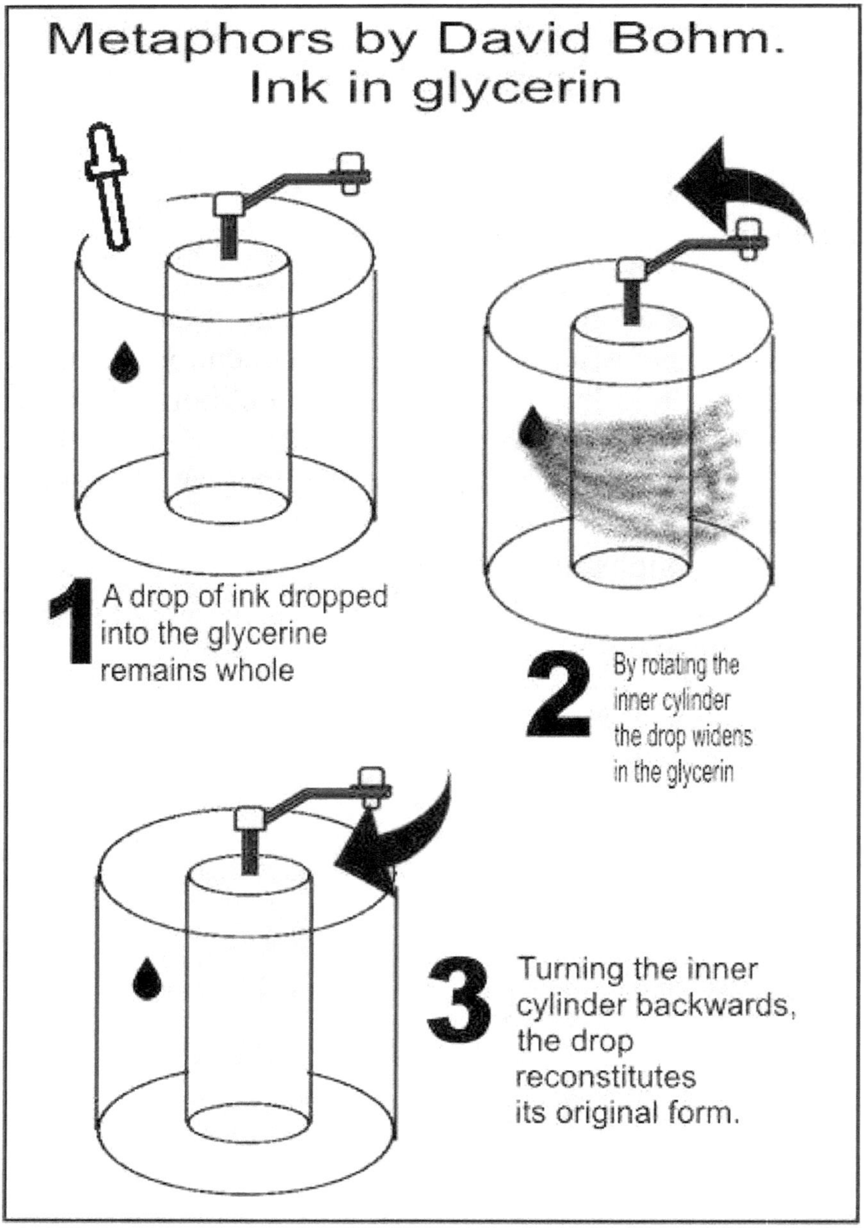
Metaphors by David Bohm.
Ink in glycerin
1 A drop of ink dropped into the glycerine remains whole
2 By rotating the inner cylinder the drop widens in the glycerin
3 Turning the inner cylinder backwards, the drop reconstitutes its original form.

Kuva 54 - David Bohmin metafora glyseriiniin dispergoituneesta mustepisarasta.

David Bohmin metaforat. Muste glyseriinissä

1 Glyseriiniin pudotettu mustepisara pysyy ehjänä

2 Sisäsylinteriä pyörittämällä pisara laajenee glyseriinissä

3 Kiertämällä sisäsylinteriä vastakkaiseen suuntaan pisara palauttaa alkuperäisen muotonsa.

Plasmatutkimuksissaan Bohmia oli kiehtonut se, kuinka pinnallisessa näennäisen kaaoksen tilanteessa saattoi yhtäkkiä syntyä syvemmästä kerroksesta tuleva järjestys. Tämä kokemus vaikutti häneen siinä määrin, että se teki siitä tunnusomaisen elementin kaikkia hänen opintojaan. Jokainen hänen intuitioistaan sai alkunsa mahdollisuudesta, että ilmiö voitaisiin ymmärtää sen intiimimmissä konnotaatioissa alkaen olettamuksesta taustalla olevan tai implisiittisen "sääntelyälyn" olemassaolosta.

Tämä sai hänet teoretisoimaan ajan ja tilan ylittävän järjestyksen olemassaolon, joka on luontainen todellisuuden syvimmille poimuille ja jota hän kutsui "implikoitu järjestys" tai "suljettu järjestys". Bohm oletti, että tämä järjestys ei ollut olemassa vain alkuainehiukkasten maailmassa, vaan koko maailmankaikkeudessa. Kosmoksen piilotetuimmalle osalle tyypillinen implisiittinen järjestys on vastakohtana "selittävän järjestyksen" kanssa. Tämä on asioiden järjestys sellaisina kuin me ne näemme tai sellaisina kuin ne näyttävät meille kokemuksessamme.

Bohm sai ensimmäiset intuitiot implisiittisen järjestyksen olemassaolosta, kun hän haaveili universumista, joka koostuu äärettömästä määrästä pallomaisia peilejä, jotka heijastivat toisiaan. Hän kuvitteli aineen koostuvan atomeista, joissa jokainen atomi, kuten peili, heijastaa äärettömiä heijastuksia.

Kuvan 53 metafora havainnollistaa, mikä suhde voi olla implisiittisen järjestyksen ja selitetyn järjestyksen välillä. Kuvittele, että taitat paperiarkin kolmeen tai useampaan osaan. Avaamme saksilla yhden ikkunan mihin tahansa arkin kohtaan. Riittää, kun avaamme arkin, jotta huomaamme monien pienten ikkunoiden olemassaolon, jotka ovat toisistaan avaruudellisesti erotettuja: tämä erottelu on täysin illusorista, jos tarkastelemme taitettua arkkia, mutta se selitetään aisteillemme pienten ikkunoiden summana. kun avaamme arkin. Ilmeisesti taitettu paperiarkki edustaa piilotettua tai implisiittistä järjestystä, kun taas taitettu paperiarkki edustaa nimenomaista järjestystä.

Bohm rakasti metaforien kehittämistä teesiensä tueksi. Mitä tulee implisiittiseen ja eksplikoituun järjestykseen, hän kuvitteli implisiittisen ulottuvuuden, joka sisältää todellisuuden informaation muodossa, joka ei ole aisteillemme ymmärrettävissä, mutta kykenee selittämään itsensä meille ymmärrettävissä muodoissa ja tavoilla. Mutta ymmärryksemme ei vastaa todellisuutta.

TV-signaalin metaforassa (kuva 55) implisiittinen järjestys muodostuu meille näkymättömistä ja käsittämättömistä radiotaajuuksista, jotka ulottuvat eetteriin ja jotka voidaan poimia antennilla. Kun radiotaajuudet siirretään vastaanottavaan laitteeseen, ne avautuvat siten, että silmämme ja korvamme ymmärtävät ne. Luonnollisesti se, mitä näemme näytöllä, on vain transponoitumista muotoihin ja väreihin taajuuksista, joita emme pystyisi tulkitsemaan.

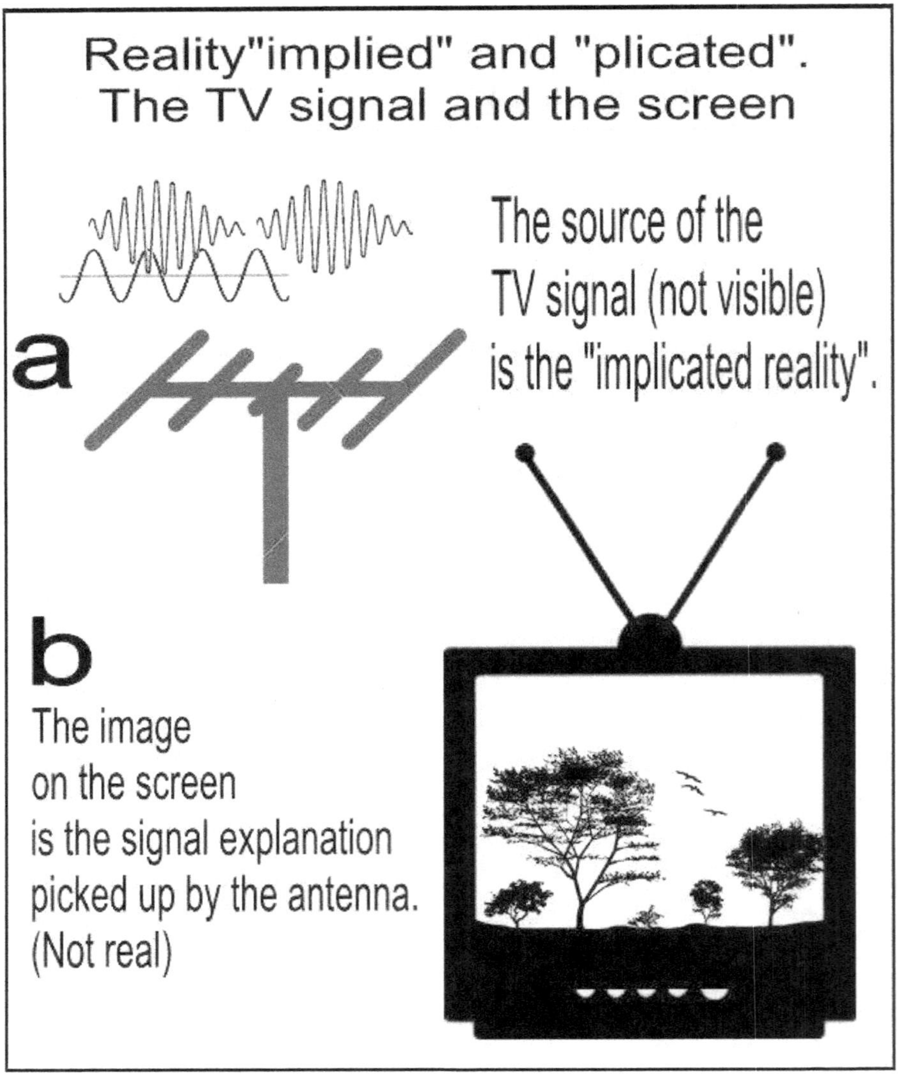
Reality"implied" and "plicated".
The TV signal and the screen
The source of the
TV signal (not visible)
is the "implicated reality".
a
b
The image
on the screen
is the signal explanation
picked up by the antenna.
(Not real)

Kuva 55 - "Selittää todellisuus" on vain epätodellinen tulkinta ulkoisesta lähteestä antennin kautta vastaanotetuista signaaleista.

"implisoitu" ja "selittynyt" todellisuus.

TV-signaali ja näyttö

a - TV-signaalin lähde (ei näkyvissä) on "implisiittinen todellisuus".

B - Näytön kuva on ymmärrettävä selitys antennin poimimasta signaalista

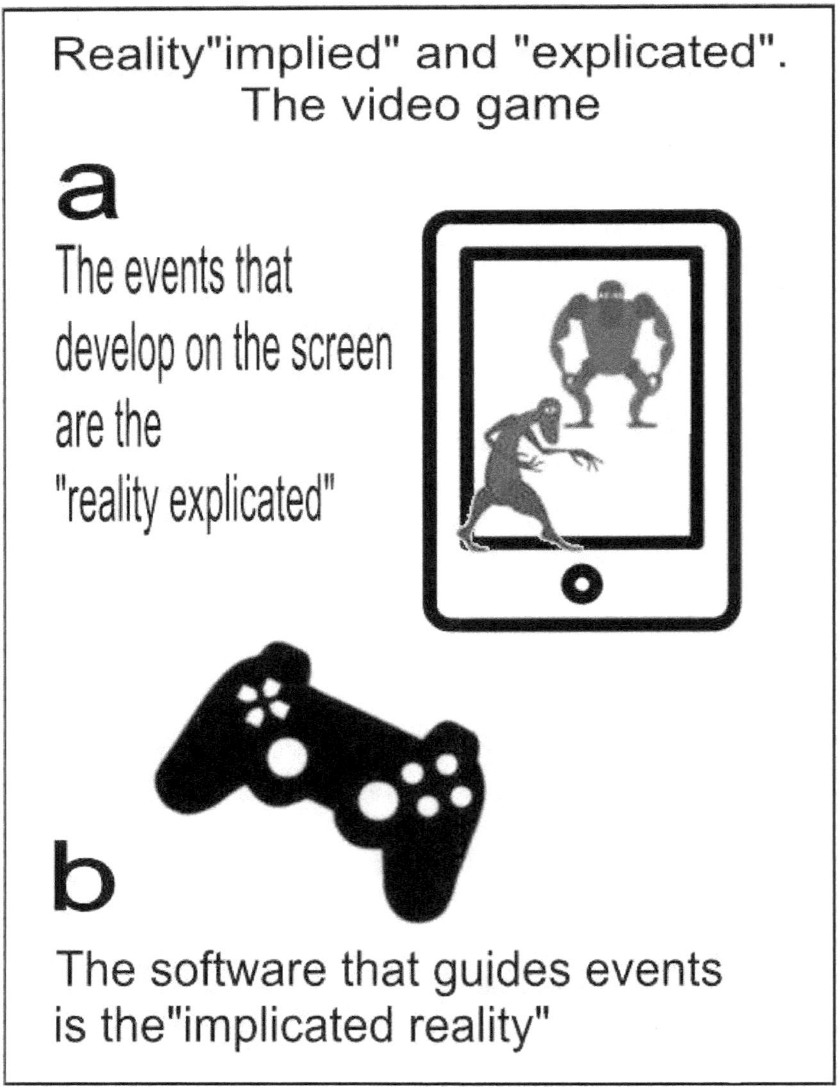
Reality"implied" and "explicated".
The video game
a
The events that
develop on the screen
are the
"reality explicated"
b
The software that guides events
is the"implicated reality"

Kuva 56 - Selittynyt todellisuus (mitä näet näytöllä) on aisteihimme mukautettu esitys implisiittisestä todellisuudesta eli ohjelmistosta, joka tulee konsoliin ladatusta kasetista.

"implisoitu" ja "selittynyt" todellisuus. Videopeli

a - Näytölle kehittyvät tapahtumat ovat "selittynyttä todellisuutta"

b - Ohjelmisto, joka ohjaa tapahtumia, on "implisiittinen todellisuus"

Vielä sopivampi on, jos mahdollista, videopelimetafora (kuva 56), jossa ympäristöllemme ja omalletunnollemme vieras äly, eli konsoliin asetetusta patruunasta tuleva ohjelmisto, luo meille illuusion fantastisesta maailmasta, jossa on joita voimme olla vuorovaikutuksessa ikään kuin olisimme todella uppoutunut siihen, kun taas todellisuudessa se on puhdasta illuusiota.

Toinen metafora ennakoi, että nämä kaksi järjestystä voidaan havainnollistaa järjestämällä kuvan 54 laite, jonka Bohm itse selitti "oubliettemagazine.com" -sivustolle annetussa haastattelussa:

> "Kun kehittelin "implikoidun universumin" teoriaa, BBC:n tiedeohjelma näytti laitteen, joka havainnollistaa konseptia hyvin.
>
> Se koostuu kahdesta samankeskisestä lasisylinteristä. Niiden joukossa on viskoosi neste, kuten glyseriini. Jos pisara liukenematonta mustetta laitetaan glyseriiniin ja ulompaa sylinteriä pyöritetään hitaasti, mustepisara muodostaa jäljen. Lopulta polusta tulee niin hajanainen, että siitä tulee melkein näkymätön. Tällä hetkellä ei näytä olevan järjestystä.
>
> Jos kuitenkin käännät sylinteriä hitaasti taaksepäin, glyseriini palautuu alkuperäiseen muotoonsa ja yhtäkkiä mustepisara näkyy taas. Glyseriiniin levinnyt mustepisara palautuu käänteisen pyörityksen ansiosta."

Meillä on kaksi samankeskistä lasisylinteriä, joista toinen pystyy pyörimään hitaasti. Kahden sylinterin välinen tila on täytetty viskoosilla nesteellä, kuten glyseriinillä. Kun sylinteriä pyöritetään, lähellä oleva neste lakaistaan sen mukana. Mutta oletetaan, että liikkuva sylinteri on nyt käännetty vastakkaiseen suuntaan. Jos neste on erittäin viskoosia, kuten glyseriini, eikä sylinteriä käännetä liian nopeasti, nesteelementti seuraa tarkat vaiheensa uudelleen muodostaakseen alkuperäisen mustepisaran.

Tämä metafora opettaa, että näennäisessäkin kaaoksessa on piilotettu järjestys. Kun mustepisaran muoto liukenee pois näkyvistä, sen järjestys ei tuhoudu, vaan se jää glyseriiniin. Tämä liuennut mustepisara edustaa implisiittistä järjestystä, kun taas koko pisara edustaa selitettyä järjestystä, eli todellisuutta sellaisena kuin se aisteillemme näyttää. Sylinterin pyörimisellä on ratkaiseva rooli ja se edustaa dynamiikkaa, joka yhdistää nämä kaksi järjestystä. Bohmilaisessa kehittelyssä tämä dynamiikka saa nimen "holomovement".

Jättiläinen kosminen hologrammi.

Termillä hologrammi tarkoitetaan yleensä kolmiulotteisia kuvia ja erityisesti stereoskooppisia eli sellaisia, jotka näkyvät eri perspektiiveillä havaintopisteestä riippuen. Siksi hologrammi on kolmiulotteinen esitys todellisuudesta, ja sitä voitaisiin verrata normaaliin valokuvaan, jos valokuva ei olisi kaksiulotteinen. Kun kuvaat esineen klassisilla menetelmillä, voit nähdä sen uudelleen vain siinä osassa, joka on kehystetty linssillä. Jos kuvaat henkilöä edestä, näet aina hänen kasvonsa, mutta et koskaan näe hänen selkäänsä. Sitä vastoin hologrammi palauttaa kolmiulotteisen kuvan otetusta kohtauksesta, jossa esineet ja ihmiset näyttävät ikään kuin ne olisi asetettu näyttämön keskelle.

Hologrammit saadaan erikoistekniikoilla. Tallennus tapahtuu laservalosäteen avulla, joka lähetetään sekä toistettavaa kohdetta että herkkää materiaalia olevaa levyä kohti.

Peilipelin ansiosta lähteestä tuleva valo häiritsee kohteen heijastumaa. Tämän seurauksena levylle muodostuu viivoja, joita kutsutaan interferenssihapsuiksi. Yksinkertaisemmin sanottuna levylle ei näy valokuvatun kohteen kuva, vaan kolmiulotteisuustietoa sisältävä viivojen vyyhti.

Luonnollisesti tallennettu kuva voidaan toistaa huomattavalla tarkkuudella yksinkertaisesti valaisemalla levy toisella lasersäteellä. Tämä säde itse asiassa onnistuu purkamaan tiedon rekonstruoimalla kuvatun kohteen kolmiulotteisen kuvan, joka näyttää katsojalle ikään kuin se olisi fyysisesti läsnä. Teknisten parannusten ja kehityksen ansiosta hologrammit voivat nyt olla näkyvissä myös "valkoisessa valossa" tai auringonvalossa.

Nykyään on myös painettuja hologrammeja, joissa diffraktiohila on toistettu läpinäkyvälle muovikannattimelle, joka puolestaan lepää hopeakerroksen päällä. Voimme nähdä samanlaisia hologrammeja esimerkiksi joissakin luottokorteissa.

Hologrammilla on erittäin mielenkiintoinen erikoisuus, joka erottaa sen selvästi tavallisesta valokuvasta, jossa tiedot kiteytyvät paperille. Jos leikkaat valokuvan kahteen osaan ja heität yhden osan pois, sen sisältämiä tietoja voidaan pitää pysyvästi kadonneina. Et voi koskaan rekonstruoida puuttuvan puolen sisältöä eloonjääneestä puoliskosta, paitsi intuitiivisen likiarvon avulla.

Holographic information.
Each part contains the whole

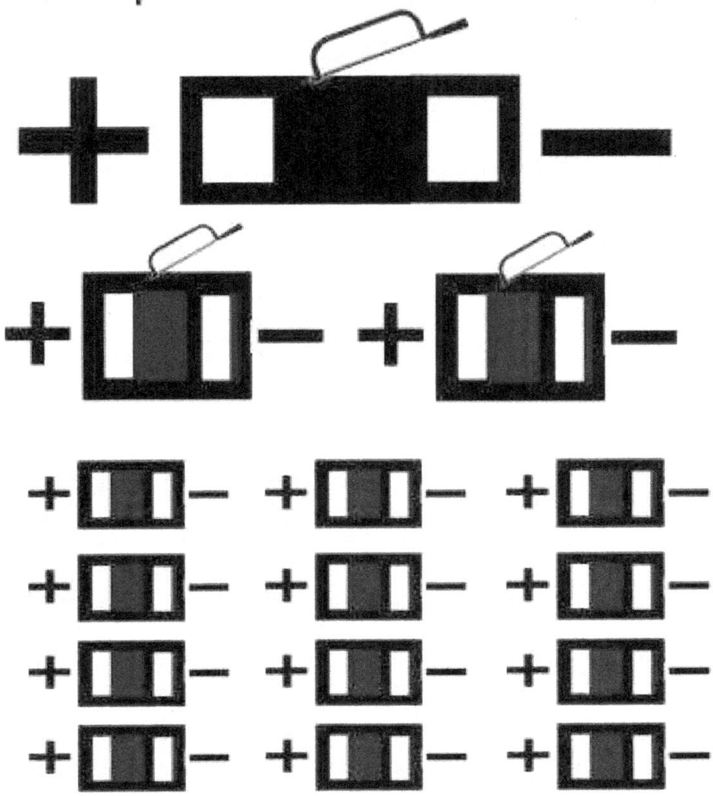

A magnet can be divided then many parts.
Each part retains the positive and negative poles.

Kuva 57 - Magneetti voi edustaa holografista todellisuutta. Jos magneetti hajotetaan useisiin osiin, jokainen osa säilyttää kokonaisuuden ominaisuudet.

Holografiset tiedot. Jokainen osa sisältää kokonaisuuden

Magneetti voidaan jakaa useisiin osiin. Jokainen osa säilyttää positiivisen ja negatiivisen navan.

Toisaalta hologrammi voidaan jakaa niin moneen osaan kuin halutaan, ja jokainen osa säilyttää koko tiedon.

Bohm ehdottaa metaforaa magneetista (kuva 57). Tämä esine, jota yleisesti kutsutaan magneetiksi, on metallirunko, joka synnyttää ihmissilmälle näkymätön magneettikentän ja tuottaa yleisesti tunnettuja vaikutuksia: se voi vetää puoleensa tai torjua muita magneetteja sekä tietysti rautapitoisia materiaaleja. Magneetissa on kaksi napaa, joita kutsutaan pohjoiseksi ja eteläksi. Jos magneetti jätetään pyörimään vapaasti, pohjoisnapa on pohjoiseen päin. Tietysti toisessa päässä on etelänapa.

Voidaan ajatella, että sahaamalla magneetti keskeltä saadaan kaksi osaa, joista toisessa on vain pohjoisnapa ja toisessa vain etelänapa. Se ei ole niin. Kumpikin puoli muodostaa välittömästi puuttuvan napaisuuden. Voit jakaa magneetin niin moneen osaan kuin haluat; joka tapauksessa, olipa se kuinka pieni tahansa, jokaisessa osassa on pohjoisnapa ja etelänapa, eli jokainen osa säilyttää ennallaan kaikki tiedot alkuperäisestä magneetista, josta se on saatu.

Kun hologrammi leikataan kahteen, kymmeneen, sataan tai tuhanteen osaan, tapahtuu sama asia. Jokainen osa säilyttää kaikki tiedot matriisista, josta se tulee.

Lisäksi hologrammilla on uskomaton määrällinen tallennuskapasiteetti: riittää, kun muutetaan kulmaa, jossa kaksi lasersädettä vaikuttavat kalvoon, jotta se kerää miljoonia miljardeja informaatiota yhteen kuutiosenttimetriin tilaa.

Analogia "implisoituneen universumin" kanssa on ilmeinen: tässäkin jokainen osa on yhteydessä kaikkiin muihin muodostaen yhden asian, ja tässä yhteysverkostossa pieninkin osa, kuten yksittäinen hiukkanen, sisältää globaalin tiedon.

Koska koko kosmoksen informaatio voidaan tunnistaa pienimmästä hiukkasesta, Bohmilainen teoria saa holografisia ominaisuuksia ja universumi, joka ymmärretään implisiittiseksi ja eksplisiittiseksi järjestykseksi, voidaan kuvitella valtavaksi hologrammiksi

Holografinen universumi.

Hämmästyttävin asia holografisessa mallissa oli, että se yhtäkkiä ymmärsi monenlaisia hämäriä ilmiöitä, joita voidaan pitää tieteen rajojen ulkopuolella. Näitä ovat telepatia, ennaltatunnistus, mystiset ykseyden tunteet maailmankaikkeuden kanssa ja jopa psykokineesi tai mielen kyky siirtää aineellisia esineitä ilman, että kukaan kosketa niitä."

(Michael Talbot, "Kaikki on yksi")

Bohmin intuitiot saivat pian tarkan suunnan, jättimäiseksi hologrammiksi kuvitellun universumin suunnan. Oli kuitenkin välttämätöntä ottaa huomioon se tosiasia, että universumi ei ole staattinen todellisuus, vaan dynaaminen todellisuus, valtava peräkkäinen elävien energioiden ja kiihtyneen aineen; itse asiassa mikään subatomisessa universumissa ei ole staattista, kuten olemme nähneet atomia kuvattaessa.

Näin ollen Bohm loi uuden termin "holomovement". Universumi on bohmilaisen käsityksen mukaan valtava holomovement, jossa jokainen osa, jopa pieninkin, sisältää kaiken historian ja kosmisen älyn, kun ne avautuvat ajassa ja tilassa.

Juuri siksi, että "implikoitu" universumi sisältää kaikki fyysiset universumit ja niiden tulemisen aisteihimme, tuloksena oleva hologrammi ei edes tunne staattisen käsitettä, vaan muodostaa "implikaatioiden" ja "selitysten" ikuisen liikkeen.

Implisiittijärjestys sisältää sisällään jokaisen ajan, menneen, nykyisen ja tulevan ja jokaisen paikan. Aika ja paikka, jotka selitetyssä järjestyksessä (eli kokemuksemme ja ymmärryksemme mukaan) avautuvat erillisissä todellisuuksissa, ovat yksi implisiittisessä järjestyksessä.

Holomovementti mahdollistaa sen, että implisiittinen järjestys sisältää kaikki selittävän järjestyksen diversiteetit. Haastattelussa Bohm selittää holomovementin näillä sanoilla:

> ”Sama implikaattinen järjestys on havaittu sähkömagneettisten kenttien monimutkaisessa liikkeessä valoaaltojen muodossa. Tällainen

valoaaltojen liike on läsnä kaikkialla ja kattaa koko avaruuden ja ajan universumin jokaisella alueella. Tämä sulkeminen ja avautuminen ei tapahdu vain sähkömagneettisen kentän liikkeessä, vaan myös muissa kentissä, jotka noudattavat kvanttimekaniikan lakeja, jotka edellyttävät epäjatkuvuutta ja ei-paikallisuuksia. Sulkemis- ja avausliikkeen kokonaisuus voi ylittää valtavasti sen, mitä on havaittu havainnojemme aikana. Kutsumme tätä kokonaisuutta holomovementiksi."

Samassa haastattelussa Bohm sanoo jälleen:

"Ehdotan jotain tämän kaltaista: Kuvittele ääretön energiameri, joka täyttää tyhjän tilan, jossa aallot liikkuvat sen läpi, kokoontuvat toisinaan yhteen ja tuottavat voimakasta sykkimistä. Sanomme, että tietty impulssi kerääntyy ja laajenee luoden avaruuden ja aineen universumimme. Näitä impulsseja voi tapahtua enemmän. Meistä tämä impulssi näyttää alkuräjähdyksestä; laajemmassa yhteydessä se on pieni aalto. Kaikki syntyy "holomovementin" käyttöönotosta. Kaikki taittuu takaisin itseensä implisiittisessä järjestyksessä. Kutsun taitto- tai sulkemisprosessia "implikoimiseksi". Päinvastoin, avautumis- tai avautumisprosessia kutsun "selittäväksi". Implisiittinen ja eksplisiittinen ovat yksi sujuva ja jakamaton asia. "

Bohm täydentää sitten näkemystään maailmankaikkeudesta erinomaisen mystisellä tavalla kuvittelemalla, kuten matryoshkassa, hyvin pitkiä teorioita implisiittisestä todellisuudesta, jotka ovat muiden taustalla, kunnes hän saavuttaa "superimplikoidun järjestyksen", eli "kosmisen mielen". Bohmin mukaan tämä mieli kokee luovasti itsessään korkeampien luokkien toiminnan. Jokainen elävä olento osallistuu tietoisesti kokonaisuuteen antamalla kokonaisuudelle merkityksen. Ilman elävien olentojen tietoisuutta maailmankaikkeus olisi epätäydellinen. Jokaisen elävän olennon osallistumisen ansiosta "kosminen mieli" etenee kohti tietoisuutta ja itsetuntemusta.

Karl Pribram

Karl Pribram syntyi Wienissä vuonna 1919 ja lopetti elämänsä vuonna 2015. Hän oli neurokirurgi, psykiatrian ja psykologian professori useissa amerikkalaisissa yliopistoissa, mukaan lukien Stanfordin ja Georgetownin yliopistoissa.

Hänen tärkeimmät tutkimuksensa liittyvät ihmisen aivoihin ja hermostoon: erityisesti hän on auttanut määrittämään limbisen järjestelmän luonnetta ja sen ja etukuoren välistä suhdetta.

Tuntuu oudolta, että puhumme siitä tässä yhteydessä, joka on omistettu suurimmalle osalle fyysikoille tai filosofeille, mutta siihen on hyvin erityinen syy. Itse asiassa Pribram tunnetaan pääasiassa niin sanotun "aivojen holonomisen mallin" kehittämisestä yhteistyössä David Bohmin kanssa, joka tunnetaan myös "Pribramin ja Bohmin holografisena mallina" tai "holografisena paradigmana".

Tämän mallin avulla Pribram teoriassa, että informaatiota ja siten myös aivoihimme tallennettuja muistoja ei "tallenneta" hermosoluihin, vaan ne ovat seurausta "kuvioita" luovien aaltomuotojen vastavuoroisesta vuorovaikutuksesta. Tällä tavalla hän selittää aivojen kyvyn tallentaa valtavan määrän tietoa suhteellisen pieneen tilaan.

Pribram uskoi, että muistot tallentuvat hermoimpulssien verkostoon, jotka kietoutuvat läpi aivoissa, aivan kuten lasersäteet leikkaavat holografisen kuvan sisältävän filmin ja sallivat kulmasta riippuen paljastaa valtavia määriä tietoa.

Kuva 58 - Karl Pribram, Bohmista riippumatta, tuli kehittämään holografisen mielen käsitettä..

Neurokirurgisissa tutkimuksissaan Pribram oli Bohmin tavoin tullut siihen johtopäätökseen, että muistin toiminta oli ymmärrettävämpää, kun se piti sitä samanlaisena kuin holografinen todellisuus. Luonnollisesti molemmat kypsyivät vakaumustaan täysin eri polkuja pitkin. Bohm muotoili teoriansa kvanttifysiikan opintojensa jälkeen, kun taas Pribram vakuuttui holografisesta todellisuudesta johtuen monista, joskus ylitsepääsemättömistä vaikeuksista selittää eräitä neurofysiologisia kysymyksiä.

1970-luvulla Pribram tutki holografisen todellisuuden hypoteesia alkaen periaatteesta, jonka mukaan aivomme käsittelevät silmistä saamiaan signaaleja edustaakseen hologrammin kaltaista välitettyä todellisuutta.

Koska hänen poikansa oli fyysikko, hän ajatteli kääntyä hänen puoleensa vertaillakseen ideoita, mutta poika neuvoi häntä välittömästi ottamaan yhteyttä David Bohmiin, joka oli ehdottomasti sopivin henkilö. Pribram teki niin, ja heidän tapaamisestaan syntyi kivivankka identiteetti näkemyksistä mahdollisuudesta, että universumi on holografinen todellisuus.

Kirjassaan "Holographic universe: The Revolutionary Theory of Reality" Michael Talbot kuvailee näin näiden kahden tiedemiehen tapaamisen hedelmiä:

> "Yhdessä Bohmin ja Pribramin teoriat tarjoavat syvällisen uuden tavan katsoa maailmaa. Aivomme rakentavat objektiivista todellisuutta matemaattisesti tulkitsemalla taajuuksia, jotka ovat viime kädessä projektioita toisesta ulottuvuudesta, syvemmästä olemassaolon järjestyksestä tilan ja ajan ulkopuolella:

aivot ovat hologrammi, joka on piilotettu holografiseen universumiin.

Pribram väittää, että tämä synteesi sai hänet tietoiseksi siitä, että objektiivista maailmaa ei ole olemassa, tai ei ainakaan siinä mielessä, mihin olemme tottuneet uskomaan. "Siellä" on valtava aaltojen ja taajuuksien valtameri, ja todellisuus näyttää meistä konkreettiselta vain siksi, että aivomme pystyvät muuttamaan tämän epämääräisen holografisen muodon perusrakennuspalikoiksi ja tutuiksi esineiksi, jotka muodostavat maailmamme. (...)

Meillä on kaksi hyvin erilaista todellisuuden näkökulmaa. Voimme nähdä itsemme aineellisina kappaleina, jotka liikkuvat avaruuden halki. Muuten saatamme nähdä itsemme hämäränä kuvana häiriökuvioista, jotka ovat piilossa koko kosmisen hologrammin läpi.

Bohm uskoo, että tämä toinen näkemys on oikeampi."

Onko todellisuutta olemassa vai ei?

Pribramin holografisen aivomallin yhdistäminen Bohmin holomovementtiteoriaan antaa yllättävän tuloksen. Jos todellisuus havaitsemassamme konkreettisuudessa on illuusiota ja kaikki olemassa oleva ei ole muuta kuin taajuuksien ja värähtelevien energioiden massa, mitä jää jäljelle? Jos aivot eivät ole muuta kuin hologrammi, joka dekoodaa vastaanotetut taajuudet muuttaen ne aistihavaintoja, onko objektiivista todellisuutta todella olemassa?

Vastauksen pitäisi olla: ei, "objektiivista todellisuutta" ei ole olemassa, mikä todistaa sen, mitä itämaiset filosofiat ovat aina tukeneet, joiden mukaan maailma on vain illuusio.

Ei vain sitä: tällä vastauksella korjaamme myös monien länsimaisten filosofien, kuten George Berkeleyn, liian hätäisesti pilkatut teoriat, joiden mukaan kaikilla esineillä, joiden uskomme olevan olemassa, ei ole ruumista. Esineet ovat vain ideoita, jotka aistimme välittävät aivoihin. Aivoissa nämä ideat on muotoiltu ja puettu väärään vaikutelmaan aineellisuudesta.

Pribramin holografinen paradigma ja Bohmin holomovementti johtavat johtopäätöksiin, joita monet kiistävät, mutta monet muut uskovat olevan tarkin mahdollinen kuvaus todellisuudesta tähän mennessä.

Minne olemme menossa.

”Sinun on ymmärrettävä koko elämä, ei vain osa siitä.
Siksi sinun täytyy lukea, siksi sinun on katsottava taivaalle,
siksi sinun täytyy laulaa ja tanssia ja kirjoittaa runoja,
kärsiä ja ymmärtää, koska kaikki tämä on elämää.
(Jiddu Krishnamurti)

Elämme etuoikeutettua aikakautta, jolloin salaperäinen synkronisuus kosmisten ulottuvuuksien kanssa ohjaa meitä kohti odottamattomia tavoitteita. Kun olemme saavuttaneet nämä tavoitteet, tapahtuu niin, että henki ja aine, vihdoinkin saaneet saman olemassaolon oikeuden, voivat saada koko ihmiskunnan mukaan tietoon ja mahdollisuuksiin, jotka vaikuttavat vielä tänään käsittämättömiltä ja saavuttamattomilta. Tämä synkronisuus ohjaa meitä siirtymässä tietämättömän aineen aikakauden ja valovoiman hengen aikakauden välillä.

Tärkeä ensimmäinen askel on jo otettu materialismin tappion myötä, huolimatta siitä, että vielä nykyäänkin on paikkoja, instituutioita ja ihmisiä, jotka eivät luovu asettamasta materialismia älyllisen harjoituksensa periaatteeksi. Monissa tapauksissa tämä tapahtuu etuoikeutettujen tai etujen suojaamiseksi.

Tähän mennessä materialistiset teoriat ovat täysin vanhentuneita edistyneimmillä tieteenaloilla. Alamme ihmetellä, olemmeko todella vain "satunnaisesti koottuja koneita", vai onko meillä "tietoisuutta", joka kykenee muokkaamaan meidät sisältävää maailmankaikkeutta.

Tässä yhteydessä kysymys, joka viime vuosisadalle rajoittui metafysiikan hämärään maailmaan, tulee äärimmäisen ajankohtaiseksi ja alkaa piinata kaikkein valistuneimpien tiedemiesten mieliä: olemmeko me niitä, jotka luomme todellisuutemme?

Sielun tutkimisesta tulee osa fysiikkaa.

Viime vuosisadalle asti kaikki keskustelu sielun olemassaolosta rajoittui teologiseen tai filosofiseen alaan. Nyt kysymyksestä on yllättäen tullut osa teoreettisen fysiikan agendaa, ja se on sijoittunut tiukasti jatkotutkimuksen arvoisten aiheiden listan kärkeen.

Erityisesti fyysikko Henry Pierce Stapp suorittaa tutkimuksia, jotka on julistettu tietyllä painotuksella verkossa samankaltaisilla otsikoilla: "Henry Stapp wants to prove the existence of the soul" (Henry Stapp haluaa osoittaa sielun olemassaolon). Todellisuudessa Stapp ei niinkään halua osoittaa sielun olemassaoloa, vaan pikemminkin sitä, että sitä, elävän olennon tietoisuutena ymmärrettynä, ei voida jättää huomiotta. Sielusta eli tietoisuudesta on tultava aktiivinen ja vaikuttava muuttuja universumin toimintaa kuvaavissa yhtälöissä ja kaavoissa.

Stapp syntyi vuonna 1928 Clevelandissa, Ohiossa, Yhdysvalloissa. Hän väitteli tohtoriksi hiukkasfysiikasta Nobel-palkittujen Emilio Segrèn ja Owen Chamberlainin johdolla Kalifornian yliopistossa Berkeleyssä. Hänet tunnetaan kvanttimekaniikan alan töistään, erityisesti aksiomaattisen S-matriisiteorian kehittämisestä; hän on julkaissut mm. monia kvanttimekaniikan ja Bellin lauseeseen liittyviä artikkeleita.

Vuonna 1958 Wolfgang Pauli kutsui hänet ETH Zürichiin työskentelemään hänen kanssaan henkilökohtaisesti kvanttimekaniikan perusongelmien parissa. Vuodesta 1969 hän oli Werner Heisenbergin suora yhteistyökumppani Max Planck -instituutissa Münchenissä. Myöhemmin vuodesta 1976 hän työskenteli John Wheelerin kanssa. Se on akateeminen ura, joka tehdään aina korkeimmalla tasolla.

Henry Stapp. Kvanttiteoria ja vapaa tahto.

Vuonna 2017 Stapp julkaisi kirjan "Quantum Theory and Free Will. How Mental Intentions Translate into Bodily Actions".

Tämä kirja selittää yksinkertaisin mutta täsmällisin sanoin, kuinka ortodoksinen kvanttimekaniikka toimii ja osoittaa, kuinka tämä teoria realistisesti tulkittuina antaa tärkeän roolin tietoisille ja vapaille valinnoillemme. Stapp lähtee periaatteesta, että perinteinen biologia ja neurotiede tukevat edelleen olennaisesti kumottuneita ja epäonnistuneita klassisia ennakkoluuloja, joiden mukaan mentaaliset aikomukset eivät vaikuta aineen käyttäytymiseen. Se osoittaa, kuinka kvanttimekaniikka tarjoaa rationaalisen perustan tietoisuuden ja käyttäytymisen välisten yhteyksien ymmärtämiselle ja mahdollistaa myös tiettyjen tällä hetkellä "paranormaaleina" pidettyjen ilmiöiden selittämisen. Näillä ideoilla on tärkeitä vaikutuksia itsemme ja ajatteluprosessiemme ymmärtämiseen ja siten myös elämämme tarkoitukseen.

Kirjassa Stapp käsittelee yhtä kaikkien aikojen vaikeimmista ongelmista, vapaan tahdon ongelmasta. Se on käsite, jonka "Enciclopedia Italiana Treccani" määrittelee seuraavasti:

> Vapaa tahto. Ilmaisua käytetään ilmaisemaan ihmisen vapautta, jonka tekoja eivät määrää yliluonnolliset tai luonnolliset voimat, vaan ne johtuvat hänen itsenäisistä valinnoistaan.
>
> Ilmaisu syntyi kristillisen teologisen keskustelun pohjalta suhteessa jumalallisen kaikkivaltiuden ja

kaikkitietävyyden ja ihmisen vapauden yhteensovittamiseen. Humanismin ja renessanssin päähenkilöt tukivat erityisesti vapaan tahdon teesiä erityisen lämpimästi.

Uskonnollisesta näkökulmasta vapaan tahdon sovittaminen yhteen ajatuksen kanssa kaikkitietävästä Jumalasta on hyvin vaikeaa: jos Jumala jo tietää tulevaisuuden ja siten tietää, miten ihminen toimii, voiko ihminen pitää itseään vapaana tekemään valintoja?

Jätetään uskonto hetkeksi sivuun, koska se on henkilökohtainen ja ei-objektiivinen käsite ja että jopa eri uskontojen uskovat ovat usein eri mieltä siitä.

Tiede, kuten tiedämme, etenee menetelmillään, jotka voimme määritellä objektiivisiksi: se suorittaa kokeita, joista se tekee konkreettisia johtopäätöksiä. Jos kokeelliset tulokset vahvistavat hypoteesin kiistattomasti, siitä tulee fysikaalinen laki, muuten tuomio voidaan evätä tai lykätä.

Vapaan tahdon tapauksessa kukaan ei ole koskaan voinut väittää, että se olisi pätevä laki. Itse asiassa ei ole koskaan pystytty osoittamaan, että tutkimalla tiettyä tilannetta useita kertoja, saadaan aina sama tulos.

Tästä tieteellisestä perustasta lähtien voimme muotoilla laajemman päättelyn, joka liittyy varmuuteen siitä, että ihminen koostuu atomeista ja hiukkasista.

Tiedämme, että atomit ovat jatkuvassa agitaatiossa, ja tiedämme, että osana tätä liikettä niillä on taipumus aggregoitua muiden atomien kanssa. Mutta yhtä asiaa emme tiedä: miksi atomit houkuttelevat toisiaan ja aggregoituvat? Millä voimalla kolme atomia (kaksi vety ja yksi happi) yhdistyvät muodostaen vesimolekyylin? Onko olemassa "omatunto", joka saa heidät suorittamaan juuri tämän erittäin hyödyllisen yhdistämismuodon monien muiden mahdollisten muodon sijaan?

Itse asiassa atomilla ei pitäisi olla tietoisuutta, joten sen ei pitäisi pystyä "tietoisesti" päättämään, minkä tyyppistä aggregaatiota se suorittaa. Lisäksi edes vesimolekyyliä ei voida määritellä tietoiseksi. Mutta atomit voivat aggregoitua myös monimutkaisemmalla tavalla, esimerkiksi muodostaakseen biologisesti "elävän" olennon, eli jolla on varmasti tietoisuus tai ainakin vaisto. Ihme kyllä, olennot, joilla on tietoisuus, syntyvät miljardien atomien yhdistämisestä ilman tietoisuutta.

Miksi? Se on todellinen arvoitus. Mikä voi olla ratkaisu? Joko atomeilla on tietoisuus, toisin kuin yleinen käsitys, tai niitä ohjaa niiden ulkopuolinen tietoisuus: joka tapauksessa "pilottitajunnan" täytyy olla olemassa aggregaatioprosessissa.

Uskonnollisesta näkökulmasta voidaan sanoa, että kaikki on Jumalan ennalta määräämää; tietoisuus, josta kaikki tietoisuudet ja kaikki tietoiset käytökset tulevat, on Jumalan tietoisuus.

Tiede ei kuitenkaan pidä näitä metafyysisiä päätelmiä pätevinä ja jatkaa työtään selvittääkseen, mitkä mekanismit määräävät aineen aggregoitumisen.

Sen ymmärtäminen, miten ja miksi atomit aggregoituvat, merkitsisi sen selvittämistä, miten elävien olentojen, ennen kaikkea ihmisen omatunto syntyy, ja päätämme, että omantunnon muodostuminen tapahtuu selkeästi määriteltävän prosessin pohjalta. Tämä olisi prosessi, joka voidaan siirtää kaavaan.

Jos näin olisi, tietoisuuden "muodostaminen" olisi osa ennustettavaa ja toistettavaa prosessia. Siksi voitaisiin olettaa "tavallisten" tietoisuuksien olemassaolo. Näissä olosuhteissa olisi kertakaikkiaan selvää, että vapaata tahtoa ei ole olemassa.

Kvanttifysiikka kehittää täysin erilaista näkemystä, jota Stapp tutkii kirjassaan. Emme voi tarkkailla hiukkasta määrittämällä sen sijaintia ja nopeutta, tai pikemminkin voimme tehdä sen vain todennäköisyydellä. Toistamalla mittauksen useita kertoja samoilla tiedoilla löydämme hiukkasen useista eri paikoista. Ei vain sitä: tarkkailemalla hiukkasta romahdamme sen sisältävän aaltofunktion; siksi me päätämme, mistä se löytyy.

Itse asiassa hiukkanen suspendoituu sumuiseen tilaan, kunnes yksinkertaisesti sitä tarkkailemalla, ts. katsomalla, päätämme itse, minne se hiukkanen sijoitetaan.

Tällä on mittaamattomat eettiset ja filosofiset seuraukset. Jos päätämme niitä tarkkailemalla, mihin sijoitamme hiukkaset, eli jos on meidän tehtävämme valita aineen ominaisuudet, se tarkoittaa, että vapaa tahto on olemassa. Emme ole enää aineen hallitsemia koneita, vaan olentoja, jotka kykenevät hallitsemaan ainetta tahdollamme.

Yhdessä monista haastatteluistaan Henry Stapp ilmaisee itseään kehittämäänsä teoriaan, "tietoisuuden kvanttiteoriaan":

> Meille yksilöinä ja kollektiivisesti on tärkeää korjata tällä hetkellä laajalle levinnyt käsitys siitä, että tiede on osoittanut, että olemme mekaanisia automaatteja. Tämä ajatus perustuu klassiseen mekaniikkaan, joka on nyt empiirisesti mitätöity. Sen seuraaja, kvanttimekaniikka, edustaa meitä psykofyysisinä olentoina, joiden tietoisia aikomuksia eivät määritä luonnon fyysiset aspektit,

mutta jotka kuitenkin vaikuttavat kausaalisesti fyysisten tapahtumien kulkuun.

Välittömästi herää kysymys: "Mikä on yhteys tietoisten kokemustemme ja fyysisesti kuvatun maailman välillä?".

Tieteessä 1700- ja 1800-luvuilla vallinneet klassiset fyysiset teoriat väittivät, että jokainen fyysinen ominaisuus on ennalta määrätty vain aikaisempien fyysisten ominaisuuksien perusteella, ilman mitään tietoisuuden "lisättyjä elementtejä". Tämä väite, jos se on totta, merkitsisi, että elämämme on merkityksetöntä; se pelkistäisi meistä jokaisen pohjimmiltaan mielettömiksi mekaanisiksi automaateiksi, jotka eivät pysty vaikuttamaan tulevien fyysisten tapahtumien kulkuun omaksi tai kenenkään muun hyödyksi.

Nykyään tiedetään, että klassiset fyysiset tekniikat ovat pohjimmiltaan vääriä. Nämä vanhentuneet teoriat on korvattu kvanttimekaniikalla. Tässä teoriassa tietoisilla "vapailla valinnoillamme" on olennainen dynaaminen rooli tulevaisuuden määrittelyssä. Tällaisia valintoja kutsutaan "vapaiksi", koska niitä ei rajoita mikään muu teorian piirre, ei tilastollinen tai muu."

Hengen energiaa.

Kykymme tarkkailla alkuainehiukkasia määrittää havainnointimme todellisuuden ja todistaa siten vapaasta tahdostamme. Mutta sitten voimme kysyä itseltämme: kuka tarkkailee hiukkastamme vahvistaakseen, että niiden on tarkalleen muodostettava kehomme ja siten tietoisuutemme? Me, kuka meitä tarkkailee?

Onko olemassa tarkkailijaa, joka määrittää meidät? Tai: onko olemassa peliä, jossa olemme tarkkailijoita ja havaintoja, luotuja ja luojia? Kuka pyörittää tätä peliä? Tai kenties peli syntyi "alustasta", joka näkee itsemme heti alusta lähtien pelaajina ja erotuomareina?

Ehkä todellisuus on jättimäinen Ouroboros, myyttinen lohikäärme, joka puree omaa häntäänsä ja muodostaa ympyrän, jolla ei ole alkua tai loppua?

Näennäisesti liikkumattomana, mutta ikuisessa liikkeessä, ouroboros edustaa voimaa, joka nielee ja uudistaa itsensä, universaalia energiaa, joka kuluu ja uusiutuu jatkuvasti. Siksi se symboloi kaiken yhtenäisyyttä ja kokonaisuutta, äärettömyyttä, ikuisuutta, syklistä aikaa, ikuista paluuta, kuolemattomuutta ja täydellisyyttä.

On mielenkiintoista huomata, kuinka tämä symboli on läsnä monissa mystisissä ja filosofisissa perinteissä jokaisessa ajassa ja paikassa.

Se, että kaikki aine muotoutuu havainnoinnin kautta, sisältää väistämättömän välttämättömyyden: meitä on tarkkailtava.

George Berkeleyn motto "Esse est percipi" (Olla tarkoittaa tulla havaittavaksi) on jälleen kerran valaiseva.

Tästä näkökulmasta katsottuna ymmärrettävät myös psalmistan sanat, joka kääntyy Jumalan puoleen kiittäen häntä siitä, että häntä katsottiin, todellakin siitä, ettei hän voinut paeta katsettaan. Ei vain sitä: tunnustaen, että Jumala oli tarkkaillut häntä siitä lähtien, kun hän syntyi äitinsä kohdussa, hän myöntää, että tuo katse teki hänestä täydellisen "ihmeen lailla".

David Bohm, joka oli rabbin avustajan poika, luultavasti rukoili monta kertaa lapsuudessaan psalmin 138 sanoilla.

"Herra, sinä tutkit minua ja tunnet minut,
tiedät milloin istun ja milloin nousen.
Sinä tunkeudut ajatuksiini kaukaa,
katsot minua, kun kävelen ja kun levon.
Minne mennä pois hengestäsi, minne paeta läsnäoloasi?
Silmäsi näkivät minut, kun olin vielä muodoton"

Elämänsä viimeisinä vuosina Bohmia kiehtoivat Intiassa vuonna 1895 syntyneen Jiddu Krishnamurtin teoriat. Hän loi kulttuurisen ja henkisen kumppanuuden tämän filosofin kanssa niin paljon, että he kirjoittivat yhdessä kirjoja, mukaan lukien "Missä aika loppuu".

Tämän ystävyyden aikana Bohm tuli hyvin lähelle itämaista mystiikkaa ja muutti nuoruuden toiveensa oikeudenmukaisemman yhteiskunnan rakentamisesta (toive, jonka Neuvostoliiton materialismi oli saastuttama) pyrkimykseksi, joka pyrki kohti samaa päämäärää, mutta kulkee henkistä kasvua.

Tämän kulttuurisen ja henkisen kumppanuuden yhteydessä Bohm tarkensi ajatusta, jonka hän ilmaisi tässä lainauksessa kirjasta "Bohm. Äärettömän fysiikka", Massimo Teodorani:

""Rajatun" kenttä on kaikki mitä voimme nähdä, kuulla, koskettaa, muistaa ja kuvata. Tämä kenttä on pohjimmiltaan ilmeistä tai konkreettista. Äärettömän, kontrastin, olennainen ominaisuus on sen käsittämättömyys. Tämä ominaisuus saa muodon sanasta Henki, jonka alkuperäinen merkitys on "tuuli, hengitys".

Tämä viittaa siihen, että on olemassa näkymätön, mutta kaikkialla oleva energia, johon finiittisen ilmeinen maailma reagoi. Tämä energia, oi Henki, läpäisee kaikki elävät olennot, ja ilman sitä jokainen organismi hajoaisi sen ainesosiksi. Se, mikä on todella elävää elävässä olennossa, on Hengen energiaa. Tätä energiaa ei koskaan syntynyt eikä se koskaan kuole."

Bohm viittasi henkeen maailman sieluksi, superimplikoiduksi järjestykseksi, joka on kaikkien myöhempien implikaatioiden ja selitysten taustalla ja elävöittäjä. Hän tarkoitti järjestystä, joka sijaitsee korkeimman vapauden tasolla ja sellaisena vapaa kaikista filosofisista tai dogmaattisista konnotaatioista.

Kuten elämästään osoitti, Bohm piti vapautta suurena hyvänä asiana ja pyrki valloittamaan sen ehdottomuudessaan voidakseen jakaa sen. Hän kuoli sydänkohtaukseen 27. lokakuuta 1992 Lontoossa, jättäen suuren tyhjiön tiedeyhteisöön ja valtavan perinnön ideoita, jotka odottavat kehittämistä sekä tieteellisesti että filosofisesti.

Bibliografia

Acheson David # One thousand eighty-nine and other magic numbers.
Aguirre Anthony # Zen and Multiverses
Allen Steve # Deceptions of logic
Ambesi Alberto # Panteismo
Amir Dan Aczel #Entanglement. The greatest mystery of physics. Amir Dan Aczel # The Mystery of the Alef
Amir Dan Aczel # The God Equation
Anderl Sybilla # The universe and me. A philosophy of astrophysics
Angier Natalie # The canon of science. Guided tour from the infinitesimal to infinity for enthusiastic beginners...
Anthes Emily # Quick Guide for Brainiacs: The Mind
Arecchi Tito & Eva # Simboli e realtà
Argentieri Niccolò # Ci sono elettroni nel mondo della vita?
Armstrong David # What is metaphysics
Asimov Isaac # The Physics Book
Asimov Isaac # In the beginning. The book of genesis interpreted.
Asimov Isaac # The invisible universe
Astrolabio Ubaldini # Neuroscienze e spiritualità. Mente e coscienza nelle tradizioni
Baker Stephen # The secret power of mathematicians
BakerJoanne # Quantum Physics. 50 great ideas
Barbour Julian # The point of Janus. A new theory of time
Julian Barbour # The End of Time.
Barcelli Simone # La storia che verrà
Baron Vincenzo # Albert Einstein. Il costruttore di universi
Barrow, Tipler # The anthropic principle.
Barrow John David # 1+1 does not (always) do 2
Barrow John David # Zero to . The great story of nothing. Oscar Mondadori.
Barrow John David # From the Self to the Cosmos
Barrow John David # The numbers of the universe
Barrow John David # The Book of Universes. Complete guide to possible universes
Barrow John David # The mono within the world
Barrow John David # Infinity

Barrow John David # The universe as a work of art
Barrow John David # The Pictures of Science
Barrow John David # The Origins of the Universe
Barrow John David # Why is the world mathematical? The third
Barucca, Jannaccone Scacchi # Forced science
Barzaghi Giuseppe # Compendio di storia della filosofia
Battiston Roberto # La prima alba del cosmo. Dal big bang alla vita nell'universo
Beitman Bernard # Messages of coincidences.
Bellone Enrico # Corpi e cose
Bergson Henri # Essay on the immediate data of consciousness
Berkeley George # Philosophical Works
Bersani-Peres # Proverbial mathematics
Bersani R, Peres E. # Mathematics. Survival course
Berti Enrico # History of metaphysics
Bocchi G, Ceruti M. # Origins of stories
Bodanis David # E=mc². Biography of the equation that changed the world
Bogdanov Igor # Before the Big Bang. The origin of the universe
Bohm - Khrisnamurti # Where time ends
Bohm - Khrisnamurti # The limits of thought
Bōhm Conrad # The Keys of the Cosmos
Bohm David # Universe Mind Matter
Bojowald Martin # Before the Big Bang. Complete history of the universe
Bonaventura, Colombo, Miluzio # The made-to-measure universe. Journey into the incredible cosmic coincidences that allow us to be here
Boncinelli, Inherited # Everything is transformed. Brief history of energy
Borgna Eugenio # Il tempo e la vita
Brockmn John # That's not true but I believe it
Bruno Giordano # Of the infinite universe and worlds
Bryson Bill # A Brief History of (Almost) Everything
Bui Daniele, LeoniSilvio # Mente, cervello e coscienza. Il vicolo cieco del materialismo nel pensiero di Sir John Eccles
Burgin Luc # Errors of science
Cambray Joseph # Synchronicity. Nature and psyche in an interconnected universe.
Campbell, Joseph # Dee. The mysteries of the divine feminine
Campbell, Joseph # The Inner Reaches of the Cosmos. The metaphor in myth and religion
Cantalupi -Santarcangelo # Psiche e realtà
Cappelletti Valentina # From order to things. Essay on Werner Heisenberg
Capra F. Luisi P.L. # Life and nature. A systemic view.
Goat Fritjof # The turning point
Goat Fritjof # The Tao of Physics.
Goat Fritjof # The science of life
Goat Fritjof # Towards a new wisdom
Carlson W. Bernard#Tesla. The inventor of the electric age
Casati Roberto # La scoperta dell'ombra

Castorina Paolo # La «particella di Dio» e l'origine della massa
Cattabiani Alfredo # Planetarium
Cederquist John # Coincidences don't exist.
Cesati Cassin Marco # Non siamo qui per caso. Il potere delle coincidenze.
Chandrasekhar Sub. # Truth and beauty. The reasons for aesthetics in science.
Chiaberge Riccardo # Il Dio variabile
Chinnici Giorgio # Si dà il caso. Il funzionamento segreto del mondo quantistico
Chopra Deepak # Coincidences.
Ciuffardi, Perissi # La fine della coscienza? Dalla mente bicamerale all'intelligenza artificiale
Clark Michael # Paradoxes A to Z
Close Frank # Theories of everything
Scatti Monica # Buchi neri evanescenti
Coppens Yves # The construction of prehistory
Couliano Joan # The journeys of the soul
Coustè Alberto # Brief history of the devil
Crespi Marco # L'equazione della coscienza
Currivan Jude # The Cosmic Hologram
D'Ancona Vittorino # Greek mythology
Dal Buono Lucio # Dall'atomo all'anima. Tutto quello che devi sapere
Damasio Antonio # Emotion and conscience
Damasio Antonio # Descartes' error. Emotion, reason and the human brain
Dask Mike # Beyond Borders
Davies Paul # How to build a time machine
Davies Paul # God and the new physics
Davies Paul # The last three minutes
Davies Paul # The Mysteries of Time. The universe after Einstein
Davies Paul # The Intelligent Cosmos
Davies Paul # The fleeing universe
Davies Paul # The Mind of God
Davies Paul # Are we alone?
Davies Paul # On the edge of infinity. Naked singularities and distribution of space-time
Dawkins Richard # The Blind Watchmaker
De Agostini # Biology
De Agostini # Large paperbacks. Geographical atlas. Historical. Astronomy
De Crescenzo Luciano # Ordine e disordine
De Crescnzo Luciano # empo e felicità
De Santillana Giorgio, Von Dechend Hertha # Hamlet's mill. Essay on myth and the structure of time.
De Santillana Giorgio #Sirio
Dehaene Stanislas # Brain and consciousness
Della Sala, Dewar # Never trust your mind. N+1 experiments to understand how it deceives us and why
Delmastro Marco # Particelle familiari. Le avventure della fisica e il bosone di Higgs

By Francesco Michele, Marraffa, Tomasetta # Filosofia della mente. Corpo, coscienza, pensiero
Mondadori Dictionary # Dizionario della saggezza orientale
Donà Massimo # Magia e filosofia
Du Sautou Marcus # The perfect mess
Du Sautou Marcus # The Million Dollar Equation
Du Sautou Marcus # The impossible theories. What are the limits of science?
Dumezil Geoges # Archaic Roman religion
Edelmen, Tononi # Un universo di coscienza. Come la materia diventa immaginazione..
Albert Einstein # Albert Einstein. Relativity and new physics
Einstein Albert # The world as I see it
Einstein Albert # Thoughts, ideas, opinions
Einstein, Infeld # The evolution of physics
Ekelan Ivar # Chaos
Ereditato Antonio # Le particelle elementari
Hermes Trismegistus # Poimandres
Fabbro Franco # The biological foundations of philosophy. The symbolic nature of DNA, psyche and language
Facchini Fiorenzo # L'avventura dell'uomo. Caso o progetto?
Facchini Fiorenzo # Origini dell'uomo ed evoluzione culturale
Facchini- Magnani # Myths and rites of prehistory
Faggin Federico # Irriducibile, Conscience, life, computers and our nature
Faggin Federico # Silicon
Falletta Nicholas # The Book of Paradoxes
Federrici Vescovini G. # Magico Medioevo
Ferrini Federico # Onde gravitazionali. Una nuova porta per il cosmo
Ferris Timothy # The Adventure of the Universe. From Aristotle to quantum theory and beyond: a never ending story
Ferrone Vincenzo # Una scienza per l'uomo
Feynman Richard # The meaning of things
Feynman Richard # QED
Feynman Richard # Six Easy Pieces
Albertini Foundation # Prove e indizi dell'aldilà
Andrea Sardos Foundation # Prove e indizi dell'aldilà. Il caso Andrea
Ford Kenneth # The quantum world. Quantum physics for everyone.
Fosar-Bludorf # Hyperconsciousness. Intelligence is hidden in the DNA
Foster Charles # We human beings. 40,000 years of history of consciousness
Franks E.M. # Carl Jung's theory of psychological types
Fraser J. T. # Time: an unknown presence
Frazer James # The golden branch
Friedman Richard # Who Wrote the Bible?
Frova Andrea # Il Cosmo e il Buon Dio. Dialogo su astronomia, evoluzione e mito
Find Andrea # Luce. Una storia da Pitagora ad oggi
Find Andrea # Perché succede quello che succede

Galfard Cristophe # How to understand E=mc2
Galilei Galileo # DDialogo dei principali sistemi
Gallippi Angelo # Federico Faggin. Il padre del microprocessore
Gamow George # Gravity
Gamow George # The Adventures of Mr. Tompkins. Daedalus Editions
Gamow George # New World of mr. Tompkins. Zanichelli
Gamow George # Thirty Years That Shocked Physics
Gasperini Maurizio # L'universo prima del big bang. Cosmologia e teoria delle stringhe
Gazzaniga Michael # Conscience is an instinct. The mysterious link between the brain and the mind
Giacobbo Roberto # Secret cities
Giacobini, d'Errico # The Neanderthal hunters
Giacomelli Giorgio # Dal quark al big bang
Giuliodori Lucio # Sul concetto di sincronicità: Jung tra psicoanalisi e quantismo
Giuliodori Lucio # Tra fisica e metafisica. Alcune implicazioni
Atlanti Giunti # Geografia generale, astronomia e cartografi
Gleick James # Chaos. The birth of a new science
Goldman Jane #Xfiles. The Book of Incredible Facts
Goswami Amit # Quantum Guide to Enlightenment. Mediterranean Editions
GrazianoMichael # Rethinking conscience
Grecchi Vittorio # The brain field lies
Greek Peter # The origin of the universe
Greene Brian # Until the end of time. Mind, matter and the search for meaning in an ancient universe
Greene Brian # The elegant universe. Superstrings. hidden dimensions and the search for the ultimate theory.
Greene Brian # The Elegant Universe
Greene Brian # The Hidden Reality
Greene Brian # The hidden reality - parallel universes and profound laws of the cosmos. Philosophies of sciences
Greene Brian # The plot of the cosmos. Space, reality.
Gribbn John # Encyclopedic Dictionary of Quantum Physics
Guido Paolo # Da Buddha a Einstein
Hack Margherita Ferreri Cossard # La lunga storia delle origini. I grandi miti e le teorie con cui l'umanità ha spiegato l'universo
Hall Nna # Chaos. A science for the real world
Hand David # Chance does not exist. Because the most amazing things happen every day
Harner Michael # The Way of the Shaman
Harrison Edward # The Masks of the Universe
Hawking - Penrose # The nature of space and time
Hawking Heckler # The Grand Design.
Hawking -Mlodinov # From the Big Bang to black holes. Brief history of the universe. Mondadori

Hawking Stephan # Holes nr and newborn universes
Hawking Stephen # The universe in a nutshell. Oscar Saggi Mondadori.
Hawking Stephen # The Great History of Time. Mondadori
Stephen Hawking # The Theory of Everything. Origin and destiny of the universe. Mondadori.
Hawking Stephen # Gazing up at the stars
Heckler Richard # Coincidences
Heidegger, Martin # What is metaphysics?
Heidegger, Martin # The concept of time
Heisenberg Werner # Physics and Philosophy
Hermann Greta # Physics and philosophy
Higfield, Roger # The Science of Henry Potter
Hillman, James # The Soul Code
Hope Murry # The Secret of Sirius
Hopke Robert # Nothing happens by chance. Oscar Mondadori
Hoyle Fred # The Origin of the Universe and the Origin of Religion
Humphrey Nicholas # Soul Dust. The Magic of Consciousness
Hunter Tobias # A new idea of the world
Huxley Aldous # Brave New World. Back to the new world.
Jaffè Aniela # Dreams, prophecies, apparitions
Jaynes Julian # The Breakdown of the Bicameral Mind and the Origin of Consciousness
Johnson Steven # Where great ideas are born. Natural history of innovation
Joseph Frank # The Power of Coincidences. The meeting point.
Jou David # Rewrite Genesis. In search of the mathematical formula of creation
Jung Carl # Animus and anima
Jung Carl # Experience and mystery
Jung Carl # The Red Book. Liber novus.
Jung Carl # Jung speaks Interviews and meetings
Jung Carl # The analysis of dreams. The archetypes of the unconscious. The synchronicity.
Jung Carl # The ego and the unconscious
Jung Carl # Man and his symbols
Jung Carl # The psychic dimension. Collection of writings.
Jung Carl # Psychology of the unconscious
Jung Carl # Memories and reflections.
Jung Carl # Psychological types
Kaku Michio # The future of humanity
Kaku Michio # Hyperspace
Kaku Michio # The divine equation
Kane Gordon # The Garden of Building Blocks. Longanesi
Karsenti Eric # A Brief History of the Origins of Life. From the cell to the human being, the most beautiful story ever told: ours
Kauffman Stuart # Reinventing the sacred

Kinnebriock Werner # Where does the passing of time go. Physics, philosophy and daily life
Kippenhahn Rudolf # Pocket Cosmology. From the big bang to the poetry of the starry sky
Koch Christof ok # The search for conscience
Kornelius Martin #Einstein Light
Kosko Bart # The fuzzy-thinking
Krauss Lawrence # The Dark Heart of the Universe. In search of the «Fifth essence
Krauss Lawrence # The Universe from Nothing
Krauss Lawrence # The Physics of Star Trek
Kumar Manjit # Quantum. From Einstein to Bohr, a new idea of reality.
Kundera Milan # Immortality
Kung Hans # Chinese Christianity and Religiosity. Arnoldo Mondadori editor.
Lalumera Elisabetta # Cosa sono i concetti
Lambert Karel, G. Gordon # Introduction to the philosophy of science
Lanternari Vittorio # Religione, magia e droga
Lanza R. + Herman # Biocentrism
Lanza Robert # The grand biocentric design
Lanza Robert # Beyond biocentrism
Laszlo Erwin # Science and the Akashic Plan
LaszloErvin # The Immortal Mind
Lazzara Salvatore # Vedi alla voce scienza
Lederman-Hill # Quantum Physics for Poets
Ledoux Joseph # The emotional brain
Licata Ignazio # Observing the Sphinx. DiRenzo Publisher.
Lindley David # Einstein's moon
Lipton Bruce # The Biology of Belief
Livio Mario # La sezione aurea. Storia di un numero e di un mistero che dura da tremila anni
Lu Tung-pin # The Secret of the Golden Flower
Luc Georg # Il magico nella cultura antica
Luccio Riccardo # FDall'anima alla mente. Breve storia della psicologia
Lurker Manfrd # Dictionary of Biblical Pictures and Symbols
Marchesi Fabio # Exotropia
Marchi Vittorio # La scienza dell'Uno. Chiave per l'universo nascosto
Marconi Momolina # Prelude to the history of religions
Marletto Chiara # La scienza dell'impossibile. Alla ricerca delle nuove leggi della fisica
Martini Francesco # Persuasive communication 4 books
Massalenti (curator) # Qualcosa di grande. L'infinita bellezza e complessità di tutto ciò che esiste
Massimini Tononi # Nothing greater
Mavaldi Marco # The two heads of the tyrant. Mathematical methods for freedom
Mazzitelli Italo # What if God existed? E se Dio esistesse? I limiti della conoscenza scientifica quando si indaga su Dio e la religione

McTaggart Lynne # The secret force of the universe. The zero point field
McTaggart Lynne # The Bond. The quantum link
Mecacci Luciano # Identikit of the brain
Michell John # Astroarchaeology
Miramonti Reseghetti # Neutrino. La particella fantasma
Mondadori # Dictionary of oriental wisdom
Morowitz Harold # The birth of everything
Mortier Roland # Imposters and gullible people in the Age of Enlightenment
Matteo Motterlini # Mental traps. Rizzoli
Mugnos Sabrina # The universe that thinks
Mullis Kary # They dance naked in the field of mind
Musso Paolo # Science and the idea of reason. Science, philosophy and religion from Galileo to black holes and beyond.
Muzzio Publisher # Caos. Una scienza per il mondo reale
Nagel Thomas # A very short introduction to philosophy
Neumann Erich # History of the origins of consciousness
Nietzsce # Beyond good and evil
Nietzsche Friedrich # Thus Spoke Zarathustra
New Syntheses # Galileo Newton Einstein
O'Keane Veronica # The Bazaar of Memory. How we build memories and how memories build us
O'Regan J. Kevin # Why colors don't play. A new theory of consciousness
Odifreddi Piergiorgio # Una via di fuga. Il grande racconto della geometria moderna
Oldstone Moore # Understanding Taoism
Oliverio Alberto # Dove ci porta la scienza
Oliverio Alberto # L'arte di ricordare. La memoria e i suoi segreti
Oreglio Flavio # Curiosa storia della scienza. Le radici pagane dell'Europa
Osho # Rajneesh's bible
Overbye Dennis # Einstein innamorato. La vita di un genio, tra scoperte scientifiche e passione romantica
Palazzi Pablo # The Great Illusion
Palmarini and others # Musica, luce, colori, nuova energia
PanekRichard # The invisible century
Paolelli Ermanno # Neuro-quantum. The new frontier of neuroscience
Parigi Silvia # Magia e scienza nell'età moderna
Paris Giorgio # In un volo di storni. Le meraviglie dei sistemi complessi
Pauli Wolfgang # Psyche and nature
Pearson Carol S. # The hero within us
Peat David # The Paths of Chance
Peat David # Synchronicity. A union between matter and psyche. Magi Editions
Peiretti Federico # Il matematico si diverte. Duecento giochi e puzzle che hanno fatto la storia della matematica
Pellegrini Massimo # Fisica quantistica per principianti
Penrose Roger # The Universe is still a secret
Penrose Roger # The Emperor's New Mind

Penrose Roger # The road that leads to reality
Perconti Pietro # Conscience. Philosophical lexicon
Pichot André # The birth of science. Mesopotamia, Egypt, Ancient Greece
Pim van Lommel # Consciousness beyond life
Pinotti-Baccarini # Italia esoterica
Pizzuti Marco # From man 2.0 to the universal matrix of ooscience. Unauthorized evolution
Plato # Against Democracy
Plez Ugo # The lost sciences
Poli Eric Francesca # Anatomy of quantum consciousness
Polkinghorne John # Quantum theory
Popper Karl # The ego and its brain. Armando Publisher.
Powell Arthur # The astral body and related phenomena
Prattico Franco # From chaos… to conscience
Privitera Agata # MBT The Myers-Briggs theory and the 16 personalities
Proverb Edward # Archaeoastronomy
Radin Dean # Interconnected Minds. Psychic phenomena explained by quantum physics.
Ramorino Felice # Classic mythology illustrated
Randall Lisa # Curved passes. The mysteries of the hidden dimensions of the universe
Ranucci Stefano # Physics of the other world. When consciousness and quantum physics explain the paranormal
Reda Giuseppe # Energy and its forms of existence
Reeves Hubert # Cosmic Evolution
Regge Tullio # Infinity
Renn Jurgen # The evolution of knowledge
Rey Olivier # Itineraries of bewilderment. What if science were a great metaphysical enterprise?
Rezzolla Luciano # The irresistible attraction of gravity. Journey to the discovery of black holes
Rhine Louisa # Psychokinesis. Mind dominates matter. Golem Books.
Richet Pascal # A natural history of time
Robinson Richard # Why does toast always fall buttered side up?
Robinson Richard # Why does toast always fall buttered side up? The brilliant scientific explanation of Murphy's Laws
Rodriguez Pepe # God was born a woman
Romano Giuliano # Archeoastronomia italiana
Romanus Julian # Orientamenti ad sidera
Rosati Giancarlo # Cosmic consciousness. Path to enlightenment
Rossi Daniela # Matter that dreams
Roth Reme # The Seekers of God
Rovelli Carlo # Heligoland
Rowan Robinon # The nine numbers of the cosmos. The origin and nature of our universe
Rucker Rudy # The Fourth Dimension. A guided journey into higher order universes

Russel Bertrand # Dictionary of physical and moral logic
Russo Lucio # The forgotten revolution. Greek scientific thought
Russo Michele # Is life a “case” of matter?
Essay Isabella # Age, if any
Sale Musio Carla # Communicating with those who no longer have a body
Sarle John # The Mystery of Conscience
Schoch Robert # The voice of the stones. Lost civilizations
Schoepflin Maurice # 100 Philosophers
Schopenhauer Arthur # The art of getting right
Schumacher Ernst # A guide for the perplexed
Searle John # The mind
Sermonti Giuseppe # A science without a soul.
Serra Pietro # From the soul to the conscience. An incursion into the folds of the mind
Severino Emanuele # The anti philosophy
Shapira Haim # Lessons on Infinity
Sheldrake Rupert # The Extended Mind. Hooray.
Sheldrake Rupert # The illusions of science. Hooray.
Siegfried Tom # The Number of Heavens. A story of the multiverse and the quest to understand the cosmos
Sigman Mariano # The Secret Life of the Mind. How our brain works when it thinks, feels, decides
Singer Charles # A Brief History of Scientific Thought
Sissa ISAS laboratories # Chaos and complexity
Smith Michael # Jung and shamanism.
Smolin, Lee # Einstein's Unfinished Revolution. The search for what is there
Sorensen Roy # Philosophical Wonder Room
Sparzani and Panepucci # Jung e Pauli. La corrispondenza originaria:
Stanzani Maserati # Consciousness and meaning
Stapp Henry# Quantum Theory and Free Will. Springer International Publishing.
Stavros Joshua # Shamanism
Stein Murray # The principle of individuation. Towards the development of consciousness
Stenger Victor # Why Science Doesn't Believe in God. Faith's Lost Challenge to Reason
Styer Daniel # Really understanding relativity. Discovering Einstein's theory
Sun-Tzu # The Art of War
Surace Graziano # The Quantum of Challenge
Surprise Kirby # Sincronicità. Comprendere e utilizzare coincidenze significative
Tagliagambe Malinc # Jung e il libro rosso: il sé e il sacrificio dell'ego. Moretti & Vitali.
Malinc Legcutter. # Pauli e Jung. Un confronto tra materia e psiche.
Tagliagambe Silvano # Lo sguardo e l'ombra
Talbot Michael # All is one. Feltrinelli
Teilhard de Chardin # The human phenomenon
Teilhard de Chardin # The future of man

Teillard De Chardin # The place of Man in Nature
Teillard De Chardin # The singularities of the human species
Teodorani Massimo # Bohm. The physics of infinity.
Teodorani Massimo # Entanglement. The entanglement in the quantum world: from particles to consciousness.
Teodorani Massimo # The great celestial numbers
Teodorani Massimo # The atom and the elementary particles. Macro Editions
Teodorani Massimo # The creative mind. From the physical universe to intelligent life. Macro Editions.
Teodorani Massimo # Telling the universe. Popular introduction to astrophysics
Teodorani Massimo # Synchronicity. The link between physics and psyche. From Pauli to Jung to Chopra.
Teodorani Massimo # Teleportation
Teodorani Massimo # Tesla. A brillant idea
Tesla Nicola # My inventions. The autobiography of a genius
Tesla Nikola # On increasing human energy
Frank Tipler # The physics of immortality. Double day.
Tong Ziya # When you look at the world and you don't see it
Toni Paolo # Mathematical sparks. Games and competitions of creativity and logic
Tononi Edelman # A universe of consciousness
Tononi Giuio # PHI A journey from the brain to the soul
De Agostini # Illuminismo
Vaas Rudiger # Hawking. Universe, space, time
Vacca Roberto # You too are a mathematician
Vafa Cumrun # Puzzles to decipher the world
Vassallo Nicola # Philosophies of the sciences
Vidali Paolo # History of the idea of nature. From Greek Thought to Anthropocene Consciousness
Vincenzo Lorenzo # Enlightenment.
Vitebski Piers # Shamans
Von Franz Marie-Louise # Divination and synchronicity. Psychology of significant coincidences
Von Franz Marie-Louise # Fairy tales interpreted
Von Franz Marie-Louise # Psyche and matter
Von Franz Marie-Louise-ok # Psychological typology. The functions of consciousness: thinking and feeling, intuition and sensation
White John # The meeting of science and spirit. Publishing Practices.
Widmann Claudio # Introduction to synchronicity. Magi Editions.
Widmann Claudio # Synchronicities and significant coincidences. Magi Editions.
Wiener Anna # The dark valley
Wigner Eugene # The unreasonable efficacy of mathematics in the natural sciences
Wilber Ken # Quantum Issues
Wilson Edward # Wonderful Harmony
Wolf Fred # Time loops and space twists. How God created the universe. Find out why space, time and matter are closely connected

Wolke Robert # To his barber Einstein told it like this. Daily life and scientific questions
Zeilinger Anton # Einstein's Veil
Zeilinger Anton # The dance of photons
Zichichi Antonino # The irresistible charm of time. From the resurrection of Christ to the subnuclear universe
Zichichi Antonino # Infinity
Zolla Elemire # Archetypes. auras. Secret truths. Wandering Dionysus
Zoppi Giorgi0 # Cosmology with six difficulty levels

Bruno Del Medico, bloggaaja, k irjailija, toimittaja, erikoistunut yhteiskunnallisiin ajankohtaisiin tapahtumiin ja tieteen uusiin rajoihin liittyvien asioiden levittämiseen. Hän on kirjoittanut monia viimeaikaiseen pandemiaan liittyviä tekstejä sekä kvanttifysiikkaa ja metafysiikkaa käsittelevän erikoissarjan.

www.ingramcontent.com/pod-product-compliance
Lightning Source LLC
LaVergne TN
LVHW010646051026
849532LV00001B/191